国家出版基金项目

国家"十二五"重点图书出版规划项目

国家出版基金项目
NATIONAL PUBLICATION FOUNDATION

中国化学教育研究丛书

U0114177

国际科学教育视野中的
化 学 课 程

GUOJI KEXUE JIAOYU SHIYE ZHONG DE
HUAXUE KECHENG

王祖浩 等著

顾问 刘知新

主编 王祖浩

GEP
广西教育出版社

序

20世纪90年代中期，广西教育出版社策划出版了《学科现代教育理论书系》（以下简称《书系》），被列为"九五"国家重点图书出版规划项目，并获得了国家图书奖。本人有幸担任《书系》的化学丛书主编，汇集了国内主要的研究力量，着重梳理了当时国内化学教育界在化学教学论、化学学习论、化学实验教学研究、化学教育测量与评价、化学教育史等领域研究的成果。这套丛书反映了改革开放以来我国化学教育理论工作者的研究思维，展示了国际科学教育研究的动态，构筑了21世纪中国化学教育"本土化"发展的广阔前景，为我国年轻一代学者的成长，特别是研究生教育提供了实用的观点和方法。今天，距《书系》的化学丛书出版整整过去了18个年头，中国的化学教育在理论和实践上都有了"量"和"质"的飞跃，特别是随着21世纪初我国基础教育课程的改革和实施，化学教育的研究课题更为广泛，研究方法更加多元，研究内容也更有深度。毫无疑问，现在又到了一个可以认真总结我国化学教育理论与实践成果的时代节点，广西教育出版社再度策划出版《中国化学教育研究丛书》，正当其时，承先启后，展望未来，意义深远！

领衔编撰《中国化学教育研究丛书》的华东师范大学化学系王祖浩教授，是我20世纪80年代初最早指导的研究生，也是当年《书系》化学丛书的主要作者之一。他长期致力于化学课程研制与实施、化学课程与教材的国际比较、化学学科教学心理学等多方面的研究，成果丰硕。由他领衔的团队十余年来主持我国基础教育化学课程标准的研制，在化学教育研究的"本土化"和"国际化"方面均有出色的工作。我相信，他能将中国化学教育的"继承"与"转型"两项任务很好地体现在这套新丛书中。

这套丛书立意高远，指向清晰，特点鲜明：（1）立足中国本土，以中国学者的眼光，选择具有中国特色的化学学科教育的热点问题，展开兼具原创性和实证性的工作，力求从新的视角梳理我国化学教育的历史脉络，提炼化学教育的"中国问题"；（2）继承中国化学教育的优良传统，借鉴国外科学教育研究的经验，深入探讨影响化学教育系统运行的微观因素，揭示化学教育的若干规律；（3）选取的课题广泛，涉及"教科书学习难度评估""概念的认知研究""化学课程教学""科学过程技能""实验研究方法"等一系列内容，研究的问题具体而深入，研究方法的操作性强，研究结论翔实并富于启迪性。因此，本丛书有望形成新时期中国化学教育研究的标志性成果，将为中国化学教育基础研究的深入展开和中学化学教学实践的优化提供方法论指导。

学科教育理论的形成是学科发展与建设不断完善、充实和长期积淀、提升的结果，需要几代学者为这一宏伟工程而不懈奋斗！《中国化学教育研究丛书》是一项为化学教育学科建设开拓并打牢坚实根基的工作，宜"精益求精"，用"攻关拔寨"的精神来完成，在不断的锤炼中形成精品！作为在中国化学教育园地中耕耘了六十多年的一名老教师，看到这套研究丛书陆续出版，倍感欣慰，也衷心地感谢为这项重大工程做出巨大努力的全体作者和编者！期待更多有志于化学教育研究和实践的广大读者从书中获得有益的启发和帮助。我们坚信，只要广大的化学教育工作者勤于学习、不畏艰难、勇于探索，一定能将中国化学教育的美好蓝图变为现实！

谨以此为序，愿与本丛书的作者、编者和读者共勉。

北京师范大学教授 刘知新

2015 年 12 月

刘知新：我国著名化学教育家，北京师范大学化学学院教授。曾任教育部高等学校理科化学教材编审委员会委员，国家教委高等学校理科化学教学指导委员会委员，教育部中小学教材审定委员会化学科审查委员，中国教育学会化学教学研究会理事长，中国化学会化学教育委员会副理事长。中国化学会《化学教育》杂志的创办人和原主编。享受国务院颁发的政府特殊津贴。

目 录

第一章　　美国科学课程发展研究及启示

　　造就美国强大的原因离不开它对科教和人才的重视。回望美国科学课程改革的百余年历程，了解其各阶段改革的特点与问题，对我们深入认识制约科学课程改革的内外部因素，进而顺利推进科学课程改革有着重要的意义。

第一节　美国科学课程改革回眸

综合已有的研究文献，根据不同时期科学教育目标的差异，可将美国的科学课程发展大致分为三个阶段。第一个阶段是现代科学教育形成期：20世纪50年代之前是美国现代科学教育的形成时期，相对而言这一阶段没有明确的培养目标。第二个阶段是精英科学教育发展期：20世纪50年代中期至20世纪80年代中期的科学课程改革，这一时期的目标是培养科学精英以应对国际军事、政治及经济竞争。第三个阶段是大众科学素养拓展期：20世纪80年代后期至21世纪初期，科学教育发展以培养有科学素养的公民来应对科技大众化、经济全球化的挑战为目标。

一、现代科学教育形成期

被誉为"科学教育之父"的培根在 16 世纪提出了"知识就是力量"的响亮口号，并指出只有"具有科学知识、追求真理、具有完善人格"的人才是理想的人。当时，随着科学文化的发展，很多教育家和热心教育的科学家认识到科学教育的价值，并大声疾呼加强科学知识的教育。至 18 世纪，科学教育开始进入中学。例如，1708年德国哈勒创办了数学、力学、经济学实科中学，随后德国许多地方都开设了物理学、力学、天文学、地理学等科学课程，这成为德国中学科学教育的开端。

到 19 世纪中期，随着科学技术的发展，西欧和北美等先进的资本主义国家都先后完成了第一次工业革命，社会生产力得到迅速发展。科学技术与生产的相互促进，不仅需要具有初步读写算能力、拥有一定自然和社会常识并能操作机器的劳动者，而且需要相当数量的中高级科技人才和管理人才。为此，1862 年美国颁布实施了《赠地学院法案》(*Land-Grant College Act*)，将培养工农业人才列为教育的重点。美国各级学校开始设置与科学相关的课程，科学教育开始向社会公民普及。

1892年，美国全国教育委员会（National Education Association）组织成立了中等教育十人委员会，旨在为美国所有中学的课程设置提供建议。科学课程被纳入学校教育中，教育的主要目的是让学生得到心智技能的训练以及获得一些事实性的知识。十人委员会还强调，一切学术性科目在促进智力发展方面都具有同等的价值。这打破了传统课程中古典语言的统治地位，提高了科学和现代外语的地位。1895年，十人委员会设置了九个分委员会，其中三个分委员会负责科学课程的设置，即物理、天文与化学委员会，自然史委员会，地理委员会。自然史委员会在中小学所有年级倡导自然研究运动（Nature Study Movement），他们认为：在自然研究中，教师应引导学生在教室或野外对动植物进行观察，并将观察的结果以模型、图画等形式予以表达。该运动产生了广泛的影响，并在1910年左右达到顶峰。但后来，由于当时教师基本科学素养不足、课程结构过于松散等原因，该运动至20世纪30年代影响逐渐减弱。在同一时期，由克莱格（Jerrold Craig）设计并倡导的小学科学运动（Elementary Science Movement）对科学教育实践也产生了一定的影响。小学科学运动主张学生学习重要的科学概念，因此，相对于自然研究而言，小学科学更为抽象和远离生活。正如有学者所言：科学教育的目的究竟是培养少数科学精英，还是能够在日常生活中体现科学素养的普通大众？科学教育究竟是把人带离自然、进而控制自然，还是帮助人理解自然、保护自然？这类基本的科学教育价值观的冲突从一开始就表现出来了。

从19世纪下半叶开始，美国的资本主义经济得到迅速发展，它由一个农业国家迅速变为发达的工业国家。到20世纪初期，美国的工业总产值已经跃居世界首位。经济的发展必然会促进教育的改革，这一时期兴起的进步主义改革运动就是对传统学校教育的革命。进步主义教育，是20世纪上半叶盛行于美国的一种教育哲学思潮，对当时的美国中学科学教育产生了不小的影响。以帕克尔、杜威为代表的进步主义教育家们，尖锐地批评了19世纪末至20世纪初美国教育沿袭欧洲传统教育的弊端，反对其强调严格训练、注重记忆的科学方法，反对学生在教学过程中处于被动学习的地位，他们开始从过去关心智力发展和对学科事实的掌握转变为关心社会和实用变化。1910—1920年，美国建立了许多新学校，许多旧学校也加入进步主义阵营。这些学校提倡科学教学应创造机会让学生直接接触自然、动手试验并观察科学现象，以及将科学与个体的身心发展相联系等。

在进步主义教育运动的影响下，美国科学教育得到了有效的改善。这一时期的科学教育除了重视学生对科学知识的学习以促进智力的增长外，更重视儿童的个性在教育中的发展，强调了儿童作为主体，其亲身经历和活动在教学过程中的重要地位。但这次改革并没有取得理想的效果，选择科学课程的学生人数呈下降趋势。学校科学课程一味强调学生的个性发展和注重课程的实用性，忽视了一般科学知识、概念、原理的传授，降低了科学教育质量，忽视了学科基础。在突出强调科学方法重要性的同时，科学教育忽略了对学生科学行为、科学态度的培养，学生缺乏对科学与社会关系的认识。

二、精英科学教育发展期

第二次世界大战结束后，美国的经济迅速发展，尤其是取得了原子弹、电子计算机、宇航三大领域的巨大成就，使美国成为第三次科技革命的发源地。但 1957 年苏联成功发射了世界上第一颗人造卫星，美国深感世界霸主的地位受到挑战，为此展开了激烈的讨论，并指出美国的教育亟须改革。

1958 年 9 月 2 日，美国总统亲自批准颁布了《国防教育法》(*National Defense Education Act*)，该法强调加强普通学校"新三艺"教学，即科学、数学和现代外语，强调"天才教育"。科学教育课程，也就是科学这一课程的重要地位在该法中得到体现，由此拉开了美国战后科学教育的序幕。1959 年 9 月，美国国家科学院召开全美科学教育研讨会，会议主席布鲁纳在大会的总结报告《教育过程》(*The Process of Education*) 中确立了"学科结构运动"的理论基础和行动纲领，其中包括强调围绕基本概念原理组建课程以形成结构化的知识体系，注重探究过程的学习，培养学生科学研究的能力。

1955—1965 年美国教育以数学、自然科学和外国语的改革为重点，强调科学教育，出现了一个教育现代化的高峰。这次教育改革是在联邦政府的直接干预下进行的，联邦政府通过立法、拨款等手段影响和左右教育改革及教育发展的方向，美国国家科学基金会 (National Science Foundation) 投入大量资金支持科学课程改革，因此这一阶段被称为科学课程改革的黄金年代。许多科学教育专家、著名科学家及资深科学教师共同参与科学课程改革，开发了一系列新的科学课程，包括小学的 SAPA (Science–A Process Approach)、SCIS (Science Curriculum Improvement Study)，中学的由 PSSC (Physical Science Study Committee)、CHEMS (Chemical Education Material Study)、BSCS (Biological Science Curriculum Study) 等编制的相关教材。这次改革扭转了美国国家教育过分强调实用化的倾向，适应了美国当时急需培养高级人才、发展尖端科技、增强军事和经济实力的要求。但由于这次教育改革的着眼点在提高学术水平、培养尖端科技人才上，所以新的课程和教材内容过于深奥，只反映了科学发展的要求和专家的观点，同时也过于理论化，使得大部分学生难以接受，导致一些学生考试不及格，无法跟班。这次在基础教育领域的改革，由于在思想、组织上准备不充分，存在着急于求成和脱离客观实际、脱离学生实际的问题，新的课程从组织编写到推广，都是由联邦政府提供财政支持，并没有充分调动地方当局和广大教师、学生家长的积极性，也就难以得到他们的配合和支持，因而很难持久。

20 世纪 60 年代中后期，贫穷、失业、辍学、反战浪潮、经济危机等一系列问题使美国充满了激烈的社会矛盾，社会各界对中学表现出强烈不满，指责学校忽视学生的个性发展。据统计，1970 年美国有 580 多万名高中生未能升入大学。面对尖锐的社会矛盾，美国联邦政府把教育战略做了调整，即从培养尖端科技人才转为促进教育机会均等。在此背景下，美国教育总署西德尼·马兰于 1971 年提出"生计教育"的主张，指出所有中小学甚至大专院校的所有年级都应该开始职业课程，以保证学生毕业后能顺利就业。在 20 世纪 60 年代中后期至 20 世纪 70 年代中叶，美国中学提倡课程多样化和教育与生活的联系，强调尊重儿童个性，扩大选修课比例，增加职业性、生活实用性科目，在一定程度上解决了 20 世纪 50 年代过分强调学术教育、学校教育与社会生活脱节、学生厌学、教师难以胜任及教育质量下降等弊端。然而，"生计教育"使中学课程走上了另一个极端，过分强调自由，无限制地增加非学术性课程，导致中学课程失去中心，学术教育水平下降，学生缺乏基本科学知识和基本技能。在此背景下，20 世纪 70 年代中后期美国又开始了一次重要的教育改革——"回归基础学科运动"。该运动要求严格中学的升学考试制度，注重道德教育。在课程结构上要求取消"社会性服务"等学术性内容，减少选修课，增加必修课，限制职业课程，将学校主要科目界定为数学、科学、外语和历史等，强调教师的主导作用，各科注重加强基本事实、概念和原理等内容的传授。

　　虽然20世纪80年代前的"精英教育"和"回归基础学科运动"使得美国中学科学教育取得了一定的成就，但并没有从根本上解决美国中学科学教育中存在的问题。1981年美国科学教师协会（National Science Teachers Association）联合国家科学基金会（NSF）共同实施《综合方案》，以确定科学教育的基本目标，培养和提升学生知识、技能和情感方面的素养。然而，《综合方案》的实施并没有起到预期的效果，中学科学教育的状况并没有得到有效的改善，青年毕业生对科学无知懵懂的状态仍然令美国感到不安。之后，美国政府组织了大量的教育专家对当时的教育情况进行了一系列大规模的调查和研究，于1983年4月发布《国家处于危机中：教育改革势在必行》的报告，指出："中学课程存在以下问题：第一，缺乏学术性的中心目标。中学课程是'均匀、稀释、冗长的细目，没有一个基本意图'，学生在中学获得的学分中，25%是健康教育、校外工作经验等一般性课程。第二，选修课比例过大。选修课比例可达50%，甚至50%以上。第三，学术性课程比例下降。1980年一项关于各州取得高中文凭要求的调查显示，只有8个州要求中学开设外语课，但均非必修课程，35个州要求数学学习时间仅为1年，28个州要求科学的学习时间是1年。而其他国家从六年级开始就把数学、生物、化学、物理、地理等课程设为必修课，这些国家学生学习科学等学术性课程的时间约为美国中学生的3倍。第四，课程内容过于浅显。由于生计教育等影响，美国教科书偏重实用性并旨在满足大多数学生需要，课程内容对于资质较高的学生而言缺乏挑战性。"在《国家处于危机中：教育改革势在必行》报告发布以后，全国和各州关于教育状况的报告也陆续出台，对美国科学教育产生了重要的影响。

三、大众科学素养拓展期

20世纪的最后十年，美国为了对本国教育进行世纪转折期的反思，同时也为了规划21世纪的教育发展策略，开始了新的教育改革与发展。在这次改革与发展中，美国小学科学教育课程日趋成熟，逐渐由精英主义取向转向大众教育阶段，教育开始面向全体国民，科学教育日益强调培养全体国民的科学素养，使其充分理解科学、技术和社会间的相互关系。

1985年，美国科学促进者协会（American Association for the Advancement of Science）在考察和分析了美国基础教育的成效后认为，当时的美国中小学生的科学文化素养既低于国际一般标准，也未达到美国自己设立的标准。于是在全国科学计划委员会等机构以及企业的支持下，聘请国内外科学和教育界的教授、教师以及一部分科学教育机构负责人共400位，用时近三年，共同发表了一项美国基础教育改革的基本计划。这项基本计划由一份总报告和五个专题报告组成，总报告取名为《普及科学——美国2061计划》，简称《2061计划》。其目的在于通过教育改革，培养和提升面向21世纪全体美国学生的科学素养。

《2061计划》是美国一项长期而又重要的教育任务，它由3个明确而连贯的阶段组成，需要十年甚至更长的时间来完成。第一阶段：拟定计划阶段（1985—1989年）。此阶段根据学生从幼儿园到十二年级在学校科学、数学与技术教育中所应具备的概念、技能和态度提出改革的理念，并于1989年出版《面向全体美国人的科学》（Science for All Americans），具体阐述科学课程改革的理念。第二阶段：预试阶段（1989—1993年）。根据前一阶段所提出的改革理念制定课程模式作为改革的蓝图，并在6个地区开展《2061计划》的预试。1993年出版《科学素养的基准》（Benchmarks for Science Literacy），对幼儿园到十二年级不同阶段的学生进行各主题的原则性标准规范，并规定了二年级、五年级、八年级和十二年级的学生所应达到的标准。第三阶段：推广普及阶段（1993年至今）。从1992年开始，用十年时间大力宣传改革计划，以征得国会、科学学会、教育机构等组织机构的广泛支持，将第二阶段的预试成果转化为全国性的改革行为，落实《2061计划》所提出的目标。1996年经合组织在发表的有关世界科学教育改革研究报告中，称《2061计划》是"美国历史上唯一有目共睹的科学教育改革尝试"，它"改变了美国科学教育改革的气候"。这种评价反映出美国这次科学教育改革的巨大影响。

　　《2061计划》虽然为美国科学教育的发展提供了长远的发展目标，但是到20世纪90年代初，人们又发现了新的问题：教育系统各层面上的行政管理人员应该如何按照这些目标来管理，科学教师应该如何按照这些目标来教学，其他相关人员又应该如何按照这些目标来行事，才可确保学生依据这些目标进行学习，从而使他们每个人最终都能成为有科学素养的人呢？美国全国科学教师协会（NSTA）请求国家研究院（NRC）能够与其共同努力为美国科学教育设定一个"国家标准"。1994年3月31日，美国总统克林顿在两党领导人的帮助下成功使《2000年目标：美国教育法》（*Goals 2000：Educate America Act*）（以下简称《2000年目标》）得以通过，首次以法律形式将科学课程规定为中小学教育的必修课程，提出"2000年美国学生在科学上的成就将是世界第一"的教育目标，这一举动引起了美国教育家和广大民众的极大热情，从而揭开了新一轮的中小学教育改革。《2000年目标》也明确规定要进行"基于标准的改革"（Standard-based Reform）。在这场基于标准的教育改革的推动下，1994年3月28日，美国国家科学教育标准和评定委员会向国家研究理事会提交了一份《国家科学教育标准》（*National Science Education Standards*，简称NSES）的讨论稿。经过不断修订和征求各方意见，于1996年正式发布NSES。NSES明确规定了从幼儿园至高中的科学课程的教学内容、教学目标以及评价标准。相较于之前的改革方案而言，NSES更加系统、完整，将科学教育作为一个动态的系统来看待。NSES对学生应该知道、了解及动手做的内容进行了清楚的阐述，以便于把学生培养成为在不同阶段具有不同科学素养的人。可以说，NSES是美国科学教育史上的第一份科学教育标准，是一份伟大的教育文献，它推动了美国科学教育事业的发展，为美国的科学教育提供了指南，对美国科学教育的发展产生了深远的影响。

第二节　美国《K-12年级科学教育框架》解读

美国于 1996 年发布的《国家科学教育标准》是美国教育改革的成果之一。对美国的科学教育改革起到了良好的引领和指导作用，同时也对世界各国的科学教育改革产生了深远的影响。美国《国家科学教育标准》发布并投入实践的十多年来，科学技术迅猛发展，科学教育的理论研究与实践也在与时俱进，该文件已不太适应新形势的需要。为了重构美国科学教育标准，2009 年美国开始了对现行科学教育标准的修订工作，准备推出新的科学教育标准。新的科学教育标准的研制过程共分为两个阶段：第一阶段，研制科学教育的新框架，美国研究理事会（the National Research Council，NRC）于 2010 年 7 月公布《科学教育框架（草案）》以收集公众的意见，并于 2011 年 1 月形成最终版本，其全称是《K-12 年级科学教育框架：实践、跨学科概念和核心概念》（*A Framework for K-12 Science Education: Practices, Crosscutting Concepts, and Core Ideas*，以下简称《框架》）；第二阶段，以该《框架》为基础，研制新的科学教育标准，于 2013 年年初正式发布。

《框架》描绘了美国科学教育改革的宏伟蓝图，是研制新的科学教育标准的基础，同时也为科学课程开发者、科学教师、教师培训机构及其他科学教育工作者提供重要的参考与指引。对《框架》的解读，有助于把握美国科学教育改革的最新发展动态，开拓我国科学教育改革的视野。

一、《框架》的研制背景

美国之所以要研制新的科学教育框架及标准，主要基于外因和内因的驱动。

首先，经济发展的滞后、美国学生在国际评价测试中不尽如人意的表现、美国国内对就业形势的研究分析以及提高现代社会公民素养的期望都促使美国的科学教育研究者意识到要重新审视美国的基础科学教育。

其次，自 1996 年美国《国家科学教育标准》颁布的十几年来，自然科学领域发生了巨大的变化，社会对公民的素质也提出了不同的要求，科学教育需要及时补充新的科技知识。同时，现行科学教育标准中存在的一些弊端也影响着美国科学教育的质量，学生的实践能力和问题解决能力亟待提高。美国科学界和教育界人士认为科学教育要与时俱进，在教学内容、教学方法和评价制度等方面都需要做出相应改变，否则将影响到美国在全球科技的领先地位。因此，有必要对现行的标准进行修订。

再次，美国为新一代科学标准研发做好了准备，积累了丰富的成功经验。十五年来，美国在科学及科学学习领域的研究都取得了相当的进展。从1989年到2011年《框架》颁布前，关于科学学习的重要基础研究文集共有20多本。特别是在认知科学领域，美国研究理事会（NRC）对学生怎样才能有效学习（科学）进行了长期的研究，获得了一系列的研究成果，如《人是如何学习的：大脑、心理、经验及学校》《学生是如何学习的：课堂中的科学》《将科学带进学校：从幼儿园到八年级的科学教与学》《非正式环境下的科学学习：人、场所与活动》等重要著作。认知科学的成果将渗透在《框架》和标准中。同时，美国关于"大观念（big ideas）"的研究成果也将成为科学标准制定的基础。此外，美国进行了细致的国际课程标准比较研究。2010年Achieve选择了十个在国际评价中有着一贯高分表现及美国特别关注的国家进行了科学标准的比较研究，从而确定了美国新一代标准应该从中借鉴的内容。

基于以上种种对科学教育、脑科学、学习科学等研究成果的研究和借鉴，《框架》的主要指导原则包括：（1）孩子是天生的研究者（children are born investigators），他们从小就能够并乐于研究、思考和构建周围世界的内在模型，因此新框架在幼儿园到五年级段就要求帮助孩子建立对自然现象的解释；（2）着重于核心概念和实践（focusing on core ideas and practices），缺乏联系的科学课程主题使得学生难以建立对科学深入而连贯的理解，因此科学课程的编排应该围绕一系列有限的核心概念，给学生时间和机会去理解和实践，以建立深入、连贯、系统的知识结构框架；（3）持续性发展理解（understanding develops over time），学生在入学前对物质、生命和社会已有一定的了解，基于此，逐渐发展其对概念的深入理解，建立对自然世界日臻复杂的科学解释，良好的学习进程设计为达成目标提供了一个明确的路线图；（4）科学和工程既需要知识，也需要实践（science and engineering require both knowledge and practices），学习科学和工程不仅要理解知识，还要在实践中理解知识是如何建立、延续、精制和修正的；（5）联系学生的兴趣和经历（connecting to students' interest and experience），科学教育应该抓住学生对世界的好奇心，激发其持续的学习欲望，这将影响学生日后所接受的教育和职业选择；（6）支持平等（promoting equity），每位学生有各自的文化背景和实践经验，科学课堂上应该包含丰富多样的素材案例，为所有学生提供学习的机会。

二、《框架》的基本结构

作为美国《新一代科学教育标准》蓝本的《框架》构建了科学课程的愿景，提出科学教育要使学生在以下四个方面取得长足发展：（1）能够运用科学知识解释自然界的现象；（2）能够搜集科学证据，正确评价科学解释；（3）能够理解科学知识的本质和科学的发展；（4）能有成效地参与科学实践和对科学问题的讨论。这些目标均指向了当今国际科学教育追求的核心理念——科学素养。《框架》强调科学教育不仅要传授知识，而且要帮助学生树立科学的世界观，养成科学的学习能力和批判性思维。同时，以学生的发展为本，为每一个学生提供平等的学习机会，使他们都能具备适应现代生活及未来社会所必需的科学素养，又注重使不同水平的学生都能在原有基础上得到发展。

基于上述目标，《框架》重构了科学教育系统，确定了形成每一个子标准的三种相互联系的维度，分别是"学科核心概念""交叉观念""科学与工程实践"，三者相互独立又紧密相连，融合在科学教育之中。

（一）学科核心概念

《框架》创造性地将科学分成四个学科领域：自然科学（Physical Science，PS）、生命科学（Life Science，LS）、地球与空间科学（Earth and Space Science，ESS），以及工程、技术与科学应用（Engineering，Technology，and Application of Science，ETS）。由于现行科学课程的主题之间缺乏联系，所包含的事实信息零碎而繁多，很少关注学生对某个概念的理解如何随着年级的递增而逐渐发展，故使学生难以建立对科学深入而连贯的理解。为了改进传统课程这种强调孤立细碎的事实、广而不深的缺陷，《框架》吸纳了对专家和新手知识结构的研究成果，强调科学课程的编排应借鉴专家的知识结构组织方式，即课程围绕一系列有限的核心概念（core ideas）组织展开（详见表1-1），给学生足够的机会和时间去理解和实践，以帮助学生建立对科学和工程更为深入、连贯、系统的知识结构框架。核心概念的筛选标准为：（1）在多个学科或工程学科中意义显著，或是组织某个学科的关键概念；（2）为理解或研究某些复杂想法和解决问题提供了关键工具；（3）能与学生的兴趣和生活经历相关联，或能与社会及个人关注的焦点所需的科学技术知识相关联；（4）可在多个年级教学，随着年级的递增，可逐步复杂、逐渐深入。

表1-1　学科核心概念

学科	学科核心概念
自然科学（PS）	PS1 物质和相互作用 PS2 力与稳定性：力和相互作用 PS3 能量 PS4 波及其在信息传递技术中的应用
生命科学（LS）	LS1 从分子到组织：结构与进程 LS2 生态系统：相互作用、能量、动力学 LS3 遗传：性质继承与变异 LS4 生物进化：统一与多样性
地球与空间科学（ESS）	ESS1 地球在宇宙中的位置 ESS2 地球系统 ESS3 地球和人类活动
工程、技术与科学应用（ETS）	ETS1 工程设计 ETS2 工程、技术、科学、社会之间的联系

（二）交叉观念

"不管是在研究古代文明、人的身体还是彗星，一些重要的主题横跨科学、数学、技术领域，并重复出现。它们是一些观念，跨越了学科界限，具有较高的解释力，能形成科学的理论，并提供丰富的观察视角、设计素材。"美国进步科学协会曾对跨学科观念的意义予以充分的肯定。在科学教育中，这些交叉观念能帮助学生将多学科的知识联系起来，形成一致的、科学的世界观。因此，《框架》选择了7个人们较为熟悉的、横跨学科领域的潜在观念，组织成第二维度——交叉观念。它们分别是：模式，原因和结果（机制和解释），尺度、比例和数量，系统和系统模型，能量和物质（流动、循环和守恒），结构和功能，稳定和变化。（详见表1-2）这些交叉观念超越了学科之间的界限，提供了把各个学科领域联系起来的纽带，它们将帮助学生建立对科学和工程的完整认识。

表1-2 交叉观念

交叉观念	解释
模式	形式和事件的可观察模式能引导人们进行组织和分类，并引发关于相互关系、对模式产生影响的因素等问题
原因和结果	机制与解释。任何事件都是有原因的，或简单或复杂。科学的一项主要活动就是调查与解释因果关系和其中的机制。在一个给定的情境下，人们可以检验这样的机制，并且运用机制预测、解释新的情境中的事件
尺度、比例和数量	在研究现象中，了解尺寸、时间和能量之间的相关性，以及尺度、比例和数量的变化对系统结构、性能的影响是非常重要的
系统和系统模型	确定研究中的系统——明确界限，并创建显式模型——为理解、检验科学和工程中的观点提供工具
能量和物质	流动、循环和保存。跟踪系统的能量流动、物质流通能帮助人们理解系统的可能性与局限性
结构和功能	物体或生命系统的结构、发展方式决定了其性质和功能
稳定和变化	对于自然系统或类似的系统，稳定性、变化速率或系统进化的支配因素是研究的要素

（三）科学与工程实践

科学本来就是知识与实践的统一，为了让学生更好地体验科学过程，人们在科学教育中注入了实践元素，"科学探究"逐渐成了主流。但是探究不等于实践，《框架》认为实践不仅包括探究，而且比探究更全面、更具体——落实到实际工程问题上，"科学与工程领域的学习包含整合科学的知识和从事科学探究与工程设计所需要的实践应用"，将科学内容的学习与科学探究的实践及工程设计的实践融合起来。由此，《框架》把"科学与工程实践"作为它的第三个维度，该维度为科学和工程实践提供了完整的认识，这些内容在现行标准和课程中涉及较少，但会在下一代新标准、课程和评价中得到充分的关注。《框架》提出的科学和工程课程必需的8种实践元素具体包括：

（1）提出问题（科学），确定问题（工程）。

（2）创建、应用模型。

（3）计划、实施调查。

（4）分析、解释数据。

（5）运用数学、信息、计算机技术、计算思维。

（6）形成解释（科学），设计解决方案（工程）。

（7）通过证据形成论证。

（8）获取、评价及交流信息。

《框架》的实践强调的是"知行合一"，理解关于科学与工程的实践与理解科学的知识内容是同等重要的两个方面。但要避免把实践理解为机械的程序或仪式化的科学方法，要让学生通过真正的科学实践理解知识的发展与应用，增强学习的动力与知识的运用能力。

三、《框架》的特征分析

通过对科学教育《框架》的进一步分析，可以发现以下三大特点：

（一）以四大学科领域作为基石

传统的科学教育细化的学科设置，比如化学、物理、生物等，往往存在"1英里的宽度，1英寸的深度"的弊病，使学生学习了很多零碎的、专业化的知识，难以形成系统的知识体系。《框架》则提出了科学教育的四大学科基石：自然科学，生命科学，地球与空间科学，工程、技术与科学应用，并分别组织了四个科学领域的学科核心概念。由表1-1可见，相对于幼儿园到十二年级这一庞大的教育系统，学科核心概念数目的减少使学生有了更多的探索与辩论的时间，这有助于建立坚实的科学概念体系。

值得注意的是，"工程与技术、科学应用"首次成为科学教育中的核心学科领域。科学、工程、技术本身就是相互联系的，而且国家实力的竞争也越来越倚靠科学、工程、技术之间的联系，美国近期正在实施的 STEM（Science，Technology，Engineering，and Mathematics）项目就能充分说明这一点。STEM 教育的宗旨是提高美国全体学生在科学、技术、工程和数学方面的素养，因为这些素养是提高国家竞争力的重要保障。为此，学校教育应强化对学生 STEM 素养的培养，增强科学、技术、工程和数学教育之间的联系。科学教育与工程教育的整合是《框架》对 STEM 教育的一个响应。

《框架》把科学、工程、技术整合起来组织成系统的学习内容（见表1-1），将之作为科学教育的基石之一。正如《框架》所述："科学教育主要关注科学劳动的成果——科学事实，而不注重这些科学事实是如何获取的，或者忽略科学在真实世界中的应用。这样的科学教育错误地表征了科学，同时使得工程的重要性被边缘化。"由此可见，在科学教育中将"学习科学与学习工程相互联系"，有利于学生学习到真实世界的科学，而非书本的科学，可以增强学生对科学以及科学与工程之间关系的理解，从而使学生在处理实际生活中的问题时，能有效地应用所学的科学知识。

（二）突出科学的实践本质

越来越多的国家和地区青睐"做科学"，以科学探究的实践作为突破口来提高学生的科学素养水平。在现行的标准中把"作为探究的科学"作为内容标准的一部分，并将探究定义为"探究是一种多侧面的活动，需要做观察；需要提出问题；需要查阅书刊及其他信息源以便弄清楚什么情况是已经为人所知的东西；需要运用各种手段来搜集、分析和解读数据；需要考虑可能的其他解释"。此定义对探究的特征做了很好的阐释，突出了探究应该"是什么"，但缺少了"怎么样、如何实现"。《框架》另辟蹊径，通过"科学探究的实践"和"工程设计的实践"赋予了"做科学"更丰富的含义。科学探究的实践帮助学生理解科学知识是如何发展的，提供机会让他们欣赏用来调查、建模、解释世界的多种方式。而工程设计的实践则让学生了解工程师的工作，以及工程和科学之间的联系。这样的设计理念加深了学生对工程以及科学的交叉观念、学科概念的理解，使学生所学的科学知识更有现实意义，也更能融入世界观中。科学和工程相互联系但又相互独立，《框架》采用求同存异的方式明确地界定了科学教育中的实践：从科学家和工程师的真实工作经验中提炼了8条共同的实践要素（见图1-1），分别在科学和工程领域中进行描述。

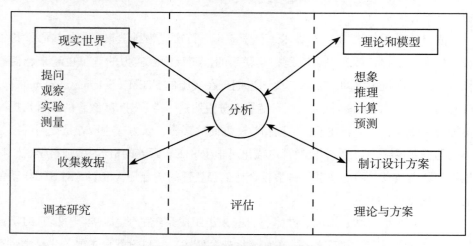

图 1-1　科学与工程实践要素图

下面以"提出问题和确定问题"要素为例进行说明。从表1-3可见，在科学领域中的问题，如"天空为什么是蓝色的"，通常是出于对某种现象的好奇心，从而激发人们发展理论来进行解释。在工程领域中，主要是针对存在的矛盾提出问题，然后驱使人们设计解决方法，如人们对燃料的依赖引发了一系列工程问题——研发更环保的能源，设计更有效的运输系统。在这两个领域中，交流都是不可回避的问题。《框架》对"提问"这一要素进行如此细致、全面的说明，指导科学教育标准的开发者更有针对性、更合理地将这一要素融入课程中，从而帮助学生全面提高提问能力，开启了科学和工程实践的第一步。

表1-3　提出问题和确定问题

科学问题	工程问题
存在什么及发生什么？ 为什么发生？ 人们是如何知道的？	做什么能够解决人们的某一需求？ 如何更详细地说明这一需求？ 可以应用或发展什么技术、工具来解决这一需求？
共有问题：人们如何交流现象、证据、解释，以及设计解决方案？	

（三）用"学习进程"统整内容

《框架》的编写者认为科学教育的连贯性与整体性对保证科学教学的实效性至关重要。为此，《框架》从学生的好奇心和前概念出发，以学科核心概念为载体，整合交叉观念和科学、工程实践要素，展示了知识、观念和能力循序渐进的发展过程，即"学习进程"（learning progression），希望《框架》及后续的课程和教学指导都能够通过合理的设计帮助学生持续性地建构和完善他们的知识和能力。为实现上述构想，《框架》为学科核心概念设计了以学段为节点的概念发展进程，分别是幼儿园至二年级、三至五年级、六至八年级和九至十二年级，这4个阶段对应不同的学习内容，其水平层次随着学段的提高而逐渐提高，形成一条条流畅的学习链条。其总体思路是：在幼儿园至二年级学段，通过直接的体验与研究获得对相关现象的认识；在三至五年级学段，研究非直接可见的宏观事物（如人体内部或地球内部有什么？），学生对它们没有直接经验，但是可以通过对微观事物的了解，借助图片、模型以及模拟来获得对事物的认识；在六至八年级学段，学生在分子水平解释物理现象，在细胞水平解释生命进程与生物结构；在九至十二年级学段，学生在原子水平和亚细胞水平解释事物与现象。例如，针对物质科学中的"物质和相互作用"的第一个子概念"结构和物质的性质"，《框架》展示了其学习进程（表1-4）。

表1–4 "结构和物质的性质"的学习进程

	结构和物质的性质：微粒是如何构成物质的？
幼儿园至二年级	物质以不同的实物形式存在（如木头、金属和水）。由于温度不同，许多物质以液态或固态的形式存在。人们可以根据物质的可观测性质、用途及是自然的还是人造的进行描述和分类。不同的性质对应不同的用途。人们可以称量物体的重量，也可以描述、测量它们的大小
三至五年级	任何种类的物质都可以再分成不可见的微粒。虽然微粒不可见，但是它们仍然能被检测到。比如，气体模型（气体由不可见的微粒构成，这些微粒在空间自由运动）可以解释许多现象：气体微粒对曲面的影响（气球的曲面）、对更大的微粒或物体的影响（风、悬浮在空气中的灰尘）、冷凝时可见水滴——雾的出现，再延伸到云或喷气式飞机的航迹云。当一种物质状态改变时（即使是蒸发了），它的质量也是不变的。人们测定物质的各种性质，如硬度和反射率
六至八年级	所有物质都是由100多种原子以多种多样的方式相互结合而构成的。组成分子的原子数目从2个到数千个不等。纯净物是由同种原子或分子构成的，具有特有的物理性质和化学性质，人们可以根据这些性质来鉴别它们。气体和液体是由分子或惰性原子构成的。液体中，微粒排列较紧密；气体中，微粒之间的距离较大，可以自由移动，可能会发生碰撞。固体可以由分子构成，也可以由重复的结构单元排列而成（晶体）。固体中，微粒排列紧密，并在固定的位置上振动。运用这些物质模型可以描述和预测物质状态随着温度、压强的变化而发生的变化
九至十二年级	原子由原子核和核外电子构成。在元素周期表中，元素的核电荷数决定了元素的位置；元素的核外电子排布呈现周期性变化；同族元素具有相似的化学性质。物质的结构和相互作用主要取决于原子内和原子间的静电作用力。当能量最低时，物质处于稳定状态。原子通过化学键构成稳定分子时释放能量（键能），因而能量降低；拆开分子必须从外界吸收能量

由表 1–4 可见，围绕这一核心概念，学习进程将许多相关的知识（如事实、概念、理论、技能等）统一整合起来，随着学段的提升，逐渐经历 4 个水平：从简单到综合，从生活化到学科化（化学），从朴素到科学，从宏观到微观。逐步建构学生的微粒观，从而循序渐进地促进学生从宏观、表面现象转变到从微观、本质的角度理解和分析物质。

第三节　美国《新一代科学教育标准》简述

20 世纪 90 年代开始，美国发起了基于标准的基础教育课程改革，目的在于给基础教育课程的整体改革提供完整的参照和指导。为了使基于标准的改革具有切实可行性，美国在倡导和资助制定全国性课程标准的基础上，鼓励研制全国性测评标准、能力表现标准、学习机会标准和各州的具体课程标准。科学课程标准是科学课程实施的核心基准，是科学教育改革的风向标。

1996 年，美国国家研究理事会（NRC）颁布了美国《国家科学教育标准》（*National Science Education Standard*，以下简称《标准》），该文件成了美国历史上第一份全国性的科学教育标准，也是世界各国科学课程标准研制的重要参考文献。随着时代的更新，实施了十多年的《标准》也亟待更新。基于《框架》的美国《新一代科学教育标准》（*Next Generation Science Standards*，以下简称《新标准》）于 2013 年 4 月 9 日正式发布，标志着从 2010 年开始的新一轮科学教育标准的开发工作基本完成。

《新标准》是新一轮科学教育改革的里程碑，其研制基于从 1989 年编写的《面向全体美国人的科学》到 2011 年研制的《框架》这二十多年间科学教育研究的成果，为整合理念的实现描绘了具体图景，并达成了内容标准、教学标准和评价标准的统一。

一、《新标准》的研制背景

美国的科学教育标准每隔一段时间都会进行更新或修订，力图在每次更新标准时反映科学发展的最新发现和科学教育的研究成果。"从 1996 年的科学教育标准到下一代科学教育标准是一个颠覆式的革命，而不是循序渐进式的变化"，在中国教育学会科学教育分会与南京大学教育研究院联合主办的 2012 年国际科学教育研讨会（中国南京）上，美国密歇根州立大学约瑟夫·科瑞柴科（Joseph Krajcik）教授这样介绍。

长期以来，美国基础科学教育都受到联邦政府的重视，致力于科学教育的改革可谓此起彼伏。《新标准》的研制受到了诸多因素的影响。

（一）经济恢复和发展的需要

美国经济的恢复与发展需要改革科学教育现状，提升科学教育质量。科技创新在应对经济危机中凸显重要作用。美国经济的恢复与发展，需要培养创新型人才，增强科技创新能力，而现行的科学教育课堂教学不足以使学生做到以创新为目的而进行科学学习或工作。因此，美国政府采取积极的政策巩固与提升美国在科技创新方面的优势。在教育方面，提出打破教育技术壁垒，广泛地进行持续可行的教育改革，尤其是科学教育改革。为顺应时代发展要求，改革科学教育标准，变革现存的不恰当的教学内容和方法成了必然的作为。

（二）统一国家标准的教育政策的推动

美国科学教育协会精心修订这套标准的重要原因是，过去科学教育课程与其他学科一样，多年来一直沿用由主要几个州制定的标准，而没有真正采用统一的国家标准，每个州选用和落实科学教育标准的情况参差不齐。这次以国家的名义颁布《新标准》，打破了过去各州自行制定科学教育标准的做法，统一编制了这个具有国际水平的、具有较强操作性的科学教育新标准。

（三）科学探究教学的实施情况令人担忧

1996年颁布的《标准》以科学探究为核心理念，旨在提高学生科学探究的能力，加深其对科学本质的理解。该文件强调科学探究是学生的学习内容，也是学习方式，更可以作为教学指导思想协助教师的课堂教学。然而事实并没有像理论论证的那样有效，美国在基础科学教育中进行科学探究教学的情况令人担忧。各州科学教育标准中，科学探究性教学出现概念泛化或模式化倾向，无法对教师的教和学生的学产生明确的指导意义。例如，密歇根州科学教育标准中提到"科学探究首先是进行目的明确的观察，以提出问题；其次是进行调查，以解释与论证观察结果"。科学探究被等同于科学方法，严重影响了科学探究在课堂教学中的具体实施及其效果。

此外，根据研究者从教材、教师、学生、教学等方面考察了解到的科学探究实施的基本情况，可以看到美国科学教材的编制普遍缺乏探究性特征，相当数量的教师在课堂中不愿意进行探究性教学，很多学生缺乏探究活动的经历等。以上有关科学探究性教学方面的种种问题阻碍了美国基础科学教育的发展，改革科学探究，使用更为明确合理的教学模式成为科学教育的迫切需要。

（四）提高科学教育质量的诉求

虽然美国从事科学教育研究已有较长的历史和丰富的经验，但他们并未因此对以往的研究成果和教育成就盲目自豪。美国科学教育界的学者认为，美国目前的科学课堂教学成效低，科学教师培养与改革意识仍存在诸多问题，特别是历次国际学生评估项目（PISA）中美国学生科学成绩的排名不尽如人意。如2006年，美国15

岁学生的科学成绩在 30 个发达国家中排第 21 名；2009 年排第 23 名。2011 年，美国国家教育进步评估的数据表明，美国 50 个州的科学教育成效与 2009 年相比虽稍有进步，但实际上只有不到 1/3 的学生能够达到精通的水平。近年来，美国政府在执行 2001 年颁布的《不让一个孩子掉队》（No Child Left Behind，简称 NCLB）法案过程中，推出了一系列措施以不断更新原来的一般标准，尤其是几个重点州的标准，希望科学教育继续在正确的轨道上前进。他们感觉到有必要重新制定适用于全国的面向未来一代的科学教育标准。

（五）培养21世纪能应对变化的公民的需要

原有的科学教育标准无法体现最近的科学研究成果和互联网技术的变化，缺乏明确的科学教育思想和教学过程主线，所依赖的理论基础和观念滞后。近年来，科学、技术、工程和数学等方面发展迅猛，新知识和新技能在调研、分析和改革领域中起到非常重要的作用。此外，近几年关于学生如何富有成效地学习和教师如何有效教学的研究成果越来越丰硕，但这些成果却没有很好地体现和运用在科学课程的教学和评价等方面。其中一个表现就是，原来的科学课程结构和教材的设计还是着重于让儿童掌握系统的科学知识，而没有突出美国科学教育界近年来一直强调的科学探究精神和综合运用不同学科和领域知识的理念。如原有的课程和教材强调理解细胞、基因和遗传与科学分类的"理解生命事物"，关注植物生长与反应、植物类型、无脊椎动物和脊椎动物的"生命事物的生长与反应"等方面。这些科学课程虽然系统、严谨，却并没有真正从儿童认识事物的感性和整体性的认知特点及兴趣变化的角度去设计。因此，要培养能够应对变化的公民，应从学习者自身的原有基础和认知特点出发，将科学学习变成一个主动的过程。

二、《新标准》的研制方式及其特点

《新标准》是连接课程理念与实践的桥梁，既承载着科学教育理念的具体化的功能，又具有直接指导课程开发、教师教育、教学实践和评估的功能。《新标准》制定过程也与以往的标准制定有很大不同，上下联合、多方参与是其最显著的特征。

（一）社会各界的广泛参与

不同于 1996 年自上而下颁布的《标准》，《新标准》由独立的教育机构牵头组织，在 26 个州主导下与美国国家研究理事会（NRC）、美国科学教师协会（NSTA）和美国科学促进会（AAAS）联合编写。期望能通过各州的广泛参与和多组织的协同合作使《新标准》"源自各州，面向各州"（For States，By States）。

在制定标准的过程中，美国教师教育协会（NATE）组织了一些著名科学家和科学教育研究者参与修订工作，并咨询了全美 2000 多名科学教育教师的意见，最后形成了修订标准框架的指导原则和基本思路，并将课程、教学和评价有效融合，使之在指导原则之下，以实践活动、知识概念和核心思想三条主线贯穿科学教育。

（二）研究和评估先行于政策制定

《新标准》的制定，是基于对科学教育实施效果的评估分析，大量的学习科学研究成果及科学教育标准的国际比较研究成果进行的。阿契夫联合会开发出一整套编码系统对 10 个国家科学教育标准的内容进行编码、定量分析和比较，为科学教育改革提供了翔实的比较数据和改革依据，保证了《新标准》制定的针对性和科学性。我国目前科学教育政策制定也开始注意制定前的调研，通常采用座谈会、实地考察、试点实验和查阅文献资料等方式，但是研究方法多停留在经验层面。这些经验总结式的结论可靠性低、可操作性弱，后续的评估也难以跟进。

（三）民主讨论，程序完整

本次《新标准》的制定和《标准》的制定一样，都是学术组织和社会组织的行为。尽管州长协会参与制定过程，但它与其他社会组织的作用相同，并没有凌驾于其他组织之上。各州是否采用《新标准》及《新标准》是否成为各州的共同标准，由各州自行选择。不过从 1996 年《标准》出版后实行的情况来看，各州都把《标准》当成参考和规范，这正说明了充分民主、程序完整的制定过程能够代表各方利益。

三、《新标准》的内容框架

《新标准》的基本内容由科学实践、跨学科概念和学科核心概念构成。科学实践作为标准内容之一，内容体系涵盖指导原则、课程目标、内容标准和实施策略四个方面。课程目标及内容标准包括年级的总目标和内容标准及幼儿园至二年级、三至五年级、六至九年级、十至十二年级四个年级段的分目标和标准。实施策略是《框架》中所提出的实施建议，主要强调科学实践在教学过程中教学方法的多样化、教师发展的专业化和学业评价的多元化。

（一）《新标准》的设计理念

《新标准》是在《标准》的基础上针对《标准》在实践中遇到的问题而研制的，在设计理念上有七大概念的转变：（1）科学教育应该如在真实世界中的实践和实验那样反映科学中各学科相互联系的本质；（2）《新标准》是对学生表现的期望，不是课程，它指导着课程和教学；（3）从幼儿园到十二年级，《新标准》中科学概念的构建连贯一致；（4）《新标准》重在内容的深入理解和应用；（5）从幼儿园到十二年级，科学和工程被整合在《新标准》中；（6）《新标准》的设计是为了让学生为大学、工作和公民生活做好准备；（7）《新标准》和《州共同核心标准（英语和数学）》（*Common Core State Standards*）是一致的。

可以看出这七大概念的转变突出整合这一核心设计理念，其中的第 1、第 5、第 7 条是对横向整合的要求，第 3 条要求幼儿园至十二年级的纵向整合。基于上述理念设计的《新标准》的内容组织等呈现良好的一致性。

（二）《新标准》编制的基本思路

科学的推理对学生进入大学和就业非常重要。它可以分析真实世界里的科学现象，运用科学推理对科学主张和技术决策进行支持、批判和交流。在科学和技术的情境中还会应用到相关的数学知识。鉴于此，《新标准》首次提出了三维整合的框架体系，即科学与工程实践、学科核心概念和跨学科概念三者有效地整合。

第一个维度是科学与工程实践。它提出了 8 个方面的概念或内容：（1）提出科学问题，明确工程难题；（2）建立和使用模型；（3）设计和实施调查研究；（4）分析和解释数据；（5）使用数学与计算思维；（6）构建科学的解释，设计工程解决方案；（7）基于证据的论证；（8）获取、评估和交流信息。以上 8 条对于很多工程设计者来说都是非常熟悉的，这里想着重强调的就是建立和使用模型，构建科学的解释和设计工程的解决方案。

第二个维度是学科核心概念，也称为大概念。核心概念是让学生解释和说明周围世界的关键知识。学科核心概念聚焦了在科学方面最重要的课程、教学和评测内容，涉及 4 个领域：自然科学，生命科学，地球与空间科学，工程、技术与科学应用（表1-1）。这里需要着重强调的两点是：遗传、地球和人类的活动。在以前的科学教育中，工程方面涉及得并不是特别多，《新标准》中有关工程的内容主要包括工程设计，工程、技术、科学与社会之间的联系。这里面着重要说的就是工程设计实际上是科学在工程上的运用。《新标准》和《标准》的一个主要区别，就是通过实践与科学内容的整合，更好地反映真实的科学，加强学生对科学内容的掌握，增加学生对工程技术的兴趣。

第三个维度是跨学科概念。在《标准》中，探究和内容是相互独立的，《新标准》把探究实践和内容都整合起来，为学生提供了一个多元地、连贯地看待世界和科学的视角。

（三）内容标准的框架结构

依据新的编写思路，《新标准》的内容结构和呈现方式发生了很大的变化。每一条具体的内容标准，都包括"表现期望"（performance expectation）、"基础框"（foundation boxes）和"联系框"（connection boxes）三个层次，其中后两者是为了达到"表现期望"而展开的（见图1-2）。

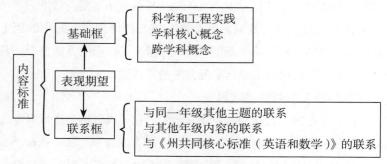

图1-2　内容标准的框架结构图

下面以初中的"物质结构与性质"这一主题为例,说明《新标准》内容的呈现方式。

《新标准》初中"物质的结构与性质"主题内容呈现

表现期望

掌握了该部分内容的学生应能够：

MS-PS1-1. 构建模型来描述简单分子和延伸结构的原子组成。（细致说明：重点在构建有不同复杂性的分子的模型，简单分子可以氨气或乙醇为例，延伸结构可以氯化钠或钻石为例……）（界限：检测不包括价电子和结合能……）

MS-PS1-4. 构建模型来预测和描述加热（或降温）时纯净物的状态、温度和粒子的运动的变化。（……）

科学与工程实践 构建和使用模型	学科核心概念	共通概念
六至八年级的建模在幼儿园至五年级的基础上进展到构建、使用和修正模型来描述、检验和预测更抽象的现象……	PS1.A：物质的结构和性质 物质由不同类型的原子组成，它们以不同的方式相结合。分子尺寸的范围可由2个到2000个原子组成……	原因和效果 因果关系可以用来预测自然或人为系统中的现象 尺度、比例和数量 ……
获得，评估和交流信息 在六至八年级……	PS1.B：化学反应	结构和功能 ……
联系科学本质、科学模型、定律、机制和理论解释自然现象。定律是自然现象的规律或数学描述	PS3.A：能量的定义 ……	联系到工程、科技和科学的应用 科学、工程和技术相互依赖 科学、工程和技术对社会和自然界的影响 ……
与同一年级的其他主题的联系……		
跨年级的连接点……		
与《州共同核心标准（英语和数学）》的联系……		

注：其中MS表示初中（Middle School），PS表示自然科学（Physical Science）。《新标准》中大量使用编码，这有助于表示文件各部分间的联系。

可以看到,《新标准》中每一个主题的内容从上到下由三部分组成：第一部分是表现期望；第二部分为基础框,分为实践、核心概念和共通概念三列；第三部分是联系框。表现期望用来阐明期望学生在完成该阶段后应该知道的和能够做到的。从例子中可以清晰地看出,表现期望表述的是完成该阶段学习后,掌握了所学内容的学生所能表现出的外显行为。紧接着每条表现期望的细致说明进一步阐释其处理的具体科学情境。

基础框紧接着表现期望,取"其中的内容是达成表现期望的基础"之意。其内容展现了达成这一系列表现期望所需掌握的三维内容,一般包括实践的几个要素、数个学科核心概念和2~3个共通概念,有的还阐明与STSE教育或科学本质教育中的核心概念的联系。左列提出学习该主题时需要重点培养的实践技能；中列表明该主题重点关注"物质的结构和性质""化学反应""能量的定义"三个学科核心概念,涉及物理和化学两个学科的内容；右列陈述和该主题联系最紧密的共通概念。另外,虚线下分隔出的内容表明,该主题的实践中应融合科学本质的理解,共通概念应结合STSE教育的内容。联系框位于基础框的下方,意在表明该主题中的内容：（1）与同一年级其他内容的联系；（2）跨年级的内容联系；（3）与《州共同核心标准（英语和数学）》的联系。

（四）《新标准》的主要变化

《新标准》与以往的科学教育标准相比较,在编制上有较显著的变化,即更加注重学科内外的关联性,以实践活动、跨学科概念和核心思想建立通往科学的桥梁,使学生在学习中能够多感官输入信息、转化知识和体验科学；其新的变化也突出地反映在以"5E"作为新科学教学模式的切入点上,整合科学与数学、工程、人文学科之间的关系,并以新的学习观作为修订标准的指导思想,试图通过动态、有趣、融通的范式,力求使学生适应未来的科学学习,使课堂科学教学更富有成效,指导线索更加明确。《新标准》的主要变化可以归为以下三点：

1. 重视教学内容的整合性

《新标准》的整合性主要通过"故事线"（story-line）和"表现期望"（performance expectation）来体现。"故事线"是对横向整合的具体描述。在小学阶段的每个年级和初中、高中阶段的每个领域,在展现某阶段具体的内容标准之前,《新标准》以"故事线"的形式对该阶段的科学教育内容进行了总体概括和有效串联。这有利于学生对每一阶段教学内容的整体了解,进而建立宏观的知识架构。"故事线"一词近年来在科学课程文件中并不常见,但其实"故事线"在科学教育领域并不是新词。Arthur Stinner曾指出,科学课程中的"故事线"——包括情境设置、科学故事和当代重要议题——有助于跨越科学知识和日常经验间的鸿沟，能促使学生建构的理解向着"科学与人本主义传统"回归。《新标准》也力图用"故事线"来为以下三者构建有意义的联系：（1）生活中的问题与社会议题；（2）解答这些问题所需达成的表现期望；（3）达成这些表现期望所需要的对学科核心概念、共通概念的理解和科学与工程实践能力。

另一方面，以表现期望为核心，首先阐明期望学生在完成该阶段后应该知道的和能够做到的。然后展现达成这一系列表现期望所需掌握的三维内容，一般包括实践的几个要素、数个学科核心概念和 2~3 个共通概念，有的还阐明与 STSE（Science, Technology, Society, Environment）教育或科学本质教育中的核心概念的联系。最后编写该部分内容与其他内容的关联。"《新标准》提倡学生理解核心概念和学科理论框架，进而能够利用这些知识去开发更多的知识，或者利用这些知识去解决实际问题。新手会获得孤立的甚至相互矛盾的知识片段，他们不能把这些片段组织和整合得很好。所以，《新框架》旨在让学生通过参与实践，加深对核心概念的理解，扩展和跨学科概念的联系，从而由新手变为专家。"这种整合有利于学生全面、透彻地理解学科知识，也有助于他们在实践中更好地体会各学科相互联系的本质。

现行的多数课程标准中，学习要求主要通过内容标准来表述，再另行附加教学标准和评价标准。这实际上导致课程、教学和评价的标准被人为割裂。而表现期望意在传达一个"大概念"，这个"大概念"不仅"使实践、共通概念和核心概念中的内容结合起来"，还实现了内容标准、教学标准和评价标准的统一，让"各州、学区的课程开发、评估人员不需再猜测标准制定者的想法"。表现期望的设计，还为实践和共通概念的学习赋予具体的科学情境，使能力的培养和跨学科整合理解能够真正落实。基础框和联系框的设计除表现了科学教育内容之间的紧密关联外，还将科学学习与英语、数学的学习联系起来了。

2. 强调课程设置的连贯性

提高科学教育中幼儿园至十二年级或年级段之间的关联度，是贯穿《新标准》的重要原则和思想。一方面，《新标准》提倡"学习进程"。与《标准》中学科内容的全面细致相比，《新标准》只选取了《框架》中的 12 个"学科核心概念"作为教学内容，更注重学生对知识的深入理解及在实践中对知识的应用，其中每个核心概念又包含一定数量的子概念。《新标准》把幼儿园至十二年级阶段的教学内容视为一个整体，它强调每个核心概念的学习不能在一两周内完成，而要在多个年级逐步开展，且随着年级的增长，同一概念所涉及内容的难度和复杂程度都逐步增加。

传统科学教育的缺陷之一便是教育学生掌握一系列不直接相关或者相互独立的

科学事实，忽视科学知识和实践之间的关联和承接。学习进程关注学生已经掌握的知识和实践与亟须掌握的知识和实践之间的顺承关系，强调更高水平的标准建立在前一水平的目标之上，有助于从整体上提高学生的科学素养。就实践这一维度而言，实践中的学习进程建立在学生原有的知识和能力的基础上，基于学生对周围现象的好奇心，用更科学的方式指导学生认识科学和工程的本质。学习进程还强调工程设计中知识和实践的融合，各年级段的知识水平和实践水平的对应，使学生能够合理地基于知识的掌握进行工程实践。总而言之，学习进程是《新标准》根据学生生理、心理等发展的基本规律而提出的，把它融入工程实践能力培养过程，不仅是学生学习的现实需要，也是基于"为了每一个学生的发展"的教育目标而提出的重要教育理念。

3.把"以大脑为本"的学习观作为制定标准的理论基础

《新标准》体现了一个重要的思想，即回应2001年颁布的《不让一个孩子掉队》法案提出的"对所有人寄予厚望"的科学教育思想，主要体现在以下几个方面：（1）科学是面向所有学生的；（2）学习科学是一个积极主动的过程；（3）学习科学要反思当代科学实践中具有鲜明特征的智慧和文化传统；（4）把提高科学教育作为教育改革的一部分。同时也要使《新标准》更容易在各州贯彻实施，不受限于全国性的考试测验，便于减少因为数学和科学难度所带来的问题，使之更为综合、精练、清晰和更大可能地提高所有层次的学生的成绩。

该思想主要来源于《新标准》所依据的新学习观。最近关于人的大脑及其潜能的研究，以及"以大脑为本"的学习问题研究有了新的发现，它们指出了以往学习理论的局限性，阐明了学习研究的发展方向。最显著的例子就是学习研究已经从认知科学的研究转向认知神经科学的探索，即致力于加快信息的获取、短时加工、长时记忆到迁移应用的过程；而原来基于行为主义和认知发展学习理论的科学教育观念已经不大适应日新月异的科学发展和学习的需要，尤其不能认识和涵盖对世界复杂性探索的需求。研究认为，大脑并不仅是外界信息的储存器（即使在知识爆炸的年代也不可能吸收海量的信息和知识），它的主要系统和功能是理解、学习、思考和创造。"以大脑为本"的学习是目前学习研究的新趋势。随着20世纪末神经科学研究的发展，科学家发现了以海马回为中心神经元连接的丰富性、兴趣与智力的相关性及大脑潜力的空间比我们原来了解的要大；儿童在学习中的大脑运作并非全是以逻辑的方式进行记忆和储存的。学习者的学习实际上也是修正大脑、训练大脑的过程。这就意味着教师需要改变过去那种灌输百科全书式科学知识的教学方法，尤其需要以巧妙运用大脑机制使孩子学得更好的原则来改进我们的教学方略。这些原则包括：学习即探索；整合新信息与旧知识；以动机驱动好奇心；有效学习需要互动、反馈、强化和摄入；儿童缺乏长时间等待的耐心而是希望即刻获取教益；学习是动用整个大脑，包括所有感官、语言、问题解决、推理、调整和社会化的活动。

第四节　美国科学课程发展的启示

美国作为世界上教育发达的国家之一，自 20 世纪以来，中小学科学教育的改革从未停止。为了强化全体公民的科学意识和树立正确的科学教育观，美国提出把"科学素养"作为教学教育目标的核心理念，并形成了一个强大的科学教育支持体系，以各科学领域的专家作为科学教育的智囊；以一系列的社会资源作为公民的科学素养和科学技能的养成与培训的基础、介质、内容载体、高利用率高效用的演示与实验；以学校作为科学教育的重要阵地和未来科技人才的培养基地，通过整合性地设定学校科学教育课程和课程标准、在人文学科中渗透科学内容、设定科学课程评价标准、不断培训科学教育师资来保证科学教育的方向和质量；强调培养学生的原创力和探究能力。

虽然美国的科学教育自身也存在问题，但美国《框架》和《新标准》强调的多学科知识的整合性、幼儿园至十二年级课程设置的连贯性、对内容理解的深入性、学习过程的实践性、教育目的的人本性以及政策制定过程的民主性等都是值得我们借鉴的。

一、围绕大概念整合学科内容

科学教育的内容丰富多元且相互关联，向学生不加组织地零散呈现或笼统编织框架强行灌输都是不可取的。科学教育应该还原科学的本来面貌。以大概念为核心进行多维整合，为科学教育各方面内容构建有意义的联系是新世纪科学教育的发展方向。就《新标准》而言，提出"科学教育应该如在真实世界中的实践那样反映科学中各学科相互联系的本质"及"从幼儿园到十二年级，科学概念的建构连贯一致"两条设计理念。无论是横向整合，将科学教育内容按主题编排，以表现期望为核心进行三维统一整合，再扩展到与科学本质、STSE 以及英语和数学学习的联系，还是纵向整合，基于学习进程研究，设计适合各阶段学生认知水平的表现期望，都能看到"《新标准》对内容和应用的整合，恰当地反映了真实世界中的科学和工程是如何实践的"。可以说，《新标准》为整合这一基础教育阶段科学教育核心理念的实现提供了范本。

在纵向整合方面，我国科学课程可以借鉴"学习进程"的成果，使学生 12 个年级的科学知识形成一个统一、连贯、深入的结构。传统的教学中普遍存在课程内容涉猎广泛而知识间连贯性不足的现象，学生对知识的理解与掌握都是亦步亦趋、流于表面，识记凌乱的知识以应付各类考试。而"学习进程"可以让学生持续、逐步地对核心概念进行理解，通过慢慢深入的思考、探索、实践与应用，避免传统科学教学中的弊病。贯穿核心概念的学习进程方式，可以时刻提醒教育工作者尽量避免让学生记一些零散的信息或知识，应帮助学生在大量的生活实例中理解和概括出核心概念，重视将前概念或课上掌握的知识应用、迁移到新的问题情境中。同时，也是为教育研究者们探索新的学习方法提供一定的指导。

二、提升科学实践的比例

美国一直提倡在科学课程中开展相关的实践活动，但由于各时期经济、科技等背景的差异，不同时代肩负着不同的使命，故各阶段科学课程的主要目标不尽相同，对科学实践的重视也没有提上日程。早在 BSCS 课程中，科学实践的作用就被特别提及，不过由于受各种条件限制，中学的实验课程几乎形同虚设。《2061 计划》提出了科学素养的概念，并把其作为科学课程的主要目标，而《标准》又注重科学探究的开展。直至《新标准》，开展大规模的科学实践成为科学课程的主要目标，科学实践才受到空前的关注。

《新标准》以实践作为首要维度，提议让幼儿园至十二年级的学生通过以围绕科学大概念而组织的实践来提升科学素养。这一实践转向，不是对科学探究的否定，而是对其的拓展：从作为知识的科学转向作为实践的科学，加入社会与文化的维度以回归科学作为人类实践的本质属性。对此，我们要变革科学观，吸收美国科学教育实践的内涵，学习其整合和学习进程的实施理念和途径，培养我国学生优质的科学素养。科学从作为绝对真理的知识到相对稳定的知识再到现今的实践，可谓是人类智慧和文明的再次飞跃。科学教育应该紧随人类科学观的范式转换，从而端正自身的学科性质，培养学生具备时代性与先进性、胜任现今并能适应未来的科学素养。

我国向来注重教授学生细致的学科知识，忽视对其实践能力的培养。虽然近年来的科学课程改革提倡开展科学探究和实践活动，但实施情况不容乐观，学生的动手能力和解决实际问题的能力有待提高。一方面，大多数学校的科学实验课程和活动课程形同虚设，一些条件较好的学校也只是带领学生操作某些简单的实验。另一方面，实验过程一般严格按照预设的实验程序，缺少探究性和创新性。科学课程是与生产、生活及生态环境等息息相关的学科，我们要逐步推进实践教学，提升科学课程的实践品格。

三、改善评价体系

长期以来,科学学业评定一直是我国基础教育界的热门话题。进入21世纪以后,一些新的科学学业评定的理论与方法,如发展性评定、表现性评定、档案袋评定等,受到了广泛的关注,被大力地提倡和积极地实施。这在一定程度上顺应了我国科学课程改革的总体目标。然而随着其改革的不断深入,科学学业评定体系的不足依旧不断显现,俨然成为科学课程良性发展和学生有效学习的羁绊。破解制约我国科学课程健康发展的学业评定问题,不仅需要加强本土化研究,还需要充分吸收国外的成功经验。

美国新一轮科学学业评定以"评定为教学服务"的理念来设计和开发学业评定,并指出学业评定应指向"三维科学学习"、应服务于不同人群、应具有一致性的原则。所谓"三维科学学习",是指学科核心概念、跨学科概念和科学实践三个方面相融合。在设计新一轮科学学业评定时,是基于能够反映学生学业真实情况的证据而进行推理和判断的过程,而评定结果的可靠性在很大程度上取决于学业评定工具的科学性。新一轮科学学业评定系统主要包括内部评定、外部评定和学习机会监测三个组成部分,其框架如表1–5所示。

表1–5 科学学业评定体系

组成部分	评定类型	目的	评价主体	评分
内部评定	形成性评定	调控教学进程,指导学生自我学习	教师/学生	教师/学生
	总结性评定	诊断学生学业发展	教师	教师
外部评定	基于州级要求的评定	监测教学质量、教育问责、评估课程改革项目	州/学区人员	州/学区人员
	课堂嵌入式评定	监测教学质量、教育问责、评估课程改革项目	州/学区管理教师监测	学区人员/教师
学习机会监测	依据州级要求的评估	监测学生科学学习机会和公平	州	州

可以看出,美国的新一轮科学学业评价系统紧扣课程标准。同时,最大限度地发挥促进学生学习的功能,既能为教学提供反馈,又能报告学生学业发展状况,还能为教育行政部门、政策制定者提供学业质量报告。此外,还强化了外部结构的参与——新的科学评价系统包含内部评定和外部评定两个部分,其中监测科学学业质

量的外部评定是该系统的重要特征之一。来自学校外部的专业评定，是保障评定结果客观、公正的重要措施。

结合我国国情，我们亟须知道的是，对于核心观念、科学实践以及学生非认知领域的表现，我们应该评价哪些方面、应该如何评价。虽然已有课程标准对学生的期望大多用了许多动词加以规范，如用认知性动词、体验性动词等来表达对学生不同程度的期望，但是往往聚焦于通过标准给学生输入哪些内容，而不是关注让学生通过学习能够输出哪些内容。其实，只有实现从"输入"到"输出"的变化，课程标准才会最终引起标准使用者的高度关注，实现其功能价值。我国的科学课程评价可以在以下几个方面做出改进。

第一，加强评价内容的全面化。我国较多关注评价学生的识记能力和计算能力，较少考察他们的学习过程、创新能力和辩证能力等，评价内容过于狭隘。其实，那些复杂的公式定理大多会随着时间的流逝而被遗忘，学生真正需要的不是掌握那些不常用且复杂的运算公式，而是渴望更好地去理解周围这个有趣的、多维的现实世界。我们应降低考试难度，减少复杂深奥的考试题目，适当拓宽评价内容的范围，注重评价学生的思维方式、学习态度、实践能力、探究能力及解决实际问题的能力等，如可以在年终测评中加入"实验操作"和"实验设计"等条目。

第二，促进评价方式的多元化。在我国的升学制度下，中考、高考等考试对学生的未来起到非常重要的作用。这种一年一度的考试在很大程度上决定着学生的命运。只要这种单一的升学考查方式存在，我国的应试教育就不会消失，教育的人本性就不能较好地实现。我国可适当改变评价方式，加强其多元性。一方面，提高升学考试的频率，由每年一次改为每年两次，最终以最高分数为准，以降低单次考试的偶然性，增加学生的升学机会；另一方面，在中学实行学分制，学生修满学分即可毕业，在选拔性考试中，除依照最终考试成绩外，还要参考学生在校期间每门课的学分情况，如最终成绩需 600 分以上，且在校每门课学分都达到 B 才可报考第一批次本科院校。

第三，关注评价目的的人本化。美国基础教育评价制度强调终结性评价和形成性评价的有机结合，而我国的评价标准单一且多为终结性、选拔性评价。教育评价不仅是为了甄别和选拔，更是为了促进学生的全面、和谐发展。我们要树立以人为本的价值取向，弱化教育评价的甄选功能，降低其带给学生的负担和压力，并力求通过教育评价促进学生对学习过程的反思，激发他们的学习动力，从而促进学生的健康、全面发展。

四、充分重视科学教育研究及其成果的运用

美国《新标准》的制定参考了国家研究委员会（NRC）大量的研究报告及学术界近年来丰富的研究成果，反映了理论与实践的结合，教育研究成果支持教育政策的制定，推动着教育发展的改革之路。

目前我国科学教育人才较少，研究队伍薄弱，理论研究多，教学实践少。无论是课程标准的制定，还是科学教材的编写，都缺乏必要的科学教育实证数据作为支撑。我国各种学科分类目录中至今还没有给予科学教育独立的学科地位，科学教育人才的培养和研究队伍的形成都受到很大的制约。我国也缺少科学教育研究的专业期刊，美国的《科学教学研究》（*Journal of Research in Science Teaching*）、《国际科学教育》（*International Journal of Science Education*）等期刊创办于二十世纪六七十年代，至今已成为国际科学教育领域最重要的专业期刊之一。期刊引导、推动着理论的进步与繁荣，也是提供学者学术交流的平台和扩大国际影响的重要渠道。然而，到目前为止我国尚未有科学教育专业学术期刊。有的科学教育研究成果多散见于学科教育、课程研究等各类期刊，不能有效地凝聚专业力量、增进专业沟通，不利于科学教育健康、稳步地发展。因此，我国应大力推进科学教育人才的培养，充分重视科学教育研究与实践在政策制定、教材编写、课程开发中的指导作用，加大力度支持科学教育研究项目，促进研究成果的繁荣。

《新标准》在美国的实施同样面临很多挑战，如外界对其的质疑，学校对科学教育的重视度不高、相关课程资源不足、高水平师资缺乏及评价体系不完善等。其在美国的顺利实施需要美国政府、教育科研机构、出版机构、学校和一线科学教师等方面的共同努力。新兴教育政策的实施复杂而艰巨，面对国外先进的教育理念和教育模式，我们要兼顾本国文化和教育传统，在充分了解、理性分析的基础上慎重引进，争取做到国际化与本土化的有效结合。

参考文献

［1］国家研究理事会. 美国国家科学教育标准［M］. 戢守志，等译. 北京: 科学技术文献出版社，1999: 5.

［2］ACHIEVE. The Next Generation Science Standards–Appendix A［S/OL］. http:// www.nextgenscience. org /sites/ngss/files/ APPENDIX A–Conceptual Shifts in the Next Generation Science Standards. pdf 2013–04–16.

［3］STINNER A. Contextual Settings，Science Stories, and Large Context Problems: Toward a More Humanistic Science Education ［J］. Science Education，1995，79（5）: 555–581.

［4］BANKO W，GRANT M L, JABOT M E, et al. Science for the Next Generation: Preparing for the New Standards［M］. Arlington: NSTA Press，2013.

［5］FOSTER F，胡晓蕾. 美国《新一代科学教育标准》概述［J］. 中国科技教育，2015（7）: 13–15.

［6］National Research Council. A Framework for K–12 Science Education: Practices，Crosscutting Concepts，and Core Ideas ［M］. Washington，D.C.: The National Academies Press，2012.

［7］OSTLUND K L. NGSS: Conceptual Shifts［J］. NSTA Reports,2013,24（7）:14.

［8］蔡敏，马永双. 美国基于《新一代科学教育标准》的学业评定系统探析［J］. 教育科学，2015（3）: 75–80.

［9］蔡志凌. 美国《（K–12）科学教育框架》及对我国科学课程改革的启示［J］.学术论坛，2015（7）: 157–162.

［10］郭玉英，姚建欣，彭征. 美国《新一代科学教育标准》述评［J］. 课程·教材·教法，2013，33（8）:118–127.

［11］国家教育发展研究中心. 发达国家教育改革的动向和趋势：第四集［M］.北京:人民教育出版社，1992:9–10.

［12］胡玉华. 美国《新一代科学教育标准》的设计理念及启示［J］. 中小学管理，2015（8）:27–29.

［13］靳玉乐，肖磊. 美国科学课程改革百年回眸［J］. 西南大学学报（社会科学版），2013，39（6）：60-66.

［14］李丹. 科学实践理念下美国《新一代科学教育标准》（NGSS）研究［D］. 重庆：西南大学，2014：28.

［15］林静. 教作为实践的科学——美国科学教育实践转向的内涵、依据及启示［J］. 教育科学，2014（1）：79-83.

［16］刘兴然. 美国《新一代科学教育标准》的编制框架与特点［J］. 外国教育研究，2014（5）：115-122.

［17］美国科学促进协会. 面向全体美国人的科学［M］. 中国科学技术协会，译. 北京：科学普及出版社，2001：188-189.

［18］石鸥. 美国中小学课程与教学［M］. 长沙：湖南师范大学出版社，2010：20-25.

［19］万东升，张红霞. 美国国家科学教育新标准制订过程的政策透视［J］. 外国教育研究，2011（9）：26-31.

［20］汪霞. 国外中小学课程演进［M］. 济南：山东教育出版社，2001：15.

［21］王保艳，冯永刚. 美国《新一代科学教育标准》探析［J］. 中国教育学刊，2015（4）：96-100.

［22］王定华. 美国中小学课程考察［J］. 课程·教材·教法，2003（12）：59-66.

［23］王定华. 走进美国教育［M］. 北京：人民教育出版社，2004：57.

［24］王磊，黄鸣春，刘恩山. 对美国新一代《科学教育标准》的前瞻性分析：基于2011年美国《科学教育的框架》和1966年《国家科学教育标准》的对比［J］. 全球教育展望，2012（6）：83-87.

［25］王威，刘恩山. 美国科学教育框架设计理念的发展动态［J］. 外国教育研究，2012（8）：70-75.

［26］王文礼. 20世纪美国中学科学教育的发展与变革［D］. 福州：福建师范大学，2009：39.

［27］王小静. 美国小学科学教育课程研究［D］. 邯郸：河北大学，2011：11.

［28］吴颖，吴畏. 工程技术教育：美国K-12科学教育框架中的新元素［J］. 上海教育科研，2013（1）：20-22.

［29］吴珍冬. 美国中学科学教育及其对我国的借鉴意义［EB/OL］. http://wyzx. zjhyedu.cn/xkjd/kx/Upload Files_2408/200806/20080626100838417. doc，2008-05-13/

2008-10-15.

［30］谢绍平，董秀红. 美国新《K-12科学教育框架》解读［J］. 外国中小学教育，2013（4）：55-61.

［31］闫晓娜. 二十世纪五六十年代美国科学教育思想研究［D］. 吉林：东北师范大学，2014：14-15.

［32］杨慧敏. 美国基础教育［M］. 广州：广东教育出版社，2004：85-92.

［33］张颖之. 美国科学教育改革的前沿图景——透视美国K-12科学教育的新框架［J］. 比较教育研究，2012（3）：72-76.

第二章　　俄罗斯普通教育化学课程改革

回顾俄国的课程改革发展道路，了解俄罗斯中学课程，特别是化学课程现状，对时下我国的课程改革能起到很好的借鉴及启示作用。

第一节　俄罗斯普通教育课程改革之路

　　教育对国家政治、经济、文化等多个领域的发展都起到至关重要的作用。教育改革是社会改革的基础和动力之一。因此，在任何时期，国家的教育改革都不曾停止，而课程改革则是教育改革的重中之重。1917 年至今，俄国的课程改革从未间断，依据重大历史事件，可以将其分为 4 个时期，迄今为止共进行了 9 次课程改革，具体时间段见表 2–1。

表2–1　俄罗斯普通教育课程改革历史

阶段	时间段	次数
苏联早期	1917—1929年 20世纪30年代 卫国战争时期	3
战后苏联	1958—1964年 1964—1977年 1977—1984年 1984—1991年	4
20世纪90年代	1992—2000年	1
2000年至今	2000年至今	1

一、苏联早期的课程改革

　　十月革命胜利之后，苏维埃政府立即进行了一系列课程改革，这些改革主要围绕教学计划、教学大纲和教科书三个方面展开，经过这一时期的课程改革，苏联废除了沙皇俄国时期旧的课程体系，建立起具有苏联特色的新型课程体系。同时也曾试图向国外借鉴经验，尝试实现学校课程与实践活动相结合。

（一）1917—1929年的苏联课程

　　20 世纪初叶，沙皇政府在教育方面采取反对革命的措施，例如保留贵族学校的特权，支持教会学校，坚持教学内容的古典主义方向，削弱实科学校的地位等。所以，新成立的苏维埃政府在教育改革方面的首要工作，就是彻底改造原有的教育体制，废除一切旧的教育管理制度。

在苏维埃政府成立之初的 1918 年，就颁布了《统一劳动学校规程》和《统一劳动学校基本原则》两个文件。由此，普通教育阶段[1]确立了新的"5+4"的两级学制。

在课程计划方面，直到1920年苏维埃政府才正式颁布了教学计划。同十月革命前的文法学校相比，新的普通学校的课程结构发生了许多变化：取消了宗教课，并用社会历史科学课[2]代替了法律和哲学课；社会历史课包括马克思理论精读、辩证唯物主义、联共党史和苏联法律常识。此外，还增设了化学、生物、天文与气象等自然学科课，数学课和物理课的周课时量都有所增加。同时，取消了拉丁语、德语和法语这些古典学科，只开一门现代外语；增设了体育课，增加了艺术课的课时。

（二）20世纪30年代的苏联课程

20 世纪 20 年代，美国的进步主义教育运动进行得如火如荼，杜威的实用主义教育观、道尔顿制教学法等欧美课程理论，对当时的苏联课程改革也产生了影响。

普通教育阶段刚刚实行两年的学制发生了变化，变成了"4+3+2"形式，最后的两年改为进行职业教育的中等技术学校。学制的变化，必然带来教学计划、课程大纲等文件的一系列变化。

1923 年苏联国家学术委员会[3]颁布了著名的"单元教学大纲"[4]，这一大纲取消了学科界限，其根本目的是拉近学校和社会的距离，更加强调学生学习的主动性，关注学生生活经验的获取。但是它却摒弃了科学知识的自身逻辑结构，忽视了理论知识的学习。这种以生活经验为抓手组织教科书的方式，使单元间的教学内容出现许多重复，无形中增加了学生的负担，教育质量普遍下降。但是到了 1929 年，苏联教育人民委员部又公布了"单元设计教学大纲"，要求在中小学推行"设计教学法"，可以说是对以前的"单元教学大纲"的强化。

20 世纪 30 年代，苏联的经济建设取得了巨大成就。由于 20 世纪 20 年代实行的"单元教学大纲"和"设计教学法"影响了学生的学习质量，不能为学生提供系统的、符合当时社会经济发展需求的知识，苏维埃政府开始对教育进行大力整顿，

---

[1] 等同于我国的小学加中学。

[2] 每个年级都开设，到最后两个年级，每周增至6课时。

[3] 1921年6月，国家学术委员会成立了科学教育组，负责编写和修订中小学教学计划和教学大纲。

[4] 这里的"单元"一词，指的是学生生活的单元，即生活中遇到的重要事情，如革命纪念日等；而非我们通常所指的教学单元。

取消了"单元教学大纲",从 1931 年起,陆续出台一系列决定[1],重新实行分科教学制度,修订各科的教学大纲,明确各科目的教科书。但仍十分强调综合技术教育在学校教育中的重要地位。[2]通过 20 世纪 30 年代一系列决定的相继出台,苏联纠正了 20 世纪 20 年代课程改革中的错误,苏联教育重新走上了正轨。但对一些 20 世纪 20 年代的宝贵经验也采取了全盘否定的做法,使知识教育与劳动教育发展不协调,留下了一定的隐患。

(三)卫国战争时期的苏联课程

1941年6月22日,卫国战争爆发,苏联教育进入了一个特殊时期。为适应战时需要,各级学校的教学内容做出相应调整,加强了体育课程,对适龄参军的学生开设军事训练课和军事常识课。另外,各级各类学校还增设了农业理论课和实践课,以保证在劳动力紧缺的情况下农业的顺利发展。随着战事的进一步发展,实际的教学内容也发生了变化。例如,在自然课上,会结合人体解剖和生理卫生,为学生讲解一些急救知识;地理教学中,要求学生利用地图,掌握地形测绘的技能。[3]

总的来说,苏联早期的课程改革最基本的特点在于坚持学校课程与社会实践相结合的马克思主义基本原则,尝试着将马克思主义理论应用到教育课程改革中,强调学校课程为社会实践服务,试图做到理论知识与实践活动相结合,以适应社会主义发展的需求。随着改革的进行,越来越重视系统的现代学科知识的传授,同时也未放松综合技术课程在各级各类学校的开设。这一时期的俄国课程只有必修课,各类学校都不开设选修课,所以课程设置虽然整齐划一,但同时也缺乏变通性。[4]

二、战后苏联的课程改革

第二次世界大战后的苏联百业待兴,经济飞速发展。这一时期的苏联基本上沿袭了20世纪30年代的教育制度。当时对中等学校提出的任务是:"为高等学校培养很好地掌握科学基础知识的完全有文化的人。"提高学生知识质量成了中等学校工作的首要任务。人们对"综合技术教育"置若罔闻。很显然,这一时期的苏联教育,更突出"智育"。到了20世纪50年代中期,随着中等教育的普及,中学毕业生人数逐年增加。但是,能够进入高等学校继续深造的学生毕竟只是少数。仅1957

[1] 1931年9月5日,颁布《关于小学和中学的决定》;1932年8月25日,通过了《关于中小学教学大纲和教学制度的决定》;1933年2月12日,通过了《关于中小学教科书的决定》。

[2] 苏联普通教育法令选择[M].中华人民共和国教育部翻译室,北京师范大学教育学教研室翻译室,译.北京:人民教育出版社,1955:19—21.

[3] 王天一,夏之莲,朱美玉.外国教育史[M].北京:北京师范大学出版社,1985:329—330.

[4] 田慧生.苏联早期课程改革的历史回顾[J].课程·教材·教法,1987(7):52—55.

年，105万名中学毕业生中，只有25万名进入高校继续学习，大多数的学生都要走向社会开始工作，这时就越来越显现出课程设置与国家需求之间的严重脱节与不适应。[1]

（一）1958—1964年的苏联课程

1958年，赫鲁晓夫开始大刀阔斧地对传统管理模式进行改革。1958—1964年的课程改革就是赫鲁晓夫众多改革内容中的一项。

1958年9月21日，赫鲁晓夫向中央委员会提交了一份《关于加强学校与生活的联系和进一步发展国民教育制度的建议》（以下简称《建议》）。《建议》批评了学校教育与学生日后生活割裂，教育目标与国民经济发展需求相脱节的教育现状。[2]这一建议为往后的课程改革确定了方向。同年12月24日，苏联最高苏维埃主席团审议通过了《关于加强学校同生活的联系和进一步发展苏联国民教育制度的法律》，这是苏联历史上首次将教育改革问题以法律形式固定下来并付诸实施。[3]该法律明确规定："苏维埃学校的主要任务，是培养学生走向生活和参加公益劳动，进一步提高普通教育和综合技术教育的水平，培养通晓科学基础知识的有学识的人。"[4]

首先，学制发生了变动，将不完全中学（相当于我国的初中）年限延长一年，变为八年制（小学四年，初中四年）；完全中学（相当于我国的高中）修业年限也延长了一年，同时改为兼具综合技术教育和普通教育的中学。因此，普通教育阶段学制变为"4+4+3"的形式。

其次，学校教学计划和课程设置也发生了变化：劳动教育课时量大幅度地增加，比改革前增加了四倍。从一年级开始，每天都有劳动训练，随着年级的增长，劳动训练越来越受重视，到了高年级，几乎把三分之一的课时都用来进行劳动训练。总课时量增加了28.6%，学生的学业负担大大加重了。[5]

可见，这一时期改革的主要方向放在加强学生生产劳动上，想要加强学校与社

［1］ 上海师范大学教育系《外国教育发展史资料》（近现代部分）编译组. 外国教育发展史资料（近现代部分）［M］. 上海：上海人民出版社，1976：323–326.

［2］ 麦德维杰夫. 赫鲁晓夫［M］. 北京：中国文联出版社，1988.

［3］ 关于加强学校同生活的联系和进一步发展苏联国民教育制度的法律（苏联最高苏维埃主席团，1958年12月24日）［M］// 翟葆奎. 教育学文集：苏联教育改革（下册）. 北京：人民教育出版社，1988：3–20.

［4］ 北京师范大学外国问题研究所，外国教育研究室. 苏联教育法令汇编［M］. 北京：人民出版社，1978：21.

［5］ 田慧生. 战后苏联课程改革述评［J］. 比较教育研究，1987（6）：16–21.

会的联系。应当承认，改革的出发点和指导思想都是正确的，但实施效果并不理想。1965 年 3 月，苏联教育科学院主席凯洛夫在俄罗斯教育科学院大会上的总结报告承认："经验令人信服地证明学生在中学范围里的职业训练是不适当的，职业教育纯粹是机械地加在普通教育和综合技术教育内容之上的一层东西罢了，许多学校没有必需的生产教学基地，走上了狭隘的专业化和手工艺的道路。"[1]

（二）1964—1977年的苏联课程

1958 年开始的课程改革使教学质量急剧下降，辍学人数大幅增加。1964 年 8 月，苏联共产党中央委员会（以下简称苏共中央）和苏联部长会议通过了《关于改变兼施生产教学的劳动综合技术普通中学的学习期限的决定》（以下简称《决定》），该《决定》将完全中学的修业年限由三年改为两年，由此，学制变为 "4+4+2" 的形式。

1964 年 10 月，俄罗斯教育科学院主席团和苏联科学院主席团联合成立了 "普通学校教学范围和性质审定委员会"，委员会肩负着确定中学课程内容的范围和性质，全面修改普通学校教学计划、各科教学大纲和重新编写教科书的任务。1965 年，该委员会提出了《关于普通教育课程的建议》，在这一建议的影响下，1966 年 11 月 10 日的苏共中央和苏联部长会议通过了《关于进一步改进普通中学工作的措施》（下文简称《措施》），并责令苏联教育部及各联邦的国民教育部，从 1966—1967 学年开始，着手有计划地在中学改用新教学计划和大纲，且要在 1970—1971 学年前基本完成此项工作。《措施》中要求：学生从四年级起学习科学基础知识；删除教学大纲和教科书中过于繁复的知识，删除次要的教材；为发展学生各方面兴趣，学校应从七年级起开设选修课。[2] 自此，苏联中学打破了只有必修课的传统。

在《措施》的要求下，这一轮的课程改革全面展开。首先对小学的修业年限进行了改革，在长时间实验的基础上，从 1970—1971 学年起，将小学学制由四年改为三年，学制变为 "3+4+2" 的形式。

在教学内容方面，为实现教学内容的现代化，将许多科目的课程结构进行了调整，同时将反映当下科学发展水平的教学内容及时补充到新的教学大纲中，还编写了大量符合新教学大纲要求的教科书。实际上，这次课程改革也反映了当时国际上课程改革的基本方向——为学生介绍更科学的、符合现代社会发展需要的知识。

---

[1] 赵祥麟. 外国现代教育史 [M]. 上海：华东师范大学出版社，1987：342.

[2] 北京师范大学外国问题研究所，外国教育研究室. 苏联教育法令汇编 [M]. 北京：人民出版社，1978：141–142.

（三）1977—1984年的苏联课程

20世纪60年代以来的课程改革把重点放在实现教学内容的现代化上，一方面放松了劳动教育，另一方面，因教科书中出现了许多新增的过难的现代化内容，增加了学生的负担，学习质量有所下降。这和美国20世纪60年代课程改革遇到的问题非常相似。所以，1977年12月29日，苏共中央通过了《关于进一步改进普通学校学生的教学、教育和劳动训练的决议》（以下简称《决议》），这标志着战后第三次课程改革的开始。

根据《决议》的要求，当时的苏联教育科学院对教学计划和教学大纲进行了修订：增加了劳动教学时间；删减了某些过难或次要的材料；将外语课开设时间下移一年，变为四年级开始开设，但九年级、十年级的周课时量有所减少；在新的教学大纲中，每一学科都增设一节名为"各学科间的联系"的内容，不仅可指明该学科与其他学科间的联系，同时避免出现重复内容；每门课程都从各自的角度进行劳动教育和综合技能教育；增开选修课，以帮助学生有计划、有目的地择业；明确规定了文理科课程所占比例；划定了每学年学生要掌握的基本概念、知识和技能。[1]

（四）1984—1991年的苏联课程

1984年4月10日，苏共中央通过了《普通学校和职业学校改革的基本方针》（以下简称《基本方针》），拉开了苏联战后第四次大规模教育改革的帷幕。这次改革的目的是"使学校教育达到一个新的质的水平，使其与社会主义发展现状相适应"。根据《基本方针》的要求，学制方面首先发生了变化，小学学制由三年变回四年，但儿童入学年龄由7岁提前到6岁，然而中等普通教育的毕业年龄没有改变，故将中等普通教育由十年延长为十一年，学制变为"4+5+2"的形式。

教学计划方面，新教学计划规定一年级课时为20时/周，二年级课时为22时/周，五至八年级课时为30时/周，九至十一年级课时为31时/周。随着学生年龄的增长，逐步增加周课时数量。

课程方面，增加了劳动教学的时间；为适应现代科学技术的发展，新教学计划中增加了《信息学和电子计算技术原理》课程；此外，还加开了《伦理学和家庭生活心理学》课程；对于物理、化学、生物这些自然科学更加重视实验作业和实践作业，以及科学原理在实际工艺中的演示；对于选修课程，增加了初高中学段的课时量，并且也是随着学生年龄的增长逐渐增加课时量。[2]

---

［1］田慧生. 战后苏联课程改革述评［J］. 比较教育研究，1987（6）：16-21.
［2］同［1］.

战后的第四次课程改革，可以说是第三次课程改革的继续和发展。它进一步增加劳动教学时间，明确各学科教学大纲、教科书范围，删减繁难重复内容，减轻学生负担，保证学科内容的先进性、科学性、思想性，保证普通教育与中等职业教育的直接联系。

总的来说，战后的四次课程改革，在吸取20世纪30年代课程改革的经验教训的背景下开始，这四次改革在不断尝试如何实现知识与劳动生产的结合，尝试平衡学生学习学科知识与为学习走向劳动岗位所需的技能的关系。虽然改革中有失误，但也在不断纠正和创新，力求找到平衡点。此外，在力求不加重学生负担的前提下，这几次课程改革还在为提高教学内容的现代化及科学性不断努力。

三、20世纪90年代的俄罗斯课程改革

1991年苏联解体，俄罗斯在保留苏联20世纪80年代中后期教育改革模式的同时，也开始了自己的探索之路。1992年颁布了《俄罗斯联邦教育法》，1993年制订了《普通教育基础教学计划》。1997年出台了《普通基础教育国家教育标准（草案)》，这是俄罗斯的第一代国家教育标准。1997年还确定了《普通学校教育大纲学科内容必修最低限度要求》。一系列法案的出台表明了俄罗斯进行课程改革的决心。[1]

苏联时期的教育为中央集权式的管理模式，学校管理、课程设置等方面可以说是全国统一化。独立后的俄罗斯开始改变这种状态，尝试将部分权力下放给地方。教学和课程的个性化和区别化改革是20世纪90年代俄罗斯基础教育改革的一个原则。因此，在这一系列法案出台后，俄罗斯出现了允许教育机构的私有化、普通中学的多样化、课程设置的地域性与本土化等趋势。

1993年俄罗斯联邦政府通过了《普通学校基础教学计划》（以下简称《基础教学计划》）。该计划是国家教育标准的重要组成部分，分为可变和不可变部分：不可变部分指的是国家课程，是在联邦境内形成统一的教育空间的基础性课程，基本上以综合课程和必修课程的形式出现，如母语、第二外语、社会科学、自然科学、艺术、数学、体育、技术等科目，并规定了最低授课时数；可变部分是指由联邦各主体和各学校根据各地区各民族和各学校的特点制定的教学计划，包括地方性必修课程和选修课程，各地方的教育行政机关和学校可以自行决定该部分课程的具体教

［1］　白月桥.俄罗斯课程改革的具体剖析及其借鉴意义（上）［J］.首都师范大学学报（社会科学版），2000（6）:105–115.

学内容。这里所说的地方性必修课程是指某一地方所有学校必修的科目及实施的课时数量，目的是巩固不可变部分的教学内容，如外语、伦理学、发展课程、经济学入门等；选修课程是指各学校独立设计、选择的科目和授课课时量，学生可根据兴趣自行选择。根据《俄罗斯联邦教育法》，俄罗斯联邦普通教育机构可采用多种教学计划，教学计划的结构包括国家的、地区／民族的、学校的三部分。[1, 2] 由《基础教学计划》可以看出俄罗斯20世纪90年代的课程有着基础化和综合化的发展趋势，体现了学科性课程和综合性课程相结合的特征，强调人与社会、人与自然的统一性，力求完善学生的知识结构。

然而，教育与一个国家的政治、经济、环境息息相关。20世纪90年代的俄罗斯政治动荡，民族矛盾激化，同时深受经济危机困扰。因此，资金匮乏成为阻碍教育发展的最大问题，许多改革措施在实施时，根本无法落实。[3, 4]

四、2000年至今的俄罗斯课程改革

20世纪伊始，在我国积极着手课程改革的同时，俄罗斯也开始了新世纪的课程改革，向着实现"教育现代化"的目标迈进。2000年颁布了《俄罗斯联邦国家教育学说》，该文件充分肯定了苏联时期的教育成果，对20世纪90年代的俄罗斯教育进行了反思总结。文件中提到"过去的十年，国家教育失去了许多已有的优良成果，90年代俄罗斯的教育是失去的10年"。此外，文件还制定了俄罗斯到2015年的教育发展战略目标。可见俄罗斯政府对发展教育和进行教育改革的决心。在这样的大背景下，作为基础教育重要组成部分的初高中阶段开始实施改革。

在《2010年前俄罗斯教育现代化构想》的框架下，俄罗斯普通教育的中学阶段〔当前俄罗斯的教育体系由普通教育和职业教育两部分组成：普通教育包括学前教育、初等普通教育、基础普通教育、中等（完全）普通教育四个阶段。后三个阶段构成十一年制[5]的普通学校教育学制。第三阶段（五至九年级）相当于我国的初中阶段，本文称之为初中；第四阶段（十至十一年级）相当于我国的高中阶段，故

---

［1］俞桂林. 俄罗斯教育发展趋势与前景［J］. 外国教育资料，1999（5）：11-15.

［2］戴锡莹，张海，王以宁. 俄罗斯教育信息化现状及面向21世纪的教育改革［J］. 外国教育研究，2004（8）：34-37.

［3］白月桥. 俄罗斯课程改革的具体剖析及其借鉴意义（下）［J］. 首都师范大学学报（社会科学版），2001（1）：111-117.

［4］肖甦. 九十年代俄罗斯教育现状评述［J］. 比较教育研究，1999（5）：35-39.

［5］2001年9月开始，俄罗斯在各个地区选取约20%的试点学校，试验实行十二年制的中小学教育。但政府并不强制所有学校执行。

本文称之为高中]实施了一系列改革，其中影响最大的是高中阶段的侧重专业式教学改革[1]和将高中毕业考试与高考合二为一的国家统一考试制度[2]（简称ЕГЭ）改革。

所谓"侧重专业式教学"是想通过对教学过程的结构、内容和组织的侧重性调整，更全面地关注学生的兴趣、爱好和能力，帮助高中生根据自身职业兴趣选择继续学习的专业方向。从总体上看，侧重专业式教学形式与我国高中的文理分科教学类似，但又有所区别。两国的教学安排都是为参加高等教育的入学考试（我国称为高考，俄罗斯称为ЕГЭ）确定方向，为高等教育的深入学习做准备；不同之处在于：俄罗斯与我国相比组织形式更丰富，使用范围也更广，不仅适用于普通教育高年级，还适用于职业教育。组织形式可以是普通教育机构[3]实行一种或多种的侧重性专业，也可以是普通教育机构和其他类型的教育机构合作实现侧重性专业教学。俄联邦也为想要实行侧重性教学的教育机构提供了几种可能的侧重性教学示范计划，如自然－数学专业、社会－经济专业、人文科学专业、工艺学专业等组合形式。[4]

---

[1] 2002年7月，俄罗斯教育部公布《普通教育高级阶段实行侧重专业式教学的构想》，随后这种新的教学形式的改革在普通学校初高中阶段逐步展开。

[2] 2001年2月16日，俄罗斯总理卡西亚诺夫签署了《关于试行国家统一考试的决定》，决定将高中毕业会考和大学入学考试合二为一，由国家统一考试（简称ЕГЭ）替代。经过长达八年的试验，2009年1月30日，俄罗斯教育科学部颁布了《俄罗斯全国中等教育阶段国家统一教育评价形式和程序条例》，从法律上规定了ЕГЭ是俄罗斯高中阶段国家统一教育评价的唯一形式，ЕГЭ现已在俄罗斯所有的联邦主体中实施。

[3] 俄罗斯的普通教育机构不仅包括通常意义的中学，还包括各种类型化的中学。

[4] 肖甦. 新世纪俄罗斯普通高中的教育改革：政策、措施与特点 [J]. 比较教育研究，2010（7）：25–30.

第二节 现行俄罗斯普通教育化学课程概述

一、俄罗斯中学课程的设置情况

（一）基础教育阶段的课程结构

根据 2010 年 12 月 17 日俄罗斯联邦科学与教育部批准的 1897 号文件——《基础普通教育国家教育标准的联邦成分》[1]（*Федеральный государственный образовательный стандарт основного общего образования*）（以下称为"新一代基础普通教育国家教育标准"），可以了解到当前俄罗斯基础普通教育阶段课程的设置情况。

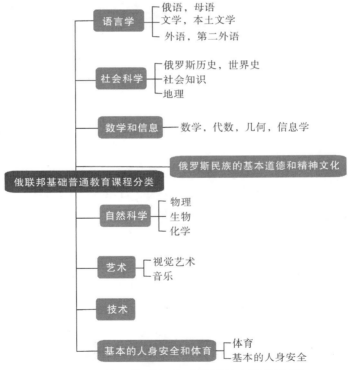

图 2-1 俄罗斯联邦基础普通教育课程分类

---

[1] Утвержден приказом Министерства образования и науки Российской Федерации от 《17》 декабря 2010г .№1897《ФЕДЕРАЛЬНЫЙ ГОСУДАРСТВЕННЫЙ ОБРАЗОВАТЕЛЬНЫЙ СТАНДАРТ ОСНОВНОГО ОБЩЕГО ОБРАЗОВАНИЯ》

从上图我们可以看出，在俄罗斯的基础普通教育阶段（初中），将所有课程分为八类，有些大类还会下辖子类别的课程，例如，语言学分为俄语、母语，文学、本土文学，外语、第二外语三个子类别的课程。俄语、母语为一门课程。化学则属于自然科学课程中的一门。

（二）完全中等教育阶段的课程结构

根据2012年6月21日正式出版的，由俄罗斯联邦科学与教育部颁布的文件——《联邦中等（完全）普通教育国家教育标准联邦成分（草案）》[1]（*Федеральный государственный образовательный стандарт среднего（полного）общего образования.Проект*）［以下称"新一代中等（完全）普通教育国家教育标准"］，可以了解俄罗斯中等（完全）普通教育阶段课程的设置情况。

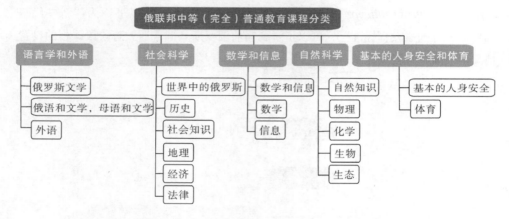

图 2-2　俄罗斯联邦中等（完全）普通教育课程分类

与基础普通教育阶段（初中）相比，俄罗斯中等（完全）普通教育阶段（高中）的课程结构有了一定的改变：不再设置俄罗斯民族的基本道德和精神文化、技术、艺术这三门课程，学校可以设置类似的课程作为选修课程提供给学生；社会科学和自然科学这两门课程则增加了子类别课程，社会科学增加了世界中的俄罗斯、经济、法律三门课程，自然科学增加了自然知识和生态两门课程；语言学（Филология）改为语言学和外语（Филология и Иностранный язык），其下辖的子课程的描述也有所变化。这与俄罗斯联邦中等（完全）普通教育阶段施行侧重专业式教学有着很大的关系。

---

［1］Российской академии образования. Руководители разработки проекта: Кезина Л.П., академик РАО; Кондаков А.М., научный руководитель ИСИО РАО, член-корреспондент РАО. Дата первой официальной публикации: 17февраля 2011г. Опубликовано: на сайте "Российской Газеты".

在中等（完全）普通教育阶段，为保证侧重专业式教学形式的普及性和灵活性，俄罗斯联邦将全部课程都分为三类：（1）基础性普遍教育类课程——所有高中生都要学的必修课；（2）侧重专业类教育课程——选择该专业的学生必修；（3）选择类课程——相当于我国的选修课。2004年颁布的《俄罗斯第一代课程标准》中规定三类课程的比例为5∶3∶2；第二代课程标准中又进行了调整，规定必修课程占40%，其他两部分占60%，必修课程的比例有了明显下降。

必修课程有以下科目：语言学和外语、数学和信息、社会科学、自然科学、基本的人身安全和体育。侧重专业类课程根据教育机构选择的侧重专业类型进行开设。选修课程则包括地区成分的课程和教育机构成分的课程，由地区及教育机构自行安排。如果必修课程中的某些科目不被选作侧重性专业类课程的学习科目，那么这些课程都将作为必修课程。

每门课程又可分为三个水平：综合水平（интегрированный уровень）、基础水平（базовый уровень）、专业水平（профильный уровень）。综合水平是指综合科目要达到的要求，基础水平指基本的必修教学科目所要达到的要求，专业水平是指侧重性教学科目要达到的要求。如果某门课程被选作侧重性专业类课程，则这门课程只学习侧重专业水平即可，不必重复学习。以物理–化学侧重性专业为例，必修课程可为俄语、文学、外语、历史、社会知识、生物、地理、体育，侧重性课程可为数学、物理、化学，必修课程只需达到基础水平，侧重性课程则要达到专业水平。[1]

从俄罗斯普通教育新一代课程标准可以看出，俄罗斯普通教育课程供学生和学校选择的科目较多，其中人文课程比重较高，要求开设民族地方课程和学校课程，高年级设置专业侧重性课程和综合性课程，社会适应性强。

二、俄罗斯中学化学课程的基本结构

2001年10月，俄罗斯政府讨论通过了有关俄罗斯普通教育学制改革的方案，以十二年制替换十一年制，前十年为义务教育。从2002年开始俄罗斯已经在每个联邦主体内挑选5~15所教育机构进行教学改革实验，希望通过学制的改革来减轻学生课业负担，完善知识结构。

教育学制在向十二年制转轨的过程中，俄罗斯中学化学教育结构和目标做出了相应的更新，根据以往制定化学课程结构的经验，把十二年制化学教育分为三个阶

[1]肖甦，王义高.俄罗斯转型时期重要教育法规文献汇编［M］.北京：人民教育出版社，2009.

段：入门阶段、基础阶段和专业阶段。[1]

表2-2　十二年制俄罗斯中学化学学习的三个阶段

	入门阶段	基础阶段	专业阶段
年级	一至七年级	八至十年级	十一至十二年级
课程设置	综合课程，化学基本知识包括在：《自然课》或《周围的世界》（一至四年级）、《自然知识》（五至六年级）、生物地理和物理的系统课程（五至七年级）、化学入门课程（《化学导论》，七年级）	分科课程，化学课程应该具有系统性，同时具有比较完善的内容	分科课程和综合课程，包括普通级别、提高级别、深化级别的化学课程内容

　　入门阶段课程可以依靠地区或教育机构的教学计划进行安排，重点应放在让学生认识有趣的化学事实，让学生对世界形成初步的、整体的看法。基础阶段课程是高年级学习专业阶段化学课程的基础，在这一阶段将学习全面的无机和有机化学基础知识，让学生学习物质多样性、物质特性与结构间的关系、物质统一性，理解化学在认识生活现象、解决生态问题中的作用。专业阶段的化学课程希望最大限度地实现教育的民主化和多样化，即实现侧重专业性的教学。

　　到目前为止，俄罗斯并没有强行推行十二年学制，从 2009 年 10 月 6 日颁布的《初等普通教育国家教育标准联邦成分》（*федеральный государственный образовательный стандарт общего образования*）来看，化学课程并不属于俄罗斯国家教育标准中规定的国家课程。而从"新一代基础教育国家教育标准"和"新一代中等（完全）普通教育国家标准"中可以了解到，不论是基础普通教育阶段，还是中等（完全）教育阶段，化学课程都属于自然科学课程中的一门。

　　从俄罗斯教育科学院 2010 年出版的"新一代国家教育标准"的系列文件 ——《化学 —— 基础普通教育示例教学大纲（新一代）》[*Примерные программы основного общего образования стандарты ——химия（второго поколения）*] 中，我们可以了

［1］Аликберова Людмили Юрьевна.Концепция химического образования в 12-детней школе［EB/OL］. http://school.rin.ru, 2002.

解到化学课程从基础普通教育阶段的八年级开始开设，为必修课程，但每个学校可根据自身学校情况有弹性地安排课程的周课时量、总课时量、学习水平要求。

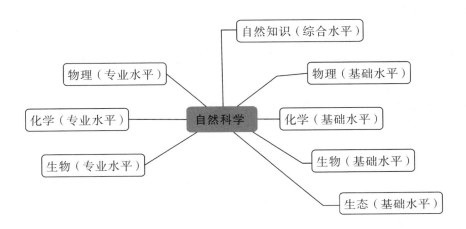

图 2-3　中等（完全）普通教育阶段自然科学课程分类

如上图所示，俄罗斯到了中等（完全）普通教育阶段，自然科学课程具体包括自然知识、物理、化学、生物、生态这五门。其中自然知识只有综合水平，生态只有基础水平，物理、化学、生物三门有基础和专业两个水平。对于那些偏向文科类的侧重性专业只需要学习综合性水平的自然知识即可；偏向理科类的侧重性专业一般会选择一至三门专业水平的自然科学课作为侧重性课程，如果选择了三门专业水平的自然科学课作为侧重性课程，那么必修课程就不必再学习自然科学课，如果选择一至两门专业水平的自然科学课作为侧重性课程，那么必修课程可以只学习自然知识这门课，也可以再学习一门基础水平的其他科目的自然科学课。因此，到了中等（完全）普通教育阶段，并不是所有的学生都会学习化学课程，即使选择学习化学课程，所学水平也会有所不同。

三、俄罗斯中学化学课程目标

不同的国家、不同的时代对人才培养的要求往往有所差别，而课程目标就是对国家意识的有力体现。化学课程目标，自然也就反映了化学课程所承担的教育价值取向。同时，不同学段的课程目标也有所差别，这与学生的已有经验和认知特点有关。本部分翻译了当前俄罗斯联邦最新版本的国家课程标准中有关化学课程目标的内容，试图了解俄罗斯联邦想要达到怎样的教育要求。

下面引用"新一代基础普通教育国家教育标准"对化学课程的教育目标的阐述，

来说明俄罗斯基础普通教育阶段对化学课程的基本要求。

（1）初步形成关于物质的系统表述，它们的转化和实际应用的知识，掌握化学符号语言和仪器的概念。

（2）认识到化学作为自然科学基础学科的重要意义，认识到无机物和有机物的化学变化是自然界中生命现象和非生命现象的基础，深入了解世界的物质统一性。

（3）掌握基本的化学素养：客观地分析和评价涉及化学的生活情境的能力；安全处理在日常生活中使用到的化学物质的技能；为了保持健康和保护周围环境，能够分析和筹划对环境无害的行为。

（4）形成建立起观察到的化学现象与微观世界进程之间的联系的技能，依据物质的组成和结构，解释各种物质性质的原因，并由此应用物质的这些性质。

（5）获得使用不同方法研究物质的经验：使用实验室设备和仪器进行简单的化学实验，并观察物质的变化。

（6）形成化学科学在解决当代环境问题的重要性的想法，包括预防技术和环境灾害。

基础普通教育的化学课程目标旨在提高学生的基本化学素养，使学生获得进一步学习和发展所需的化学基础知识、基本技能、科学思想和科学方法，引导学生认识化学在自然界和人类社会中的重要作用。

下面引用"新一代中等（完全）普通教育国家教育标准"对化学课程的基础水平、专业水平的教育目标，来说明俄罗斯中等（完全）普通教育阶段对化学课程的基本要求。

化学基础水平的教育目标：

（1）形成化学是现代科学世界版图的重要组成部分的观念，了解化学对解决人类当前社会实际问题和影响人类发展前景方面的重要作用。

（2）理解基本的化学概念、理论、规则和规律；自信地使用化学用语和化学符号。

（3）掌握学习科学知识的基本方法，并运用到化学学习中，如观察、描述、测量、实验；会处理并解释实验结果，得出实验结论；有运用化学方法解决实际问题的意识和能力。

（4）形成定量分析的意识，能够利用化学式和化学方程式进行计算。

（5）具备对化学物质进行安全操作的能力。

（6）能够对从不同渠道获得的化学信息做出正确的判断。

　　化学专业水平的教育目标——专业水平的目标要求应建立在基础水平之上，此外还要求：

　　（1）形成普通化学的规律、理论等的系统知识。

　　（2）形成探究无机物和有机物性质的能力，解释化学反应流程的规律，预测实施的可能。

　　（3）拥有利用物质的组成、结构和化学原理的知识来提出假设，通过实验验证假设，拟定研究目标的能力。

　　（4）拥有独立设计和操作实验的能力，取用物质和使用实验设备时遵守安全操作规则，拥有描述、分析和评价实验结果可靠性的能力。

　　（5）形成预测、分析和评价人类日常生活和工业生产活动所生成的废弃物对生态安全的影响的能力。

　　由中等（完全）教育阶段两个水平的化学课程目标我们可以看出，基础水平的化学课程同上一个学段——基础普通教育阶段一样，旨在使学生获得日后成为真正的俄罗斯公民所需要具备的最基本的化学科学素养。但相比上个阶段，化学基础知识、基本技能和科学方法的要求有所提高，范围有所扩大。而专业水平的化学课程除了基础水平的目标，更多的是进行专门化的化学训练，使学生具备系统的化学理论知识、科学的方法论及实验技能，为培养专门的化学学科人才或与化学科学有关的其他专业人才做准备。

四、俄罗斯中学化学课程的评价方式

　　在俄罗斯,九年级的学生会被要求强制参加ГИА［Государственная（итоговая）аттестация］考试，以此检验学生在过去九年的学习成果，并用该考试的成绩筛选学生能否入读中等职业教育机构。考试科目包括:俄语、数学、物理、化学、生物、地理、社会知识、俄罗斯历史、文学、信息与通信技术、外语（英语、德语、法语、西班牙语）。化学是其中一门，同时只有化学科目有两种考试形式，即进行一个实际实验操作的考试和不进行一个实际实验操作的考试。两种考试形式分数不同，分别为38分和34分，再由学校按照国家规定的统一标准折算成五分制的成绩。[1]

　　俄罗斯国家统一考试制度（Единый государственный экзамен），以下简称ЕГЭ。2001年2月16日俄罗斯总理卡西亚诺夫签署了《关于试行国家统一考试的决定》，决定将高中毕业会考和大学入学考试合二为一，由ЕГЭ替代。经过长达八

---

［1］http://ru.wikipedia.org/wiki/ГИА.

年的试验，2009 年 1 月 30 日俄罗斯教育科学部颁布了《俄罗斯全国中等教育阶段国家统一教育评价形式和程序条例》，从法律上规定了 ЕГЭ 是俄罗斯完全中等教育阶段国家统一教育评价的唯一形式。现已在俄罗斯所有的联邦主体实施。对于中等（完全）教育阶段的毕业生来说，想要获得毕业证书或是进入大学进一步深造都必须参加 ЕГЭ 考试，相当于我国的高考。

ЕГЭ 将中等（完全）教育阶段的课程分为必考科目和选考科目。必考科目只有数学和俄语两门。选考科目为外语、物理、化学、生物、地理、文学、历史、社会科学和计算机，共九门。具体要选考哪几门科目需参照所报考的大学的入学考试要求，学生所选的专业决定了选考的科目。大学有权从每个专业规定的四门入学考试科目中确定三门考试科目。选考科目的最低通过线由大学自主划定，但不得低于俄罗斯教育科学部规定的最低分数。[1] 每一年 ЕГЭ 的网站上都会发布所有考试科目的考试要求和样题，比较特别的是，每一年的试卷总分数都有所不同，以化学为例，2011 年满分为 32 分，2012 年满分为 36 分，到了 2013 年满分变为 65 分。同 ГИА 考试一样，最后再由学校按照国家规定的统一标准折算成五分制的成绩。[2]

［1］马淑静. 俄罗斯国家统一考试实施状况及其影响探究［D］. 长春：东北师范大学，2009.
［2］http://ru.wikipedia.org/wiki/ЕГЭ.

第三节　俄罗斯中学化学国家课程文本解读

一、俄罗斯普通教育国家课程标准的构成文本说明

从 1998 年俄罗斯联邦颁布第一代国家教育标准至今，共颁布了三代国家教育标准，国家教育标准是一份纲领性的文件。同时，为了便于各联邦主体的普通教育机构根据自身特点落实课程，国家教育标准会有一些配套文件。历经三代的变化，现在的新一代俄罗斯国家课程标准的文件组成部分及相应配套文件，相比第一代来说有了一些变化，但同第二代相比变化不大。当前的俄罗斯联邦普通教育国家教育标准根据学段的不同分为初等、基础、中等（完全）普通教育国家课程标准三个子文件，而每个文件的源起文件、文件格式及配套文件基本一致。与本文联系紧密的子文件有许多，本文挑选了其中三个文件加以介绍。下面对俄罗斯普通教育国家教育标准的配套文件关系加以说明。

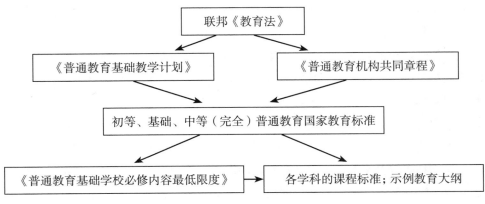

图 2-4　普通教育国家教育标准联邦成分的配套文件关系图

1992年俄罗斯联邦颁布《教育法》，并于1996年对《教育法》进行了修订。《教育法》对学校类型、教学内容、管理体制等问题做出了一系列规定，是制定其他教育文件的最高纲领性文件。《教育法》第一章第七条规定："俄罗斯联邦确立包括联邦部分和民族区域部分的国家教育标准。俄罗斯联邦由联邦各国家政权按其职权范围确立国家教育标准的联邦部分，并按必要程序用该部分规定各基本教育大

纲的最低必修内容、受教育者负担的最高限度及对毕业生培养水平的要求。"[1]

20世纪90年代，俄罗斯课程改革的一个重要原则就是课程和教学的个性化和区别化。为了更好地体现和落实这一原则，1993年俄罗斯联邦制定了《普通教育基础教学计划》。基础教学计划是一种国家教育行政部门根据一定的教育目的和培养目标制定的各级各类学校教育和课程编制的指导性文件，它包括可变和不可变两部分：不可变部分可以视为国家课程或者说必修课程和综合课程，可变部分则为民族/地区课程和教育机构自行设置的选修课程。到了1994年，俄罗斯联邦又批准了《普通教育机构共同章程》，该章程规定了各级学校的培养目标。

在这几个纲领性文件的基础上，1997年2月俄罗斯联邦普通教育和职业教育部部务会议通过了俄罗斯联邦《普通基础教育国家教育标准（草案）》（以下简称《国家教育标准》），在该草案的序文部分有这样一段话："普通基础教育国家教育标准，规定了基础教育大纲必修课程最低限度、学生最大学习负担量和对学生及毕业生培养的水平要求，阐明普及普通初等教育和普通基础教育应达到的程度，以帮助俄罗斯公民获得由俄罗斯联邦宪法保证的高质的基础教育。"这说明了国家教育标准的实质，确定了国家教育标准制定的宗旨。

《普通教育基础学校必修内容最低限度》（以下简称《必修内容最低限度》）是俄罗斯20世纪90年代才出现的一种用以规范教学内容的课程文件，根据学段和学科的不同分类。该文件的要求是依据俄罗斯联邦《教育法》和《国家教育标准》这两个法规确定的。《国家教育标准》中规定：必修内容最低限度要保障普通初等教育和普通中等教育教育目的的实现；各学科领域必修内容最低限度要根据联邦教育管理机关或地方教育管理机关批准的教育大纲制定；国家对学生的评定应与必修内容最低限度相符合，超出课程内容必修最低限度的评定要完全按学生自愿的原则进行。[2]《必修内容最低限度》作为俄罗斯规定课程教育水平的文件，是制定普通教育国家教育标准的具有出发点意义的根据，是制定新的示范性教育大纲和各地区编写教材的依据。《必修内容最低限度》规定了教育内容的教学单元的清单，这些教学单元应是初等、基础、中等（完全）学校里所必修的教学内容。

实际上，俄罗斯的普通教育国家教育标准由三部分组成：联邦部分、地区/民族部分、教育机构部分。我国的研究者常常将俄罗斯《普通教育国家教育标准的联

---

[1] 吕达，周满生. 当代外国教育改革著名文献：苏联—俄罗斯卷 [M]. 北京：人民教育出版社，2004.

[2] 1997年4月《教育通报》，俄罗斯联邦法《普通基础教育国家教育标准（草案）》（俄文）。

邦部分》等同于国家教育标准，因为联邦成分的国家教育标准才是由俄罗斯联邦政府颁布，本文也做如此等同。俄罗斯政府于1997年、2001年、2004年、2009年先后四次颁布"普通教育国家标准"（或草案），表达出通过制定国家政策来规范教育内容、提高教育质量的明确意图，但整个过程困难重重、分歧严重。

第一个关于俄罗斯普通教育国家标准的法律文件于1997年制定公布，在我国的研究文献中常被叫作俄罗斯"第一代国家课程标准"或"第一代国家教育标准"。第一代标准规定了基础教育大纲必修课程最低限度、学生最大学习负担量和对学生及毕业生培养的水平要求，阐明普及普通初等教育和普通基础教育应达到的程度。[1]

2001年夏，在俄罗斯联邦教育部的支持下，由议会两院议员和国家杜马不同政党代表参加的联合工作组，拟定了"普通基础教育国家教育标准（草案）"，并于2001年颁布实施，但在实施过程中暴露了一些问题。[2]2004年3月又颁布了《俄罗斯联邦基础教育标准》，在我国的研究文献中常被叫作俄罗斯"第二代国家课程标准"或"第二代国家教育标准"。该标准规定了最低教育内容限度，最高教学负担及培养学生水平等。

"第二代国家课程标准"实施了五年后的2009年10月，俄罗斯联邦科学与教育部公布了373号文件——《初等普通教育国家教育标准的联邦成分》，2010年12月俄罗斯联邦科学与教育部批准了1897号文件——《基础普通教育国家教育标准的联邦成分》，2012年6月21日正式出版了由俄罗斯联邦科学与教育部颁布的文件——《联邦中等（完全）普通教育国家教育标准联邦成分（草案）》，本文将这一系列文件称为"新一代国家教育标准"。

值得注意的问题有以下三点：（1）俄罗斯"第一代国家教育标准"是一个总的文件，从第二代开始首先都根据学段的不同，分为初等普通教育、基础普通教育、中等（完全）普通教育三个子教育标准。（2）"第一代国家教育标准"中的第二部分为基础教学计划，可以说这一部分就是源自1993年颁布的《普通教育基础教学计划》，而第二代和新一代各学段的《国家教育标准》中是没有这部分内容的，只是规定了"规范性指标"，即对某一学段的总教学时数，学习某门具体学科所用教学时数，必修课和选修课所占教学时数和联邦成分、地区成分、教育机构成

［1］白月桥.俄罗斯课程改革的具体剖析及其借鉴意义（上）［J］.首都师范大学学报（社会科学版），2000（6）：105–115.

［2］高欣，叶赋桂，赵伟.俄罗斯关于普通教育标准的争论［J］.清华大学教育研究，2005，26（6）：73–77.

分教学内容在教学时间上的分配比例做了具体的规定。（3）每一代《国家教育标准》的文本结构都有一些变化，到了当前实施的"新一代国家教育标准"，各学段都由总则、各学科领域必修内容的最低限度要求、对教育大纲结构的要求、对教育大纲落实条件的要求四部分组成。

总的来说，俄罗斯《国家教育标准》明确规定了基础教育各阶段的总体目标，总的学习能力、技能和活动能力要求，各学科领域及其必修内容。希望通过国家课程文件的约束，实现公民平等的受教育权利，学术的自由，选择教育机构的权利，学生的身心健康和学习负担的减轻，教育工作者的社会和职业保障，公民获得关于国家对教育内容的规定和要求的完整、可靠信息的权利。

而各学科的课程标准是从 2004 年起陆续颁布的，是从各个学科的角度对《国家教育标准》的细化，各学科的课程标准主要包括三个方面的内容：学习目标、基础教学大纲必修内容的最低标准及对毕业生培养水平的要求。中等（完全）普通教育阶段的各学科课程标准又根据侧重性专业的不同选择分为基础水平和专业水平两种。

示例教育大纲则是按照联邦基本教学计划的各科目并根据普通教育国家教育标准的联邦成分予以建构。可作为制定独创性大纲的一种建议性文件，教材编写者等独创者可以在示例教育大纲的基础上加以丰富，再来建构教育机构的教育大纲或编写教材。

到目前为止，我们从俄罗斯的各种网站上能够找到及下载的各学科课程标准只有 2004 年颁布的，而联邦层次的示例教育大纲已有了俄罗斯联邦科学与教育部于 2009 年以后颁布的基础普通教育阶段和中等（完全）普通教育阶段的各学科示例大纲。因此，本文将对 2004 年版的《基础普通教育化学课程标准》和 2010 年版的《基础普通教育化学教育示例大纲》进行解读分析。

二、俄罗斯2004年版《基础普通教育化学课程标准》解读

俄罗斯2004年版《基础普通教育化学课程标准》（*СТАНДАРТ ОСНОВНОГО ОБЩЕГО ОБРАЗОВАНИЯ ПО ХИМИИ*）依据2004年版《基础普通教育国家教育标准》编制而成。它是俄罗斯联邦历史上第一份国家层面的化学课程标准。全文包括三部分：目标、普通教育大纲最低限度和毕业生水平要求。

（一）目标

开发有关基本概念、化学规律、化学符号的重要知识；掌握观察化学现象、进行化学实验、利用化学方程式和公式进行计算的技能；在化学实验的过程中培养学生的兴趣和发展学生的智力，从日常生活中出现的必需品中获得化学知识；理解化

学是自然科学的重要组成部分及学科间通用的文化要素；运用所学知识安全使用生活、农业和工业中的物质和材料，解决在日常生活中的实际问题，能够对人体健康和周围环境造成危害的现象提出预警。

（二）普通教育大纲最低限度

普通教育大纲最低限度规定了初中生必须掌握的内容，标准中没有设定最高限度，这是因为自20世纪90年代以来，俄罗斯的普通教育越发提倡课程的个性化和区别化，联邦成分的课程标准只是给出了学生必须掌握的内容，给不同地区/民族、不同教育机构自行扩展的空间。2004年版《基础普通教育化学课程标准》中的"普通教育大纲最低限度"又分为7小项，分别为：认识物质进行化学活动的方法、物质、化学反应、无机化学基础知识、对有机化学的初步了解、化学基础实验、化学与生活。

以"认识物质进行化学活动的方法"这一小项进行简单说明。

化学是自然科学的重要组成部分，是一门有关物质的性质、组成和它们之间的转换的科学。

观察、描述、测量、实验、模拟。

利用实验研究无机物和有机物的化学性质。

根据化学方程式和公式进行计算：（1）化合物中化学元素的质量分数；（2）溶液中溶质的质量分数；（3）物质的量，材料的质量或体积，化学反应中反应物和产物之一的质量和体积。

简短的一段文字描述了化学学科的本质、学习化学的基本方法及在基础普通教育阶段学生应该掌握的化学计算范围。

（三）毕业生水平要求

对毕业生水平的要求分为知道/理解（знать/понимать）、运用（уметь）两个层次。

知道/理解

化学语言：元素的定义，元素符号，化学物质的分子式和化学反应方程式。

重要的化学概念：元素，原子，分子，相对原子质量和相对分子质量，离子，化学键，物质，物质的分类，摩尔，摩尔质量，摩尔体积，化学反应，化学反应的分类，电解质和非电解质，电解质的电离，氧化剂和还原剂，氧化和还原。

化学基本规律：质量守恒定律，组成恒定，周期性规律。

运用

读：化学元素的名称，学习过的化合物的名称。

解释：门捷列夫元素周期表中原子序数代表的物理意义，短周期元素和主族元素的周期性变化规律，离子反应的实质。

特征：化学元素（由氢到钾）在门捷列夫元素周期表中的位置，元素原子结构特点，物质中的化学键类型，物质的结构；属于无机物的某一物质的基本化学性质。

确定：根据化学式确定物质是什么，属于哪类特殊的化合物，化学反应的类型，化合物中元素的化合价和氧化态，化合物中化学键的类型，化合物发生离子反应的可能性。

掌握：学习过的化学物质的化学式，门捷列夫元素周期表中前20号元素的原子结构示意图，化学反应方程式。

了解：接触到的化学玻璃仪器和实验室设备。

通过实验的途径确定：氧气，氢气，二氧化碳，氨气，酸、碱溶液，溶液中是否含有氯离子、硫酸根离子、碳酸根离子。

计算：根据化学式计算出化学元素的质量分数；溶液中溶质的质量分数；物质的量，根据物质的量求物质的质量或体积；化学反应中反应物或产物的质量和体积。

在实践和日常生活中，使用学到的知识和技能：

物质和材料的安全使用；对周围环境采取有素养的环保行为；评估化学危害对人体的影响；在日常生活中，对有关物质使用的信息进行批判性的评价；配制预定浓度的溶液。

三、俄罗斯2010年版《基础普通教育化学教育示例大纲》解读

从 2004 年俄罗斯联邦颁布了第二代联邦国家普通教育标准起，俄罗斯一直在为实现本国教育现代化的目标而努力，改革的力度也不断加大，与第二代国家普通教育标准配套的系列文件先后出台。2008 年，俄罗斯联邦成分的"第二代国家教育标准"（*Стандарты второго поколения*）系列文件相继出台。2008 年出版的《普通教育国家教育标准概要联邦成分（草案）》给出了第二代标准系列示例大纲的模板。2010 年出台的《基础普通教育化学示例大纲》（*Примерные программы основного общего образования*）（为便于理解，本文译为《初中化学示例大纲》，下文简称为《大纲》）就是这一系列文件之一，由俄罗斯教育院按照科学与教育部和联邦教育局的指示编订。该文件为教科书的编写者提供了课程内容中不可变部分（可理解为课程的最低要求，也就是联邦成分的要求）的示例。

《大纲》由前言、课程基本内容、内容主题示例和教学过程的装备建议四部分组成。本文着重从课程目标、课程内容框架和课程内容三个方面加以介绍。

（一）初中化学课程的目标体系

《大纲》首先明确了基础普通教育的任务："基础普通教育是普通教育的第二阶段，学校教育在这一阶段的重要任务之一是让学生学会自主地确立人生目标，明确他们未来要走的路，掌握生活和未来职业所需的知识和技能，同时在学校学习以外的现实生活中，使用在学校中获得的活动经验。"

为实现初中教育的任务，《大纲》进一步阐述了初中教育目标，在其指导下，继而提出了初中阶段化学课程的总目标和基本目标，这与化学课程标准中的培养目标相一致。

（1）初中教育目标

形成完整的世界观，获得基本的知识、技能和活动能力。

获得各种活动的体验、认知和自主认知。

为实现个人未来的学习或职业选择做准备。

（2）初中化学课程总目标

形成化学知识体系，将化学知识作为自然科学知识整体板块的重要组成部分。

实现学生个性化的发展，智力和道德的改善，形成在家庭和劳动活动中无害生态的行为准则和人道主义态度。

理解社会对化学发展的要求，以及形成在未来的实践活动中如何对待化学的正确态度。

形成在日常生活中安全地处理物质、使用物质的能力。

（3）初中化学课程基本目标

形成对物质系统的初步认识，它们的转化和实际应用，掌握仪器的名称和化学符号语言。

认识化学科学在现代自然科学领域的客观重要性；无机和有机物质的化学变化是许多动态和静态的自然现象的基础；深化认识世界的物质统一性。

具备基本的化学素养：具有分析能力和客观评价与化学相关的生活情境的能力，在日常生活中安全使用和处理化学物质的能力；规划以维护健康和周围环境为目的的环保行为。

形成把观察到的化学现象与微观世界发生的过程建立起联系的能力，理解物质的多样性是由它们的组成和结构决定的，以及由物质的性质决定物质的用途。

获得研究物质的多种方法和经验，使用实验室设备和仪器进行简单的化学实验，观察物质的转化。

形成化学学科对解决当下环境问题，包括技术和环境灾害的预防方面有重要意义的思想。

上述三个级别的目标，充分体现了俄罗斯基础普通教育阶段化学课程目标的层次性、全面性。从基础普通教育的培养目标可见，俄罗斯重视培养学生学习和生活的基本知识和技能，进而实现宏观层面的教育目的（为实现个人的学习或职业道路的选择做准备），充分体现了学校教育在学生一生中的重要作用。化学课程的总目标结合了化学学科自身特点，来深化基础普通教育的培养目标的主旨，提出通过化学课程的学习培养学生正确的价值观和科学的生活态度，引导学生认识化学在社会发展、人类生产生活中的重要作用。化学课程的基本目标则是对化学课程总目标的细化，从基本目标的阐述中可以看出，俄罗斯化学课程重视学生化学知识与技能的形成、化学方法和思维的培养及应用，明确提出以分析能力和合理使用化学物质为导向的化学素养，强调宏观和微观（结构与性质）的联系，重视实验和学生经验，以及使用化学方法及活动经验解决日常生活、个人健康、社会环境等问题的能力。

俄罗斯的三级课程目标不仅反映了国家对学生的育人目标，更体现出化学课程本身对学生成为一名未来公民的积极作用，课程的设置不是以学生最后学会了多少知识为目的，而是看重这样的课程是否能够对其未来生活和职业选择起到正面的影响。

（二）初中化学课程的框架及建构线索

《大纲》对基础普通教育阶段化学课程的最低要求做出了明确规定，依据初中化学课程目标、科学性和可行性的教学原则、青少年概念形成的心理特征，将基础普通教育阶段的化学基本内容进行划分。同时，考虑到俄罗斯联邦不同地区、不同学校的差异，提供了两个选项，详见表2-3。

表2-3　初中化学教学学时分配选项

选项	八至九年级总学时	八年级	九年级	备用学时
基础水平（选项一）	两年共140小时	每周2小时	每周2小时	10小时
深入水平（选项二）	两年共350小时	每周5小时	每周5小时	25小时

从表2-3中可以看出，《大纲》为俄罗斯基础普通教育阶段化学教学的开展提供了较大的伸缩空间。教育发展水平不同的地区、学习者水平不同的学校可以根据自身情况进行选择。同时，俄罗斯化学课程的伸缩性还体现在在基本内容的最低要求的基础上，俄罗斯也为教科书编写者及学校保留了内容拓展的余地，并明确规定，在教育机构的教学计划中要留有25%的时间（35小时）用于补充性内容的学习。

1. 初中化学课程的内容框架

基础水平和深化水平两个选项都将化学课程的基本内容分为五部分：（1）化学基本概念；（2）元素周期律和门捷列夫元素周期表，物质结构；（3）化学反应的多样性；（4）化学物质的多样性；（5）化学实验。前四个部分细化为几个二级主题（单元），同时要求在教材编写时，将"（5）化学实验"分化到前四个部分的不同单元之中。详见表2-4。

表2-4　化学课程内容框架

化学基本内容（分配学时）	二级主题（单元）及分配学时
部分（1）　化学基本概念（原子-分子表述的水平）（58小时／93小时）	1. 化学入门（8小时／10小时） 2. 基本的化学概念（12小时／17小时） 3. 氧化物（8小时／20小时） 4. 酸和盐（10小时／10小时） 5. 水，碱（12小时／20小时） 6. 化学元素的自然家族（8小时／16小时）
部分（2）　元素周期律和门捷列夫元素周期表，物质结构（24小时／40小时）	7. 元素周期律和门捷列夫元素周期表，原子结构（15小时／25小时） 8. 化学键（9小时／15小时）
部分（3）　化学反应的多样性（20小时／60小时）	9. 化学反应分类（8小时／30小时） 10. 在水溶液中的化学反应（12小时／30小时）
部分（4）　化学物质的多样性（28小时／132小时）	11. 非金属（18小时／80小时） 12. 金属（10小时／40小时） 13. 概括有关无机化学的知识（12小时，此单元为深入学习特有）

注：分配学时为（基础学习学时／深入学习学时）。

俄罗斯的化学课程具有化学学科本位、知识结构化的特点，五个部分的划分体现了化学物质微观与宏观间的联系，物质组成和性质间的联系，物质性质和化学反应的多样性；用大量的课时来学习化学基本概念和规律，也很重视概念与规律的应用，例如，"部分（4）化学物质的多样性"就是以元素在周期表中的位置为切入点展开，运用元素周期律，让学生进一步体会无机物单质及其化合物性质的周期性变化。

2. 初中化学课程建构线索

基础普通教育化学课程内容的各部分及每一部分的各个单元的展开主要体现了

以下四条基本线索：

- 以物质为线索——有关物质组成和结构的知识，它们的重要物理和化学性质。

  这一线索不仅体现在部分（1）中，在各个部分的贯穿中也体现得很明显。部分（1）的后四个单元，从元素组成的角度对无机物进行分类，并学习其代表物（氧化物、酸与盐、水与碱三个单元），再总结无机化合物基本分类间的联系。部分（4）在部分（2）的学习基础上，认识金属、非金属的物理和化学性质规律性变化，从另一个角度学习物质的性质，此外还加深了对元素周期律的理解。

- 以化学反应为线索——有关反应条件的知识，在哪些条件下，物质表现出化学性质，控制化学反应过程的方法。

  部分（1）的"基本的化学概念"单元，涉及"化学反应进行的标志和条件"这一内容，可以说是比较粗浅的，从感官上认识化学反应。部分（3）则用更为丰富的内容介绍有关化学反应及其发生条件的知识，先从多个角度对化学反应的类型进行划分，再介绍影响化学反应速率的因素。

- 以知识的应用为线索——那些在日常生活中使用最频繁的，与实践活动有关的，在工业、家庭生活、运输中广泛使用的知识和经验。

  这一线索在实验和学生实践活动中体现得较为明显，让学生将学到的知识与现实生活相关联。例如部分（1）有"熟悉矿石样本""区分粗盐和食盐"等与生活相关的实验，部分（4）中有"参观矿物博物馆、污水处理厂"等实践活动。

- 以化学语言为线索——重要的化学概念和术语系统。用它们来描述无机物，即它们的名称及俗名，化学式和方程式，以及由自然语言翻译成化学语言的规则，反之亦然。

这些线索也体现了俄罗斯化学课程学科本位的特点。关注概念、原理、方法的学习。注重知识内容表达的科学性和准确性。学生刚接触化学，遇到的就是"部分（1）化学基本概念"。化学学科的研究方法，化学反应进行的标志与条件，化学物质及反应的表达方式都在开始的几个单元加以介绍。后面几个部分只要介绍新的物质，都要学习其组成和命名。同时与各单元知识内容相对应的学生学习行为要求中，也多次强调学生要能够"借助自然语言（俄罗斯语和民族语）和化学语言描述化学反应"。

（三）基础普通教育化学课程基本内容

"基础普通教育化学课程基本内容"是《大纲》的主体内容，占据了《大纲》的大部分篇幅，是对课程内容框架五个部分的具体阐述。俄罗斯的化学课程内容具有化学学科本位、知识结构化的特点，五个部分的划分体现了化学物质微观与宏观间的联系、物质组成和性质间的联系、物质性质和化学反应的多样性；同时，要求用大量的课时来学习化学基本概念和规律，例如，物质性质的学习多以元素在周期表中的位置为切入点，强调不同类型物质性质的周期性变化。从中我们可以窥见俄罗斯初中化学课程内容的广度及特点。

1. 涉及大量的化学元素内容

化学元素是化学学习的最基本内容，纵观俄罗斯《大纲》，与化学元素相关的知识占据了大部分的篇幅。"部分（1）化学基本概念"的后四个单元，"部分（3）化学反应的多样性"和"部分（4）化学物质的多样性"，这三大板块内容都与化学元素有关。部分（1）先从元素组成的角度介绍物质的分类及典型物质的性质；部分（3）对部分（1）中学习过的物质的化学反应类型进行分类介绍；部分（4）则从物质的微观组成入手，利用部分（2）中原子结构、元素周期律的相关知识进一步认识物质性质的变化规律。可以说各个部分之间是相辅相成、逐级深入的。

表2-5 各部分元素化学具体知识点

部分(1) 化学基本概念	部分(3) 化学反应的多样性	部分(4) 化学物质的多样性
无机物分类，无机物命名 氧化物（金属和非金属氧化物） 水（纯水，水跟金属氧化物和非金属氧化物的相互作用） 酸（分类和性质：与金属、金属氧化物的相互作用） 碱（分类和性质：与非金属氧化物、酸的相互作用） 两性物质 酸碱指示剂 盐（中性盐；盐与金属、酸、强碱的相互作用） 无机化合物的基本分类间的联系 初步介绍化学元素的主族（碱金属，卤素）	化学反应的分类：化合反应，分解反应，置换反应，复分解反应，放热反应，吸热反应，氧化还原反应，不可逆反应，可逆反应 化学反应速率：化学反应速率，影响化学反应速率的因素 溶液：电离；电解质和非电解质；阳离子和阴离子；酸、碱、盐在水溶液中的电离；电解质溶液中的离子反应	金属和非金属元素的学习都以元素在周期表中的位置为切入点 非金属的物理和化学性质规律性变化：单质，它们的氢化物，最高价氧化物和含氧酸（以第二和第三周期元素为例） 金属的物理和化学性质规律性变化：单质，它们的氧化物，氢氧化物（以第二和第三周期元素为例）

2. 包含丰富的化学实验

众所周知，化学是一门以实验为基础的科学，教学中的演示实验有助于激发学生对科学的兴趣，引导学生在观察和讨论中学习化学知识；学生实验可以提高学生的动手实践能力，培养自主探究能力和交流合作的意识。《大纲》提出化学实验的学习是为了达到三个目的：（1）借助化学实验的信息，研究概念、理论的历史开端及发展；（2）掌握基本的化学分析方法；（3）掌握基本的无机合成方法。

与化学实验相关的具体内容为"部分（5）化学实验"，但此部分的学习没有划分具体的时间，因为化学实验是其他任意部分的基础，化学实验的具体内容及要求也都分散到了其他部分的教学内容示例中。总的来说，《大纲》将化学实验分为演示实验、实验室实验、校外参观三部分。其中校外参观没有详细的说明，只是给出了一些示例，如"矿物博物馆、当地历史博物馆、艺术展览馆、化学科学家的纪念馆、中等和高等职业教育机构的实验室（教学的和研究的）、有机研究所、污水处理厂、自然界中的参观等"。下面主要对演示实验和实验室实验加以说明。

（1）演示实验

《大纲》规定了11个主题的演示实验，大致按照其对应的知识在各部分出现的先后顺序排列，如表2-6所示。但仔细阅读各部分的基本内容，发现演示实验的11个主题并未与具体实验一一对应，有些实验体现了多个主题的意图。

表2-6　化学实验中的演示实验

演示实验	具体说明
1. 物理现象的例子 2. 有明显现象的化学反应 3. 化合反应，分解反应，置换反应，复分解反应 4. 说明性质与无机化合物基本分类相互作用的反应 5. 说明金属的强碱和卤素性质规律性变化的实验 6. 说明同一周期元素的氢氧化物和含氧酸性质的规律性变化的实验 7. 氧化还原反应的例子 8. 影响化学反应速率的因素 9. 放热和吸热反应的例子 10. 离子反应 11. 说明研究物质物理和化学性质的实验	在各部分的具体内容下，没有明确地指出某个演示实验属于具体的哪个主题，较为融合。 如部分（1）中，"化学入门"单元的演示实验包括：（1）认识实验设备和利用他们安全实验的方法。（2）纯物质：硫、铁及它们的混合物。（3）分离硫和铁的混合物。（4）区分河沙和钠盐。（5）加热的糖。（6）加热的蜡烛。（7）蜡烛的燃烧。（8）纯碱溶液和盐酸的相互作用。（9）硫酸铜溶液和氢氧化钠溶液的相互作用。（10）新制的氢氧化铜沉淀和葡萄糖溶液在一般条件下和在加热条件下的相互作用

（2）实验室实验

实验室实验由实践活动、实验室经验和学校细化的内容共同组成，相当于我国的学生实验。《大纲》规定了10个主题的实验室实验。主题的顺序、具体内容与演示实验差别不大，如表2-7所示。每一部分的各单元中，都包含了实践活动和实验室经验的具体内容。总的来说，实验室实验在数量上少于演示实验；实验室经验基本就是本单元的演示实验，或减少几个；实践活动则更加综合，是对这一单元主要知识的应用。

表2-7 化学实验中的实验室实验

实验室实验	具体说明
1. 物理性质的例子 2. 化学变化的例子 3. 分离混合物 4. 化学反应进行的条件和标志 5. 化学反应类型 6. 性质与无机化合物基本分类的相互关系 7. 影响化学反应速率的因素 8. 酸、碱、盐的电离特点 9. 证明研究的物质的物理和化学性质的实验 10. 制备物质的实验	在各部分的具体内容下没有明确地指出某个实验室实验属于具体的哪个主题，较为融合。 如部分（1）中，"化学入门"单元的实验室实验包括： 1. 实验室经验：（1）观察物质的不同物理性质。（2）物理现象的例子：熔化的蜡，水的蒸发。（3）化学反应例子：加热氧化铜，盐酸与大理石的反应 2. 实践活动：（1）使用实验设备的方法；（2）粗盐的提纯；（3）研究火焰的组成

反观我国2011年版义务教育课程标准，其中规定的学生实验数量为8个，未规定演示实验和学生课外实践活动的数量。而俄罗斯《大纲》则对演示实验和实验室实验做了明确的规定，在课堂上看到的实验，大多会为学生提供机会让其亲身感受实验过程，同时每一单元都有体现知识综合性的实践活动，这加深了学生对本单元知识的认识，培养了学生运用化学知识分析与解决问题的能力。

3. 出现我国初中阶段未涉及的内容

纵观中俄两国初中化学课程可以发现，虽然内容主题的划分不同，但涉及的化学知识都主要围绕着物质的基本构成、常见无机物的性质、常见的化学反应类型、基本的化学实验这几个方面展开。

但从知识总量来看，俄罗斯初中化学课程的内容高于我国，有些内容我国义务教育课程标准及各个版本的教材中都未曾涉及，如表2-8所示。

表2-8 俄罗斯初中化学课程超出我国课程标准要求的内容

部分	我国初中阶段未涉及的化学课程内容
基本的无机物	水跟金属氧化物和非金属氧化物的相互作用 两性物质
周期规律	门捷列夫元素周期律 原子结构：同位素；核电荷数；质量数；原子的电子层；短周期元素原子的亚层电子 化学键：原子电负性；非极性共价键和极性共价键；离子键；化合价；氧化态；离子电荷
化学反应的多样性	化学反应：放热反应；吸热反应；氧化还原反应；不可逆反应；可逆反应 化学反应速率：化学反应速率；影响化学反应速率的因素 溶液：电离；电解质和非电解质；阳离子和阴离子；酸、碱、盐在水溶液中的电离；电解质溶液中的离子反应
物质的多样性	非金属的物理和化学性质规律性变化：单质；它们的氢化物；最高价氧化物和含氧酸（以第二和第三周期元素为例） 金属的物理和化学性质规律性变化：单质；它们的氧化物；氢氧化物（以第二和第三周期元素为例） 金属和非金属元素的学习都以元素在周期表中的位置为切入点

表 2-8 中的课程内容为俄罗斯基础普通教育阶段的最低水平要求限度中要求学习的内容，这些内容在我国高中阶段的化学课程才会有所涉及，有些还是出现在选修模块，这显示了俄罗斯初中化学课程内容的广度。

4. 注重化学史的介绍，渗透人文精神

俄罗斯是一个科技实力很强的国家，在化学科学方面涌现了许多著名的科学家，俄罗斯也是一个重视民族自豪感的国家，俄罗斯的《大纲》将两者结合起来组织化学课程内容：一般有关元素知识的内容单元都以相关化学史导入，尤其重视介绍在物质发现或理论发展过程中做出贡献的俄罗斯化学家。例如，氢元素及氢气单质的学习就先从氢元素的发现历史入手，同时建议教科书编写者要设置专门的单元介绍俄罗斯化学发展历史和现状；在参观的示例中明确提到，教师要带领学生参观当地历史博物馆、化学科学家的纪念馆；在实践活动中学生要去了解那些对俄罗斯乃至世界自然科学发展起到重要作用的化学家的生平和研究贡献。这些内容在使学生感受到化学科学发展历程的同时，拓展了学生的视野，激发了学生学习化学的兴趣，弘扬了学生的爱国主义精神，增强了学生的民族自豪感。

同时，俄罗斯的化学课程也在努力引导学生关注化学与解决日常生活问题间的关系，在学习化学课程的过程中增强学生的社会责任感，引导学生形成对待自然科学、化学科学的正确态度，体会化学科学对社会的影响和作用，理解化学学科对解决当下环境、技术等方面的重要意义。

这和我国化学课程的基本理念是一致的，要让学生意识到，我们在享受化学科学的发展为人类创造的巨大物质财富的同时，尽自己的绵薄之力，保护我们的生活环境，这增强了学生的精神财富。

不论在哪个国家，都应该让化学这门自然学科体现出以人为本的人文精神。化学不应是脱离学生生活的高阁之物，而是时刻与学生的生活，甚至是与其一生都息息相关的学科。化学课程让化学真正走近学生的生活，不仅让学生理解到化学科学的意义，还充分体现了任何一门课程设置的意义。

总的来说，俄罗斯联邦《基础普通教育化学教育示例大纲》（2010年版）在继承了俄罗斯化学教育优良传统的同时，体现出若干新特点。课程目标全面、层次分明；课程结构合理，线索明晰；课程内容丰富具体。此大纲必将会进一步完善俄罗斯基础普通教育化学课程，加快化学课程改革的步伐，也必将对未来的俄罗斯化学教育的发展产生深远影响。

第四节 俄罗斯普通教育化学教科书例析

教科书是课程标准的具体表现，体现着课程的目标与理念。俄罗斯教科书市场很特殊，中小学教科书市场存在两大出版社——德罗法出版社（Дрофа）和教育出版社（Лросвещение），联邦层次的市场被这两家出版社分割了很大一部分，它们出版超过63%的教科书（在联邦教科书名单上共涵盖54家出版社）。德罗法出版社出版的中小学教科书曾被多次评为"21世纪教科书"。此外，德罗法出版社还是俄罗斯最大的科研和教学中心之一。[1]

一、德罗法版化学教科书体系

德罗法出版社出版的由 О. С. Габриелян 教授主编的化学教科书在俄罗斯化学教科书市场上很有影响力，在俄罗斯有将近70%的中学生都在使用这套化学教科书，同时波罗的海国家和哈萨克斯坦的教师也在使用这套书。 О. С. Габриелян 教授拥有"俄联邦第一教师"之称，同时这个系列的化学教科书还是俄罗斯联邦教育与科学部的推荐用书，每册教科书的扉页部分都明确标注，此系列教科书符合俄联邦政府颁布的《普通教育化学课程标准》。

图 2-5 Габриелян 主编的系列化学教科书封面

---

[1] 王卉莲. 俄罗斯教科书市场的怪现象 ［N］. 中国图书商报，2006-02-14.

图 2–5 为 О. С. Габриелян 主编的这套化学教科书的封面，本文选择的这套教科书为 2010 年出版，为七年级入门水平教科书，是一套综合性的、带有科普性质的教科书。根据国家课程标准的要求，化学课程从八年级开始开设，所以七年级的这本教科书只在少数教育机构使用。本文并不对其进行介绍。因为侧重专业性教学，十年级和十一年级分为基础水平和专业水平两种。此外，每册教科书都还有其配套资料：实验手册、监控和独立工作、练习册、家庭作业。

图 2–6　Габриелян 主编的八至九年级（初中）化学教科书整体组织思路

二、德罗法版八至九年级化学教科书内容解析

以基础普通教育阶段（八至九年级）Габриелян 主编的化学教科书为例，教科书采用以理论性知识和事实性知识为主线，技能性知识和策略性知识为辅线的整体组织思路。八年级对原子的组成、化合物的组成、化学变化的基本概念等事实性知识做了简单的介绍，中间穿插化学术语、化学计算、化学实验这样的技能性知识，以及物质鉴别、分类等策略性知识。因此，学生在八年级结束时已经对化学元素、化学物质的分类、化学反应的类型及它们的基本性质有了一定的了解。

在此基础上，九年级的第一章就为学生介绍与元素知识有着密切联系的基础理论——元素周期律，紧接着分金属和非金属两章集中编排元素知识。最后设置一章有机知识完善事实性知识。

与我国的教科书相似，元素知识也是 Габриелян 主编的化学教科书的核心内容，但主要集中在九年级，也就是俄罗斯的初中阶段，而我国主要在高中一年级教科书中呈现。九年级元素知识的章节结构如图 2–7 所示。

第四节 俄罗斯普通教育化学教科书例析

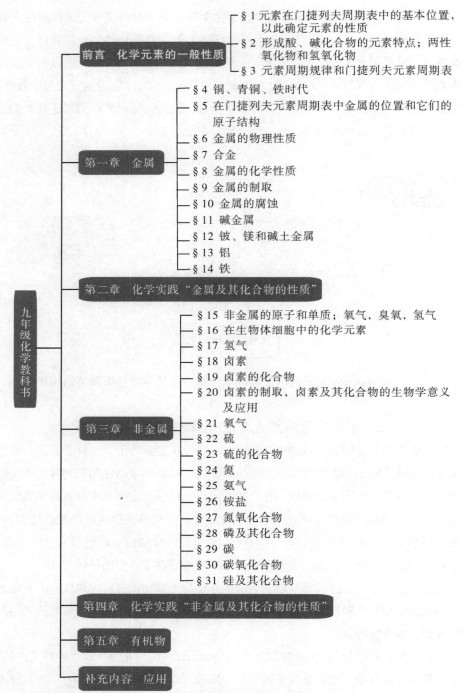

说明：§为Габриелян主编的化学教科书中的节标记符号。

图 2-7 **Габриелян** 主编的九年级教科书元素知识的章节结构

　　由上图可知，Габриелян 主编的九年级化学教科书除"第五章　有机物"自成体系外，其他几章体现了明显的理论性知识指导元素知识学习、技能性和策略性知识辅助元素知识学习的编排模式。"前言　化学元素的一般性质"实际上就是在讲元素周期表及元素周期律。不同的教科书中，元素知识与元素周期律的前后位置有所不同，很明显 Габриелян 主编的化学教科书采用了"律后"的编排形式，这样的编排方式有利于应用元素周期律指导元素知识的学习，帮助学生更好地了解元素及其化合物性质的变化规律。

　　九年级教科书中的元素知识根据元素种类的不同分为金属、非金属两章，每章内小节间的编排思路又有所不同。

　　"第一章　金属"从人类开始使用金属材料的化学史知识入手，介绍金属与人类生产生活的关系；紧接着应用门捷列夫元素周期表，以元素周期律为指导介绍金属元素在元素周期表中的位置、金属元素原子结构的一般特征；然后开始总的介绍金属物理性质、化学性质、金属的制取、金属腐蚀与防腐的一般知识；最后再分别介绍主族金属、副族金属的典型元素，在介绍主族金属元素时按照第ⅠA族、第ⅡA族、第ⅢA族的顺序依次编排。可以说金属元素的编排是采用了"总—分"的编排形式。

　　"第三章　非金属"仍然先从元素周期表入手，以元素周期律为指导对非金属元素原子结构的一般特征、非金属单质形成的原因进行解释；紧接着介绍空气中的非金属单质、生物体细胞中非金属元素存在的意义等这些与人类密切相关的非金属元素知识；最后按照门捷列夫元素周期表中第ⅦA族、第ⅥA族、第ⅤA族、第ⅣA族这样的顺序依次编排。这里要说明的是，从 Габриелян 主编的化学教科书中给出的门捷列夫元素周期表来看，氢元素有两个位置，第一周期第ⅠA族和第一周期第ⅦA族，这也就能解释九年级教科书中为什么将氢元素放在卤素前面介绍，相当于将氢元素和卤素都看作是第ⅦA族元素。总的来看，虽然非金属这一章的切入点与金属元素不同，但总体上仍然采用"总—分"的编排形式。

　　不论金属元素还是非金属元素，九年级教科书对不同族元素采取的处理方式都有所不同。§11 碱金属，§12 铍、镁和碱土金属，§18 卤素，§19 卤素的化合物，这四节都是以族为单位，将这一族元素作为一个整体进行介绍，这样安排应该与这三族元素在性质上有着明显的相似性且呈递变规律有关。

　　而其他族都采取选择典型元素的方式进行介绍，第ⅢA族选择了铝元素，第ⅥA族选择了氧元素和硫元素，第ⅤA族选择了氮元素和磷元素，第ⅣA族选择了碳元素和硅元素，过渡金属元素只选择了铁元素。同时，对这些元素的重视程度也有所不同，有的一种元素就分了几节做介绍，例如氮元素包括四节内容（§24~§27），按照单质→氢化物→铵盐→氧化物这样的顺序编排，基本上囊括了各种类型的无机含氮化合物。

三、德罗法版八至九年级化学教科书特征分析

Габриелян 主编的中学化学教科书具有以下特点：

（一）重视元素知识的介绍

在我国的化学教科书中，元素知识仍是中学化学课程的重要内容。但是，在世界主流教科书中，元素知识主要的作用是学习元素周期表、元素周期律等理论知识的例证。在我国课程改革不断深入的过程中，也有一些学者提出将元素知识弱化，降低其在教科书中的地位。而本文研究的Габриелян主编的化学教科书却与许多国外教科书相反，八年级至十一年级的四册教科书：八年级介绍了化学的基本概念、基本原理等；九年级除一章介绍元素周期表和元素周期律外，其他章节介绍的都是元素知识；十年级全一册全为有机知识；十一年级用了大篇幅介绍物质结构基本知识、化学反应基本原理后，又用一章内容从原理解释的角度重新阐释总结元素知识。所以说，元素知识占据了四册教科书中的四分之一还要多。从元素数量来看，Габриелян主编的化学教科书共介绍了27种元素，而且对其中60%的元素都进行了系统介绍，数量上远超我国。

（二）重视知识的系统性和衔接性

当前我国的化学教育以提高学生科学素养、促进学生发展为目标，不再以知识和技能为取向。在新目标的指引下，各版本的化学教科书都做出了很大的改变，由重视学科知识系统性转变为重视学生科学探究能力、实践能力及情感态度的培养。但与此同时，教科书中化学学科的内在逻辑体系被削弱，这也成为当前我国化学教科书的一大弊病。

相比之下，俄罗斯教科书知识内容的编排更加充实、系统，具有明显的学科性教科书编写特点。分类思想贯穿在元素知识编写的始终，同时与理论性知识相结合，采用"律后"的编排结构，用元素周期表及元素周期律的知识指导元素知识的学习。在八年级先介绍化学元素及化学物质分类的基本方式，再根据这些基本的分类方法及九年级一开始就学习的元素周期表组织构建元素知识。而章之间与节之间元素知识的展开，可以说就是按照元素周期表中族的序数依次排序的。同时，每结束一章元素知识，紧接着配以关于前面一章知识的学生实验及综合实践活动。这与我国将元素知识放在元素周期表之前学习，只是介绍典型金属及非金属元素的做法完全不

同。在我国教科书编写正由"窄而深"向"广而浅"过渡的当下，俄罗斯这种以学科性知识为主导的教科书给了我们教科书编写的另一种启示。

（三）注重人文精神的培养

如何在教科书中将知识的传授与学生的情感、态度、价值观的培养有机结合，是我国教科书研究者一直在探索的问题。俄罗斯化学教科书很重视学生民族自豪感的培养，知识的呈现会结合本民族的民风、民俗和文化特点，学生在学习化学之余，也体会到了本国文化的魅力，感受到俄国化学家在世界自然科学史上的卓越贡献，极大地增强了学生的民族自豪感。

课后习题也别具匠心，常常出现一些蕴含化学知识的诗歌、散文，让学生找出其中隐含的化学知识；或是让学生将化学知识拟人化，写成一篇小作文；并且要求学生以小组的形式，进行汇报演讲。将死板枯燥的知识转变成学生喜闻乐见的形式融入教科书，不仅有利于激发学生的学习兴趣，也很符合当下课程整合的普遍趋势。

（四）注重与其他学科的联系

化学是一门基础学科，与生物、物理等其他学科都有联系。如果只是就化学学化学，肯定不利于学生知识间的迁移。本文所选的 Габриелян 主编的教科书还有七年级分册，在这一册中专门用了几节内容介绍化学与数学、生物、物理、地理等学科的交叉融合。在课后习题中还会出现"请通过网络查阅资料，了解犯罪学家、医生、考古学家如何应用化学分析方法"这样的问题。

而在九年级专门介绍元素知识的章节，也会设置例如"在生物体细胞中的化学元素"（第三章第 16 节），"卤素的制取,卤素及其化合物的用途和生物学意义及应用"（第三章第 20 节）这样的内容，介绍元素知识的同时，也介绍了化学与生物学科相关联的知识。再如，九年级的补充内容为"化肥"，这一章的内容是为那些农业学校准备的，普通学校可以不做学习要求，所用知识都是基于九年级所学的元素知识，介绍了元素知识在化肥生产中的应用，以及化肥使用与环境保护间的问题。由此我们也可以看出，俄罗斯的中学教科书也在尝试着将学科知识实用化，为日后学生的专业学习或是在生活中使用它们做准备。

第五节　俄罗斯中学化学课程改革的启示

通过梳理苏联和俄罗斯的课程改革之路可以看到，每一项重要的普通教育课程改革都是在总结以往经验教训的基础上，慎重结合现实需要制定出来的，其总的趋势是在向分权化、民主化和区别化的方向发展。进入 21 世纪，俄罗斯通过国家教育标准的控制，实行了联邦、地区和学校分别制订教学计划、组建教育大纲的三级课程管理体制。

在课程设置方面，初等教育更趋向学科综合化，基础普通教育分科相对明显，但较注重人文性课程；中等（完全）普通教育阶段实行的侧重专业性教学考虑了学生和社会的现实需要，注重学生的个性化发展要求，增强了中学课程的选择性。

在教学内容方面，为保证国家统一的基本的教育质量，各学科联邦成分的课程标准规定了必修内容的最低限度要求、毕业生所要达到的水平，为了使课程标准能够更有效地落实，还会给出联邦成分的示例教育大纲；但考虑到课程的伸缩性和地区、教育机构的差异，课程标准和示例教育大纲都为地区/民族、教育机构及学生的个性发展和自主选择留有余地，在教学计划中也都留出了相应的课时量。

就化学课程而言，俄罗斯中学阶段的化学课程开设年限与我国基本相同，为四或五年，由初中入门时的综合性课程，逐步转变为分科课程，到了高中阶段更具有专业性，学生可根据个人兴趣选择所学水平。化学课程不仅是自然科学中的一门，对于那些高中阶段选择了专业水平化学课程的学生来说，化学很可能与其日后进入高等教育深造时所选的专业有关，这就增强了课程的专业性，但同时也提升了课程的难度。从俄罗斯当前的主流化学教科书中，我们可以窥见化学课程的系统性之强、难度之大。

无论是俄罗斯的课程改革，还是当前俄罗斯的化学课程，对我国的中学教育都具有一定的启示意义。

一、课程目标的启示

俄罗斯课程改革原则和目标突出人文主义的特征，具有时代感和现代气息。在教育各阶段培养目标上，注重了不同学段的相互衔接和逐步提高，强调了学生的自主性和创造性。

从原先只注重学生的"基础知识"和"基本技能",到如今"知识与技能""过程和方法""情感态度和价值观"的三维课程目标,我国新一轮课改的一个重要特征就是大力加强人文教育,说明我国也开始把学生人文素养的培养提到了重要的地位,不再只注重科学知识的传授、技能的训练和智力的开发。

二、课程结构和设置上的启示

俄罗斯课程在设置上积极适应当今社会的要求,加强学科知识的整合。这样不仅有助于学科间的衔接,还有利于学生相关知识间的迁移。例如,俄罗斯基础普通教育阶段的课程分为八类,每一类还会下设几门课程。比如,自然课程就包括物理、化学、生物三门,这些课程在低年级都具有一定的综合性,到了高年级才开始有明确的分科。

增加选修课时,实施分层教学,促进课程的多元化和弹性化,这些做法在俄罗斯普通教育的高中阶段表现得特别明显。该阶段学生正处于心理、生理发育的转型期,自主能力日臻完善;高中学生也面临着升学或就业两大选择,高等院校的专业千差万别,社会各行业对人才的素质要求也并非全然一致。这就要求高中课程设置更富弹性,更具个性。课程结构改革已为人们普遍关注,也是课程改革的重点,要进行课程结构的改革和调整,必须加强选修课程、地方课程、综合实践活动课程等相关教材的建设,教材及相关的学习材料和读物与课程改革是紧密联系的。俄罗斯实行联邦部分、地区/民族部分、教育机构部分的三级课程管理体制,联邦部分保证了国家课程的基本统一性和最低要求,地区/民族部分和教育机构部分则为选修课程、地方课程、综合实践活动课程的开展和开发提供了空间和可能。

三、课程面向社会生活与实践

改革后的俄罗斯中小学课程关注学生生活,加深知识与现实生活之间的联系。课程设计与学生生活存在多方面、多层次的联系。课程标准关注学科知识与生活实际的联系,重视学科知识对学生个体未来生活的作用和影响。教科书中还会配备学生自主工作手册、实践活动手册,开发学生的创造性,提高学生的动手实践能力。在教育中,学生生活涉及学生的理性生活、认知世界和道德情感。这些因素都应是课程设计所需要考虑的。我国的课程设计总是在强调理性知识的价值,脱离现实生活,未能处理好科学世界与学生现实生活的关系,不能满足学生完满的精神生活的需要。重建学生完满的精神生活是学生全面发展的内在要求,也是深化课程改革的迫切需要。通过课程设计真正赋予学生生活的意义和生命的价值。

四、重视课程标准配套文件的开发

　　课程标准是教科书编写、学生考查评价的根本依据。俄罗斯同我国一样，探寻如何开发课程标准是近十几年的事情，仍处在摸索阶段，但相比之下俄罗斯的课程标准配套文件种类更多，例如化学课程标准还配套有一系列的示例大纲文件，有关于教学的，也有关于学生课外活动的。此外，俄罗斯教育与科学部还出台了示例大纲如何书写的指导性概要文件，以确保各类地区性大纲和教育机构大纲的组成与联邦示例大纲的互补与衔接。

第三章　日本理科教育的发展及改革现状

　　对日本理科教育的历史，尤其是二战后日本理科教育的发展历程进行梳理，并归纳日本各个阶段的理科课程特征，以便我国研究者从整体上了解日本的理科课程。

第一节　日本理科教育发展历程回顾

日本的理科教育，即科学教育，始于 1872 年，至今已有 140 多年的历史。日本非常重视理科教育，将科学技术创造作为治国理念，近百年来不断吸收、融合国外先进的教育思想、方法和经验，使日本的理科教育水平位于世界前列。尤其是第二次世界大战之后，随着社会的发展、科技的进步、教学经验的积累及国际上各种教育思潮的影响，日本先后进行了七次大规模的中小学课程改革，分别是 1947 年、1960 年（1963 年起实施）、1970 年（1973 年起实施）、1977 年（1982 年起实施）、1989 年（1994 年起实施）、1999 年（2003 年起实施）和 2008 年（2010 年起实施），每次改革的周期为十年左右。纵观这七次课程改革的历程，日本的理科课程经历了以下七个阶段。

一、生活单元化的理科课程（20世纪40年代末起）

战后的日本面临着国民精神和国家经济萎靡不振的双重困难，为了迅速地改变这种困境，进入 20 世纪 50 年代的日本在大力发展产业经济的同时也注重发展教育，特别是科学文化教育的发展。在这期间，日本制定了《教育基本法》和《学校教育法》等与教育相关的根本法律，确立了 "6+3+3+4" 制的教育体系。1947 年，文部省依据《教育基本法》和《学校教育法》的精神，颁布了《中小学学习指导要领》（同我国的《中小学课程标准》），开始了教育改革，并于 1952 年修订并颁布了《小学理科学习指导要领（实验稿）》《高中理科学习指导要领（实验稿）》。

此次课程改革原封不动地引入了杜威的 "教育即生活" 的思想，以生活中心主义为指导，认为理科教育是生活的一部分，生活应成为理科教育的出发点和终极目标；主张学生走出校门，到社会中进行学习，进而为社会服务。这一时期日本的理科课程设置和教材编制大都仿效美国，倡导围绕儿童的社会生活设计理科课程内容，理科课程应按单元加以编排，单元内容的选择应以学生的生活为中心。

总体来说，1947 年、1952 年日本的理科课程具有以下特征：

（1）渗透以合理为中心的科学精神，谋求生活和社会的科学化及合理化，而这也正符合日本当时建设民主和平国家的方向。重建战败后的产业，构筑健康、富有的生活基础成为日本重视理科教育的原动力，因此，有些资料也将这一时期的理科教育称为"改善生活、合理化的理科"。

（2）这一时期的理科课程内容具有浓厚的生活色彩，非常重视学生的直接生活经验，追求科学知识的生活化和实用化。但由于过分强调儿童的实际生活和经验，忽视了系统知识的传授，结果导致了基础知识的削弱和学生学力的下降。因此，这次课程改革实施不久，就受到了社会各方面的强烈批评，引起很大的反响，要求再次改革的呼声高涨，这为后来的课程改革奠定了舆论基础。

二、系统化的理科课程（20世纪50年代末起）

1957年，苏联发射了第一颗人造卫星，引起了欧美对中小学数理教育的重视和改革，这对日本也产生了很大的影响。1958年，日本经济进入了战后复苏、高度增长时期，随着技术革新的不断深入、设备的不断更新及在新技术开发和科学研究等方面的不断进步，对科技人员的需求量也日益增加，这促进了与科学、技术及教育发展相关的各项政策的相继出台。例如，《理科教育振兴法》的颁布、科学技术厅的设立、理工类学生增员计划的实施、省级理科教育中心的成立等。另外，日本政府遵循学习指导要领的理念，从1958年起在全国开展理科实验讲座，以提高中小学理科教师的指导能力。

在这样的背景下，日本开始反思20世纪50年代的生活单元、经验单元的学习，从科学的角度分析了理科课程的设置，逐步认识到缺少系统性的课程易造成学生的发展不均衡，从而导致其学力的下降。因此，新一轮的课程改革以满足国家需要、培养精英人才为指向，从注重生活经验转向强调基础、原理的系统学习，强调科学知识之间的内在联系，并按各门自然科学固有的知识体系来编排课程内容，增加了理科的教学内容和教学时数，强调科学的基本概念和方法。

不难发现，这次课程改革的特点是以以学科知识为中心的科学教育主义为指导思想，充实基础学力，加强科技教育；在知识方面解决了系统性、理论知识定量化等问题；在能力培养方面也给予了应有的重视，从而加强了学生的基础知识和基本技能的学习，使教学质量有所提高。与此同时，我们也看到，从某种程度上看这一阶段的理科课程忽视了对学生进行获得科学知识的过程和方法的训练。课程内容过多，理论性太强，脱离生活实际，导致了教学的"注入式""夹生饭"等问题，因而给课程的实施带来了困难。

三、探究性的理科课程（20世纪60年代末起）

20世纪60年代，日本处于经济高速发展时期，一方面由于科学技术的飞跃，对教育提出了新的要求；另一方面，在当时成为美国课程改革典范的PSSC物理课程的影响下，日本也顺应世界潮流，掀起了理科教育现代化运动。日本根据布鲁纳（J. S. Bruner）《教育过程》中所提出的"任何学科的基础知识都可以用某种形式教给任何年龄的学生"的观点，把现代科学的成果大胆地纳入中小学教学内容中，以基本科学概念为核心，重新编排教材，提高教学标准，加强现代化理论。在这样的背景下，为进一步加强科技教育，日本在20世纪60年代末对中小学进行了战后第三次课程改革，其主导思想是"能力中心主义"，主要内容是把现代科学成果编进教材，使教学内容与现代科学技术相适应，强调基本科学概念和基础科学原理的传授。小学阶段强调"对自然界的认识""科学能力和态度"的养成；中学阶段则将"基本科学概念的形成""科学方法的学习""内容的精选"这三个方面作为改革的基本方针。

文部省根据文相在1968年4月向中央教育审议会提出的《关于改善高中课程》的咨询报告，批准公布了1970年新的《高中学习指导要领》（从1973年开始实施）。这次理科课程改革中，日本大量删减了联系日常生活的知识，加强了基础学科知识的结构性，贯彻能力主义原则，大幅度提高了教学难度，把学科的一些基本概念和原理放到低年级去，并通过探究性课题，使学生在自主探究过程中获得科学基本概念，掌握科学探究方法，形成良好的科学态度。

实质上，探究性理科课程是系统化理科课程的延伸和发展。所谓延伸，是指在借鉴布鲁纳（J. S. Bruner）"知识结构论"的基础上，对"系统化"的含义有了更明确的认识。所谓发展，是指在重视基本概念的同时，注重科学探究方法的训练，培养学生的探究能力。但是，这种理科课程也被认为偏深偏难，学术气息浓厚；课程内容和社会生活的联系不够紧密，知识的社会适应性差；课程只适合少数尖子学生，对大多数学生来说则存在难学难用等弊端。

无可否认，"宇宙空间开发的竞争""科学、技术决定国力"等观点是形成这种以能力为中心的课程的重要因素。与此同时，这一时期的理科教育目标中提到了"尊重生命""加强对自然与人类生活的关系的认识"等，表明日本的理科教育开始出现环境教育的萌芽。

四、"宽松的、关心环境的"理科课程（20世纪70年代末起）

1970年的课程改革试图通过增强教学内容的现代化和基础理论的学习来提

高教学质量和学生能力，但是由于新增的内容太多，难度太大，理论性过强，给学生造成了过重的负担，以致半数以上的学生难以消化所学内容，出现掉队的现象。为了解决这些问题，急需调整理科课程的教学内容，精选教材，并多方面考虑学生的能力和适应性，以及将来的去向等问题。基于此，1973 年，文部省又开始酝酿新一轮的课程改革，并于 1977 年公布了新的课程标准（高中从 1982 年开始施行）。

这次课程改革以尊重儿童自主性、营造宽松充实的学校生活、尊重学生的个性与加强基础知识教学相结合为指导思想。在继续强调现代化的基础上，精选教学内容，给学生提供更多独立活动的时间与空间，将学校生活安排得既有余地又很充实。为了使大多数学生对理科产生兴趣，新的课程标准构建了由理科 I 和 II、物理、化学、生物、地学 6 个科目组成的课程体系，力求做到简明易懂。其中，理科 I 为必修科目，其余为选修科目。教学内容一般删减了 20%~30%，其方式是精选最本质、最重要的基础知识，删除重复的内容，削减合并相关学科，以减轻学生的负担。在重视基础知识的同时，又使教育适应学生的个性和能力，培养有丰富个性的学生，故这一时期的理科也被称为"人性化的理科课程"。

同时，随着国家环境厅的设立、各种公害问题的社会化、人们对资源有限性等各种问题的关注，日本开始在教育上重视对环境的关心和保护。课程标准中"科学的""探究的"等表述消失了，取而代之的是"调查自然""保护环境"等比较温和的表述方式。在这样的方针指引下，小学阶段转而重视"直接体验"，培养"热爱自然的丰富情感"；中学阶段则加深对"自然与人类的关系"的认识和理解。

可以说，1978 年的改革在总结以往三次课程改革经验的基础上，强调了四项原则：（1）培养具有丰富个性的学生；（2）使学生充实而轻松地学习和生活；（3）重视作为国民所必需的基本技能和基础知识，同时根据学生的个性与能力进行教育；（4）注重道德教育，以促进学生身心各方面和谐发展。另外，此次改革还强调"人类与自然的关系"的教育，注重"培养学生爱护自然的情感"等方面的环境教育。

但是，这一课程体系的实施，虽然减轻了学生理科学习的负担，为大多数学生所接受，却也产生了一些新的问题，如内容削减过多，导致理科水平降低，尤其是高中物理、化学、生物、地理都改为选修课，造成理科知识不完整，对学生个性的多样化发展考虑得不够，这为 1989 年的课程改革埋下了伏笔。

五、重视个性、培养解决问题能力的理科课程（20世纪80年代末起）

1989 年的课程改革希望能实现以尊重个人的尊严、创造个性丰富的文化为目的的教育。同时，还要努力培养国民继承传统文化，树立作为一个日本人应有的、为国际社会做贡献的责任感，并把"重视个性"作为改革中最重要的基本原则。因此，日本理科课程改革把培养丰富的个性作为改革的基本目标之一，使日本理科课程"人性化"的特征更加鲜明。

此次改革在课程结构上有了新的调整，在小学阶段设立生活科，与此同时废止低学年理科和社会科。将理科课程由原来的六科改为综合理科及物理、化学、生物、地学等的 IA、IB 和 II 课程，综合理科是必修课，并从带有 IA、IB 的科目中选择两门以上作为选修课。这种多样化的课程设置，为学生提供了更多的选择，适应了学生个人发展的不同需要。

课程内容也注重生活化和学生兴趣、能力的培养，强调发展学生的个性品质。由于以往的理科课程注重科学成果、知识的传达，而与日常生活的联系相对欠缺，此次改革强调选取与日常生活联系的内容，在提高学习兴趣的同时注重学生发现问题、解决问题的能力及创造能力的培养。例如，IA 课程与历来重视灌输基本概念且叙述抽象的学术课程不同，它选取了与日常生活密切相关的事物，联系日常生活和科学技术等学生感兴趣的问题，通过设置探究活动学习科学的基本概念，进而培养学生科学的思考能力。

六、重视选修制的理科课程（20世纪末）

1996 年日本中央教育审议会第一次报告中指出应"在宽松教育中培养自主学习、自主思考等生存能力"。针对科学技术加速发展、环境容量与质量有限和高龄少子化等日益凸显的社会问题，深入开展面向 21 世纪的教育改革，使今后的学校教育更加适应国际化、信息化的发展要求，培养支撑 21 世纪日本国家和社会所需要的人才，日本政府确定了今后教育发展的基本方向，即展望 21 世纪的教育应培养儿童的"生存能力"，摆脱以扩大知识和技能的量为目标的学力观，促进以自主判断的行动为目的所需要的素质和能力的发展，促进丰富的感性和创造力等为中心的学力的发展。为此，需要创设一个轻松宽裕的生活环境，这主要是针对过度考试竞争所带来的压力及"欺侮弱小"和"拒绝上学"等现象而提出的。

"生存能力"是指一种全身心的力量，指学生"能够自己发现问题、自主思考、主动做出判断和行动、较好地解决问题的素质和能力，并且能够自律，善于和他人协调。同时，能够生存下去的健康和体力也是不可缺少的"。实际上，生存能力包含了一般教育所关注的德、体、美等各种素质和能力。依据这一基本思想，日本中小学教育进行了全面改革，其基本目标是：（1）培养学生具有社会性及作为日本人生存于国际社会的意识；（2）培养学生的自学能力和独立思考能力；（3）在宽松的教育活动中，力求使学生在掌握基础知识和基本技能的同时充分发展个性；（4）开展有创意、有特色的教育活动，创办有特色的学校。

基于这个目标，1999年3月，文部学省颁布了新的高中课程标准，并于2003年正式实施，其基本方针是"大力加强探究活动，在探究能力培养上要求学生掌握诸如提出假说、设计实验、信息收集、数据处理等探究方法，在信息处理中能有效利用计算机技术，能够完成研究报告、发表和交流"。

七、新世纪阶段（2000年后）

21世纪初，知识、信息和科学技术急速发展，而日本学生学力水平却开始下降，现行学习指导要领在实施中面临诸多问题。基于这样的背景，2008年1月，日本文部科学省发布了新的课程指导要领方案，在继续强调培养学生的"生存能力"这一理念的基础上，对课程标准做了一些修改：强调基础知识、技能获得的同时，培养学生的思考、判断、表现等方面的能力；同时，为了确保培养学生扎实的学力，对相应课程的课时数进行了调整，理科的调整是小学增加了16%左右的课时，中学增加了33%左右的课时；另外，还强调重视观察、实验、自然体验和科学体验等实践活动。

纵观上述七次课程改革和课程纲领性文本的修订过程，日本的理科教育可以说在"与生活的关联""与自然科学知识的关联"这两种观点之间做交替变动。但是，对观察、实验等直接经验的重视，对关心自然、热爱自然的情感培养等观点却一直没有发生改变。

第二节 21世纪新一轮日本理科课程改革背景探析

日本文部科学省于2008年1月颁布了中央教育审议会《关于幼儿园、小学、初中、高中及特别支援学校的学习指导要领的改善的报告》，至此日本迎来了21世纪的课程改革。此次课程改革具有深刻的背景和多个动因，以下将就此次课程改革的背景加以探讨。

一、"以知识为基础"的21世纪社会

中央教育审议会在《关于幼儿园、小学、初中、高中及特别支援学校的学习指导要领的改善的报告》（2008）中指出"21世纪是新知识、新信息、新技术作为以政治、经济与文化为首的社会所有领域活动的基础得到重要性飞跃式提升的时代"。正如"知识就是力量"所说的，知识、信息、技术是国家和团体发展的力量。

面对"以知识为基础"的时代，首先，对所有的人来说，基础知识和技能的习得都是必要的。而且，知识、技能必须要能根据具体问题情境灵活应用，而进行活用时，学生的思考力、判断力、表现力就变得尤其重要。因此，此次课程改革将"思考力、判断力、表现力"等能力的提升作为核心内容。

二、相关教育法规的修订

日本的《教育基本法》是日本国内与教育相关的最基本的法律，是教育相关法律运用和解释的基础，故被称为"教育宪法"和"教育宪章"。2006年12月22日，日本政府公布了修订的《教育基本法》，此次修订是《教育基本法》自1947年颁布实施以来的首次全部修订。修订后的《教育基本法》共4章18条，对教育的目的和理念、与教育相关的基本内容、教育行政、法规的制定等分别做了规定。根据修订后的《教育基本法》第5条第2项的要求，义务教育的目的之一是"培养学生能够独立在社会中生存的能力"。

为应对《教育基本法》的修订，日本政府于2007年修订了《学校教育法》。其中针对义务教育阶段修订并增加条款，确定了"促进学校内外的社会活动，培养自主、自立、合作精神……"等共计10条根本目标。

三、日本学生的学力现状

20世纪80年代，日本政府进行了第四次比较重大的教育改革，也是从这时开始，日本教育界开始以"宽松教育"为口号，倡导建构主义的教学理念。改革的实际效果如何？我们可以结合国际范围内有关教学课时的调查和大型测量活动的结果来对日本学生的学力水平进行讨论。

（一）来自国际范围调查的结果

从表3-1的调查结果不难看出，日本初中一年级的全年数学课时数在下列国家或地区中是最少的，而与此相对应的学生的学力如何？随着各种国际、国内范围的学力调查结果的公布，这个问题逐渐引起了社会的关注。

表3-1　中学一年级数学课时数的比较（1991年）

国家或地区	全年课时数
日本	99
英国	117
法国	129
美国	146
中国香港	124
以色列	133

国际教育成就评价协会（the International Association for the Evaluation of Educational Achievement，简称 IEA）在过去的三十年间进行了多次"国际数学及科学趋势研究"调查。日本在 1961 年加盟了该协会，其调查实施机关是国立政策研究所。与国际学生评价项目（Programme for International Student Assessment，简称 PISA）不同的是，该调查侧重对学科基础知识和基本能力方面的考查。其中在科学方面的调查包括 1970—1971 年进行的第一次 IEA 理科教育研究（First International Science Study，以下简称 FISS），1983—1984 年进行的第二次 IEA 理科教育研究（Second International Science Study，以下简称 SISS），1995 年的第三次国际数学和科学研究（Third International Mathematics and Science Study，以下简称 TIMSS），1999 年的第三次国际数学和科学研究后续调查（Third International Mathematics and Science Study–Repeat，以下简称 TIMSS–R），以及 2003 年的国际数学和科学研究趋势（Trends in International Mathematics and Science Study，以下简称 TIMSS），历次调查中成绩排名前 10 的国家和地区见表 3-2 和表 3-3。

表3-2　IEA针对小学生实施的理科教育的调查结果（排名前10的国家和地区）

调查名称 实施年份	FISS 1970年	SISS 1983年	TIMSS 1995年	TIMSS-R 1999年	TIMSS 2003年	TIMSS 2007年
参加国家 及地区数	16	19	26		25	36
对象年级	五年级	五年级	四年级		四年级	四年级
顺序①	日本	日本	韩国	无调查	新加坡	新加坡
②	瑞典	韩国	日本		中国台湾	中国台湾
③	比利时	芬兰	美国		日本	中国香港
④	美国	瑞典	奥地利		中国香港	日本
⑤	芬兰	加拿大（法语圈）	澳大利亚		英格兰	俄罗斯
⑥	匈牙利	匈牙利	荷兰		美国	拉脱维亚
⑦	意大利	加拿大（英语圈）	捷克		拉脱维亚	英格兰
⑧	英格兰	意大利	英格兰		匈牙利	美国
⑨	荷兰	美国	加拿大		俄罗斯	匈牙利
⑩	德国	澳大利亚	新加坡		荷兰	意大利

表3-3　IEA针对中学生实施的理科教育的调查结果（排名前10的国家和地区）

调查名称 实施年份	FISS 1970年	SISS 1983年	TIMSS 1995年	TIMSS-R 1999年	TIMSS 2003年	TIMSS 2007年
参加国家 及地区数	18	26	41	38	45	48
对象年级	三年级	三年级	二年级	二年级	二年级	二年级
顺序①	日本	匈牙利	新加坡	台湾	新加坡	新加坡
②	匈牙利	日本	捷克	新加坡	中国台湾	中国台湾
③	澳大利亚	荷兰	日本	匈牙利	韩国	日本
④	新西兰	加拿大（英语圈）	韩国	日本	中国香港	韩国
⑤	德国	以色列	保加利亚	韩国	爱沙尼亚	英格兰
⑥	瑞典	芬兰	荷兰	荷兰	日本	匈牙利
⑦	美国	瑞典	斯洛文尼亚	奥地利	匈牙利	捷克
⑧	苏格兰	波兰	英格兰	捷克	荷兰	斯洛文尼亚
⑨	英格兰	加拿大（法语圈）	加拿大	英格兰	美国	中国香港
⑩	比利时	韩国		芬兰	奥地利	俄罗斯

　　从以上表格我们可以看出，日本学生在 IEA 的基础知识和基础能力方面调查中，20 世纪 70 年代居于首位，此后一直处在下滑趋势当中。这样的调查结果逐渐引起了日本国内各界人士的担忧，尤其引起了教育界人士对国家教育政策和学习指导要领的质疑。

　　而另一项国际性的调查——PISA 也从另一侧面反映了这一情况。PISA 是经济合作与发展组织（Organization for Economic Co-operation and Development，以下简称 OECD）策划并组织的一项集体协作研究计划，是目前世界上最有影响力的学生学习评价项目之一，主要以纸笔测验的形式测试接近义务教育末期（15 周岁）的学生的阅读能力、数学能力和科学素养，评价其是否具备未来生活所需的知识与技能，以及在现实生活中运用这些知识和技能解决问题的能力。PISA 的测评结果反映了教育系统和社会系统对义务教育阶段学生的影响，并在世界范围内为各国的教育政策的制定和研究提供导向。

表3-4　PISA测评中学生的科学能力（排名前10的国家和地区）

调查名称 实施年份	PISA 2000年	PISA 2003年	PISA 2006年			
参加国家 及地区数	32	41	57			
			科学能力	各领域科学能力成绩		
				"认识科学问题"领域	"科学地解释现象"领域	"使用科学证据"领域
顺序①	韩国	芬兰	芬兰	芬兰	芬兰	芬兰
②	日本	日本	中国香港	新西兰	中国香港	日本
③	芬兰	中国香港	加拿大	澳大利亚	中国台湾	中国香港
④	英格兰	韩国	中国台湾	荷兰	爱沙尼亚	加拿大
⑤	加拿大	列支敦士登	爱沙尼亚	加拿大	加拿大	韩国
⑥	新西兰	澳大利亚	日本	中国香港	捷克	新西兰
⑦	澳大利亚	中国澳门	新西兰	列支敦士登	日本	列支敦士登
⑧	奥地利	荷兰	澳大利亚	日本	斯洛文尼亚	中国台湾
⑨	爱尔兰	捷克	荷兰	韩国	新西兰	澳大利亚
⑩	瑞典	新西兰	列支敦士登	斯洛文尼亚	荷兰	爱沙尼亚

表3-5 三次PISA测评中日本学生的排名情况

测评内容　　　测评年份	2000年	2003年	2006年
数学部分	第一名 （平均分557）	第六名 （平均分534） 优秀率8.2% 不及格率3.3%	第十名 （平均分523） 优秀率4.8% 不及格率13.0%
阅读部分	第八名 （平均分522） 优秀率9.9% 不及格率10%	第十四名 （平均分498） 优秀率9.7% 不及格率19%	第十五名 （平均分498） 优秀率9.4% 不及格率18.4%

从2000年、2003年、2006年PISA的测评结果看，日本学生的科学、数学和阅读各项成绩一直都在下滑。特别是数学部分，从2000年测试的第一名一直降至2006年的第十名。且其优秀（Top level）的学生人数比例与一直处于前列的芬兰（数学6.3%，阅读16.7%）相比较低，而不及格（below level）的学生人数比例却明显大于芬兰（数学5.9%，阅读4.8%）。上述权威的调查活动的结果均较为清楚地反映了日本学生学力发展存在的严重问题，这些发现必将促使日本对自身教育体制和课程进行反思，以寻求问题解决的办法。

（二）来自国内社会的声音

以上权威的调查结果不仅引起了日本国内教育界学者的重视，而且让社会各界和学生家长产生了质疑：质疑目前的课程改革的目标是否已经实现，质疑以往的"宽松教育"是否符合学生的发展……这无疑为新一轮课程的改革埋下了伏笔。1999年《不会分数运算的大学生》一书的出版成为日本国内一场关于"社会学力低下"的争论的导火索。该书由日本著名教育学者、京都大学教授西村和雄，庆应义塾大学教授户濑信之及日本数学协会副会长冈部恒治合著。面对持续下滑的国际学力调查成绩，西村教授等人通过对日本国内私立大学文科系、理科系、经济系学生的调查得出了让社会各界为之震惊的结果。调查问卷涉及21道从小学到高中二年级的数学题目，调查结果虽然没有给出"国立大学理科及经济系学生数学方面学力低下"这一结论，但是对私立大学的调查结果显示，其中5道小学水平试题的正确率仅为75.8%，也就是说有近1/4的大学生连小学程度的分数运算都不能顺利完成。调查结果公布后，"学力低下"这一争论从教育界内部迅速向社会其他领域蔓延，经济学、社会学和教育学界的研究者们纷纷发表了自己的看法。

除了《不会分数运算的大学生》，西村教授等人还在2000年和2001年先后出版了《不会小数运算的大学生，国家公立大学学力崩溃》和《不会数学的大学生，理科学生学力崩溃》，再次指出当时日本"学力低下"的问题。英国牛津大学教授、前东京大学教授刈谷刚彦是"学力低下"论的领导者，在接受日本最有影响力之一的报纸《读卖新闻》采访时说道："在东大文科系二年级的课堂上，对镰仓幕府成立和灭亡的时间进行提问时，以前的学生几乎都能回答出来，但最近对此不知道的学生有三分之一，可以说连小学的历史知识都不具备。另外，在有些私立大学的经济学部，每五个人中就有一人连小学程度的算术题都做不出来，可见，学生'学力低下'的现象已经很明显了。"

当然，也有对此持相反态度的学者，上智大学教授加藤幸次、高浦胜义在编著的《学力低下论批判——孩子的"生存"学力是什么？》一书中驳斥了"学力低下"的观点。加藤指出，根据IEA 1999年TIMSS–R的测试结果，虽然日本的排名下降了，但是与1995年的调查结果相比，同一问题的平均正确率却没有变化；数学应用题的正确解答率为66%，而国际的平均值为30%。从这点来看学生的学力没有下降，而是喜欢学数学的日本学生的比例在下降。

此外，客观看待"学力低下"、持慎重分析态度的学者也不在少数，代表人物有东京大学名誉教授佐藤学及白梅学园大学教授无藤隆等人。佐藤学在他的《从"学习"中逃走的孩子们》一书中指出，"大半的孩子从小学高年级开始拒绝'学习'并从'学习'中逃走了，孩子们没有学习兴趣，学习时间也大幅减少"。另外，佐藤学也认为"由于近年的选修科目增多，学生可以从十三门科目中选择两门，这样一来，与其说学力低下倒不如说是学力失衡，显得更加贴切"。而针对学力低下的争论，市川伸一教授则认为，"学力低下争论不简单是填鸭派和宽松派之间的对立问题"，"是教育政策层面上改革还是不改革的问题"，"应客观、乐观地看待学力低下这一严重现象"。

（三）来自中央审议会的报告

2008年中央审议会的报告中指出，结合国际和国内学力调查情况来看，目前日本学生的学力状况呈现以下特征：

（1）基础知识和技能的获得在整体上可以认为有一定的成果。但是，在考查思考力、判断力、表现力等阅读和叙述类的题目上存在问题。

（2）在知识和技能的灵活应用方面，学生有能掌握基础知识和基本技能的倾向，但却不能说达到了完全活用的地步。

（3）对科学的兴趣和关心程度较高及感到乐趣的学生比例较低。

（4）学习习惯和生活习惯上存在问题，如做作业和帮忙做家务的时间非常少，而用在电视等视听设备上的时间过长。

（5）中等学生比例降低，后进生比例增加，成绩的分散程度有所扩大。

此外，该报告还指出"学生对科学的兴趣、爱好的减退，学生的学习习惯、生活习惯等都存在一定的问题，导致成绩的差距扩大"。正是因为重视以上各种问题，文部科学省确定了改革后的学习指导方针。

面对国内外的调查结果，面对来自社会各界人士的质疑，面对家长的担忧，日本政府于2006年、2007年修改并颁布了新的《教育基本法》和《学校教育法》。继而，文部科学省于2008年1月颁布了中央教育审议会《关于幼儿园、小学、初中、高中及特别支援学校的学习指导要领的改善的报告》，至此新的课程改革开始了。

第三节 新一轮课程改革的概要与理科改革方向

一、学习指导要领修订的基本思想

根据中央教育审议会《关于幼儿园、小学、初中、高中及特别支援学校的学习指导要领的改善的报告》，新的学习指导要领的修订基本思想如下：

（1）以《教育基本法》为基础。新的学习指导要领以修订的《教育基本法》为基础，把"培养热爱国家、乡土，期待国际社会和平发展的态度"作为教育目标之一，对各科目的教育内容进行修正和调整。

（2）关注"生存能力"的理念。根据学生的现状及各种问题，现行的学习指导要领进一步强化了培养"生存能力"的理念，并积极向教育相关人士、家长、社会宣传培养"生存能力"的重要性及相关内容。

（3）重视基础知识和基本技能的习得。基础知识和基本技能是学生在社会中独立生存所必需的重要元素，在各个阶段的学习中都不可忽视。新学习指导要领强调"宽松"和"灌输"并不是对立的，即在重视学生习得扎实的基础知识和基本技能的同时，又要培养其灵活应用知识和技能所需的思考力、判断力和表现力。

（4）强调思考力、判断力、表现力的培养。在学生发展的各个阶段增加观察、实验、制作报告、论述汇报等活用知识和技能的学习活动。力求使学生在各种学习活动中体验学习的快乐，同时能提高思考能力、科学判断能力，通过各种报告的制作、讨论、汇报等活动提高学生的归纳总结及语言概括能力。

（5）确保国语、社会、数学、理科、外国语等科目的课时数。增加课时数是新学习指导要领的又一特征。其中，义务教育阶段的课时数有所增加，理科较原有课时数增加 23.4%，国语增加 6.9%，数学增加 17.9%。

（6）学习兴趣的提高及学习习惯的养成。通过体验性学习和职业教育等方式使小学中低年级的学生认识到学习的意义，并在体验性学习中感悟学习的乐趣，以此提高学生的学习兴趣，逐步养成良好的学习习惯。

（7）丰富学生心灵及培养强健体魄。新的学习指导要领更加重视强化体验活动、道德教育等方面，以丰富学生的心灵；通过加强对学生情感培养的指导，使学生拥有丰富的内心和强健的体魄。

二、"生存能力"与"扎实学力"

培养"生存能力"是此次课程改革的理念之一，而"生存能力"中的"扎实学力"作为不可或缺的内容，在新的指导要领中被再次强调。

（一）"生存能力"

1996年，在中央教育审议会第一次报告中将"生存能力"作为新的培养目标。此次报告进一步把"生存能力"的内涵界定为以下三个方面：

（1）独立发现问题、独立学习、独立思考、独立判断、独立行动，能更好地解决问题的素质和能力。

（2）自律的同时能够和他人协作，拥有关心他人、感动的情感以及丰富的人性。

（3）为了更好地生存所需的健康和体力。

自2008年起，在课程改革基本思想的指导下，新的学习指导要领相继出台，由"扎实的学力""丰富的人性""健康和体力"三个要素构成的"生存能力"的培养成为新学习指导要领的重要理念。

（二）"扎实学力"

根据2003年10月的中央教育审议会报告，"扎实学力"的定义为："除知识、技能以外还包括思考力、判断力、表现力，重视学习兴趣，未来的孩子们需要具有的学力。"

"生存能力"与"扎实学力"之间的关系如图3-1所示。

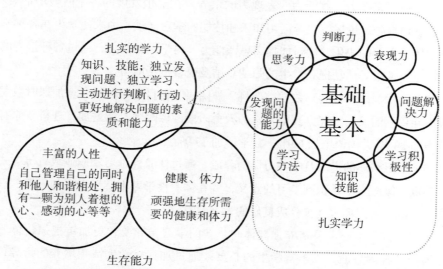

图3-1 "生存能力"与"扎实学力"的要素及关系

三、与教育内容相关的修订事项

基于以上修订的思想，新的学习指导要领中与教育内容相关的修订事项主要有以下 7 项：

（1）充实语言活动。

（2）充实理数教育。

（3）充实与传统、文化相关的教育。

（4）充实道德教育。

（5）充实体验活动。

（6）增加小学阶段的外语活动。

（7）从对应社会变化的观点出发，改善各学科之间的联系。

四、理科学习指导要领修订的方向

如上所述，此次课程改革关于教育内容修订的事项中，明确提出了"充实理数教育"这一项，而学习指导要领的修订也围绕以下几点展开。

（1）增加课时数，以确保实现如下目标的时间：

①为基础知识、技能的获得而进行的反复学习。

②为培养思考力、表现力而进行的观察、实验，实验报告的撰写与论述。

③使学生体会学习的成就和喜悦，提高学生的学习兴趣。

④利用综合学习时间与博物馆开展联合学习。

⑤对知识进行活用的手工制作。

（2）从国际通用性的观点出发重新修订、充实以下内容：

①从科技人才培养与科学相关的基础素养两个方面考虑，应注重内容的系统性与小学、初中、高中之间的学习的衔接。

②应注重"能源""微粒""生命""地球"等科学的基本的见解和概念为支柱的结构化内容。

（3）教育条件的整备：

①为充实根据学生熟练程度进行的个别指导活动，应增加教师的编制。

②增加外部人员对学校教育的了解及理科支援人员的配备。

③加强理科教学中观察、实验所必需的教育设施的配备。

④促进反复学习和发展学习所需要的教材。

⑤通过教研活动提高教师的业务水平和素质。

⑥入学考试等所使用的题目应在考查学生的思考力、判断力、表现力等方面下

功夫。

在此次日本课程改革中，理数教育被列为改革的重点内容。为了扎实地提高学力，不仅要充实教学内容，还应该大幅增加课时数，增加理科教师及支援人员数量，完善教育设施的配置。可见，教学改革不仅仅是内容、形式上的变化，更是从理念到实际教学，从课程内容到教育设施的革新与完善。

五、新理科学习指导要领的特征

2008 年 3 月日本对中小学指导要领进行的修订是基于《教育基本法》《学校教育法》的修订，是基于 2008 年 1 月的中央教育审议会报告中提出的充实言语活动、理科教育等建议而实施的，此次修订的中小学的理科学习指导要领具有以下特征。

（一）小学、初中、高中之间相通的学习内容的结构化

学习内容的结构化是此次理科修订的最显著特征。迄今为止，小学的 A（生物与环境）、B（物质与能）、C（地球与宇宙）三部分的内容改为 A（物质·能）、B（生命·地球）两部分内容，这主要是为了加强与初中第 1 领域（物理·化学）和第 2 领域（生物·自然地理）的衔接。在此基础上谋求以"能""微粒""生命""地球"为线索，将其贯通于小学、初中、高中的学习内容的结构中（增加内容详见表3-6）。这种内容的结构化主要是从国际性的通用观点出发，充分考虑小学、中学、高中之间的知识衔接，以确保学习内容的系统性。

表3-6　小学、初中、高中贯通的结构化学习内容中增加的内容

学段	能 （通过体验科学的方法掌握能）	微粒 （从微粒的观点研究物质）	生命 （加深对生命的学习和理解）	地球 （设置了地球内部、表面、周围三个部分）
小学	三年级:风能、弹力 六年级:电的利用	三年级:物质及其重量 四年级:空气和水的性质 五年级:物质的溶解方法	三年级:观察身边的自然 四年级:人体结构和运动 六年级:人体结构以及功能；食物链	六年级:月亮和太阳

续表

学段	能（通过体验科学的方法掌握能）	微粒（从微粒的观点研究物质）	生命（加深对生命的学习和理解）	地球（设置了地球内部、表面、周围三个部分）
初中	第1领域：电量、功率和能；能的转换和利用 第2领域：自然环境保护和科学技术应用	一年级：用微粒模型理解物质的溶解和状态变化 二年级：原子、分子 三年级：构成物质的一种微粒——离子	一年级：生物多样性 二年级：生物的变迁和进化 三年级：生命的连续性；生命与环境的关系	一年级：地球的内部 二年级：地球的表面 三年级：地球的周围
高中	物理基础增加对以力学为中心的能的理解：物理现象与能的联系；物理学在科学技术中的应用等	化学基础通过学习化学与人的生活等内容，加深对物质应用的理解	生物基础从细胞和分子的观点理解生物 生态系统的环境及保护	地学基础"宇宙的诞生"加深理解现在的地球及时间序列等内容

（二）重视问题解决和科学探究，培养科学思考能力和表现能力

重视问题解决和科学探究过程，并注重培养学生的科学思考能力和表现能力，是此次日本理科课程改革的又一个显著特征。新理科学习指导在参考和借鉴以往学习指导要领的基础上，为使中小学之间能够顺利衔接而进行了修订。通过将学习指导要领中与此相关的表述进行整理后（详见表3-7）发现，无论是学科的总目标还是具体年级、领域的目标都对此做出了明确要求，并对具体内容的实施也给出相应的说明及建议。

表3-7　有关思考能力、表现能力的主要内容

学段	目标	学年目标、领域目标	内容、指导计划的说明及建议
小学	亲近自然，进行有目的的观察、实验等；培养问题解决能力和关爱自然的情感；加深对自然界事物现象的理解，形成科学的看法和观点	三年级目标：……比较并调查…… 四年级目标：……联系并调查…… 五年级目标：……着重某项条件的调查…… 六年级目标：……对原因或规则、关系等进行推论并调查……	教学中适当充实对观察、实验的结果进行整理和分析的学习活动，以及用科学的语言或概念进行解释和说明的学习活动
中学	主动亲近自然事物与现象；有目的、有意识地进行实验、观察等；培养对科学的探究能力基础和态度的同时加深对自然界事物、现象的理解，形成科学的看法和观点	第1领域与第2领域的目标：……培养对观察、实验的结果进行分析、解释的表达能力……	教学中适当充实制订计划发现问题的观察、实验的学习活动；对观察、实验的结果进行整理和分析的学习活动；用科学的语言或概念进行解释和说明的学习活动

重视问题解决和科学探究的过程的学习是注重通过对观察和实验获得结果进而分析得出结论的过程，是重视依据充分的科学证据表达自己的想法的学习活动，是培养科学的思考能力、表现能力的过程，这和此次学习指导要领修订的最大的中心内容——"重视言语活动"是紧密相关的。除此之外，对形成科学的观点和概念、学习基础知识和掌握基本技能也具有重要的作用。

（三）力求充实自然体验和科学体验

中央教育审议会在审议中曾指出，日本的理科学习没有足够重视学生的自然体验，因此，此次改革力求充实自然体验和科学体验的内容。小学阶段，在理科学习最初的3个年级增加了"风和橡皮筋的变化""观察身边的自然"等，充实了自然和力等需要实际体验的学习内容。同时，考虑到加强知识的学习与生活的联系，还明确指出将自然体验和科学体验作为学习内容。另外，与以往一样重视观察、实验、

栽培、饲养及制作等方面的学习，并做了更多补充和完善。

中学阶段也是如此，为了提供符合学生发展的学习内容，不仅仅充实了观察和实验，还在学习指导要领的"指导计划的制订和内容说明"中增加了"为了加深理解原则和法则的手工制作""持续的观察和随季节变化进行的定点观测"等科学体验和自然体验的内容。

（四）体会科学学习的意义，提高对科学的关注度和兴趣

为应对目前学生理科学习兴趣不高这一现状，《关于幼儿园、小学、初中、高中及特别支援学校的学习指导要领的改善的报告》的"指导计划的制订和内容说明"中提出，在小学阶段，"每一个学生能够积极主动地参与活动、解决问题的同时，力求学习成果与日常生活相关联，通过对自然事物、现象的实际体验等促进学生对知识的理解"。即要求小学生能主动地进行问题解决活动，并在与日常生活的联系中结合实际体验，重新认识和理解学习成果，充分感受理科学习的重要性，提高科学学习兴趣。

在中学阶段，指导要领新增加了"感受科学技术使日常生活和社会变得更丰富、更安全等方面的作用，使学生感受到理科所学内容与各种职业的相互关联"等建议。可见，中学阶段不仅要保持理科学习与生活的关联，还要加强其与社会的关联，使学生感受到理科学习的意义和作用，以增强学生对科学的关心，唤起学习的兴趣和积极性。

此外，这种与日常生活相关联的观点与目前最大的课题——环境问题也是互相联系的。与环境教育相关联的中小学理科学习内容可列举如下：（1）小学阶段，三年级"观察身边的自然"的学习作为"生态系"的初步学习内容；六年级包括"水溶液的性质""学生对实验后废液的处理"等。（2）中学阶段，特别是第1领域的"科学技术和人类"科目中增加了对能源的有效利用、科学技术的作用等内容；第2领域的"自然与人类"科目中，加深对生态系和人类的关系的认识。另外，在第1领域与第2领域的"自然环境的保护和科学技术的利用"这个内容中将保护环境和科学技术联系起来，促使学生正确地认识两者之间的关系，明确了建构可持续发展社会的重要性，充实了环境教育的内容。

第四节　透视新一轮课程中高中理科课程的变化

2008 年日本文部科学省颁布了新的中小学学习指导要领，拉开了最新一次课程改革的序幕。很快，日本在 2009 年 3 月颁布了新的《高中学习指导要领》，并于 2013 年 4 月起正式实施。本次高中学习指导要领的修订采取充实、重构和新设的办法，对高中阶段的理科课程结构、课程类型、修业方式进行调整，不仅新设了科学与人类生活、理科课题研究这两门综合性的课程，而且物理、化学、生物、地学各科课程的目标、内容构成及学习方式也在新课程理念的影响下发生了新的变化。本节以化学学科为例，重点介绍本次课程改革中高中理科课程的改革情况。

一、日本高中理科课程的修订方针

2008 年 1 月，中央教育审议会在报告中确定了此次学习指导要领修订的基本思想是"生存能力"，要求基础知识、技能的习得与思考力、判断力、表现力等培养的同时，强调培养扎实的学力，提高学生的学习兴趣，养成良好的学习习惯，加强指导以培养丰富的内心和健康的体魄。在内容方面，此次改革特别强调言语活动与理数教育的充实。

鉴于上述课程理念，确定此次高中的理科课程改革的基本方针如下：

（1）理科的学习应从以下几个方面加以改善：培养学生对知识的好奇心和探究兴趣，以适应学生的各个发展阶段；培养学生亲近自然、主动观察和实验的意识；培养学生的科学调查能力和态度，同时形成科学的认识；培养科学观念和改善思考方式等。

（2）强调理科中基础知识和技能的学习是灵活应用知识及形成逻辑思维能力的基础；另外，由于科技的不断发展，理科教育的国际通用性被反复强调，应从对科学概念的理解及扎实的基础知识和技能的获得等方面出发，注重小学、初中、高中理科内容的联会、贯通及结构化。

（3）根据学生的年龄特征、学习内容来培养学生科学的思考力、表现力。可以通过观察、实验并对其结果进行研究、整理的学习活动，使用科学概念进行思考、说明的学习活动和探究性学习活动来加以培养。

（4）为帮助学生掌握科学知识和概念、培养科学的见解和思考方法，应进一步加强和充实观察、实验和自然体验及科学体验等。

（5）为使学生感受理科学习的意义和作用，提高学生对科学的关心程度，应注重从与现实社会、生活相关内容的充实方面加以改善；另外，为构筑可持续发展的社会，建议理科应从充实环境教育方面加以改善。

二、高中理科课程目标及结构的变化

（一）课程目标的变化

日本的学习指导要领中课程目标由总的理科目标和各科目目标构成，此次课程改革的理科课程整体目标及化学科目目标的变化见表3-8。

表3-8　日本高中理科学习指导要领修订前后的目标变化

目标	修订前	修订后
理科整体目标	提高学生对自然界的关注、探究兴趣，通过观察、实验等培养学生的科学探究能力，养成科学的态度，同时加深对自然界的事物及现象的理解，培养科学的自然观	提高学生对自然界的事物及现象的关注、探究兴趣，培养学生的目的意识，通过有目的地观察、实验来培养学生的科学探究能力，养成科学的态度，同时加深对自然界事物及现象的理解，从而培养科学的自然观

从表3-8可以看出，理科的整体教育目标改动并不是很大，只是新的学习指导要领中强调了学生对自然界的现象的关注，并注重培养学生的目的意识，促使其有目的地展开实验，观察实验现象和自然现象。

表3-9　日本高中理科学习指导要领中化学学科修订前后的目标变化

目标		修订前		修订后
化学科目目标	化学I	通过对与化学相关的事物、现象的观察、实验等，提高对自然界的关心度及探究兴趣；培养化学探究能力和态度的同时，使学生理解化学基本概念及原理、定律，培养科学的见解和思考方法	化学基础	注意与日常生活和社会的联系的同时，提高对物质及其变化的关心度和兴趣；能有目的地进行观察、实验，培养化学探究能力和态度的同时，使学生理解化学基本概念及原理、定律，培养科学的见解和思考方法

续表

目标		修订前		修订后
化学科目目标	化学Ⅱ	通过对化学事物、现象的观察、实验等，提高对自然界的关心度和探究兴趣；培养化学探究能力和态度的同时，加深对基本的概念和原理、定律的理解；培养科学的自然观	化学	提高对化学的事物、现象的探究好奇心；通过有目的地进行观察、实验，培养化学探究能力的同时，加深对化学的基本概念、原理和定律的理解；培养科学的自然观

从表 3-9 中我们可以看到，化学科目也是更多地强调了化学与生活、社会的联系，并注意培养学生能够有目的地进行观察、实验等活动，培养学生的目的意识。

（二）课程结构的变化

根据修订后的课程目标，新的《高中学习指导要领》将理科的课程结构做了相应的调整，具体科目及标准学分见表 3-10。

表3-10　日本理科课程结构修订前后的变化

修订前（2003年起实行）		修订后（2013年起实行）	
构成科目名称	标准学分数	构成科目名称	标准学分数
理科基础	2	科学与生活	2
理科综合A	2	物理基础	2
理科综合B	2	物理	4
物理Ⅰ	3	化学基础	2
物理Ⅱ	3	化学	4
化学Ⅰ	3	生物基础	2
化学Ⅱ	3	生物	4
生物Ⅰ	3	地学基础	2
生物Ⅱ	3	地学	4
地学Ⅰ	3	理科课题研究	1
地学Ⅱ	3		

由表 3-10 可以看出，新的《高中学习指导要领》中理科课程结构发生了如下

变化：

（1）新设置了科学与生活科目。主要从物理、化学、生物、地学的各领域中，选取与人们生活关系密切的科学内容，通过观察、实验的方式使学生理解自然和科学技术，培养其科学的见解和思考方式，同时，可以提高学生对自然和科学技术的关心和兴趣。

（2）修改了之前带有I、II的科目，考虑到初高中之间的衔接，设置了物理基础、化学基础、生物基础、地学基础四个基本科目。这些基础科目具有以下特征：首先，在构成内容上，这些基础科目的设置是包含了最基本的学科内容，目的在于促进全体学生的学习，养成基本的科学素养，且内容也会随着科技的发展进行相应的调整；其次，在课程目的上，这些基础科目的设置是为了提高学生对理科的兴趣，使他们切身感受学习理科的意义和作用，重视理科学习与日常生活和社会的联系；最后，在学习方式上，这些基础科目重视观察和实验，设置了多项科学探究活动，以推进探究学习。

（3）以带有"基础"字样的科目为基础，设置了包含更加抽象、复杂的概念和探究方法的学习科目——物理、化学、生物和地学。这四个科目具有以下特征：学生可根据兴趣选择这四个科目并进行系统的学习，其内容根据科学技术的快速发展进行修订；这些科目承接了基础科目的内容，并新设置了探究活动板块以推进探究学习；在这些科目中以往的选修内容必修化，并充实了相应的指导内容。

（4）为提高学生对自然的好奇心和探究的兴趣，培养科学的思考力和表现力，在充实探究活动的同时，将以前带有"II"字眼的科目中的课题研究内容作为新的科目的"课题研究"予以设置，并加入了前沿科学和跨学科的相关研究，使学生可以在物理基础、化学基础、生物基础、地学基础这些基础科目和物理、化学、生物、地学这些深入学习科目的探究成果的基础上设计课题，进行研究。其标准学分为1学分，为了使指导更加有效，可根据各个学校的情况在特定的时间内灵活地进行指导。

（三）课程选修方法的变化

与课程结构相对应，日本新高中理科课程在选修方法上也做出了如下修订：

（1）必修科目是全体学生都应学习的科目，学生可以有两种选择：一是选择两门，一门为科学与人类生活，另一门可以从物理基础、化学基础、生物基础、地学基础中任选；另一种是从物理基础、化学基础、生物基础、地学基础中任选三门。

（2）物理、化学、生物、地学四门科目，原则上是在学习完相应的带有"基础"字样的科目之后进行学习的。

（3）理科课题研究是至少学习完一门带有"基础"字样的学科后进行学习的。另外，根据课题的性质和学校的实际情况进行有效的指导。

从以上的变化可以看出，修订之后的课程选修方法更加注重培养学生的基础，强调学生基础知识的获得和基本技能的培养。

三、高中理科课程内容的变化

（一）从高中向初中转移

此次课程改革内容的设计谋求建立小学、初中、高中融会贯通的结构。所以，将小学、初中、高中的物理基础、化学基础、生物基础、地学基础的内容进行统合，使其更具系统性。另外，为保证贯通的内容结构符合学生的认知特点，将一部分内容从高中转移到了初中。以化学为例，将高中化学的内容转移到中学理科第2领域中的内容，归纳见表3-11。

表3-11　从高中化学转移到初中理科第2领域中的内容

学年	内容	备注
1	塑料	PE和PET等，金属和非金属，无机物和有机物
2	元素周期表	运用元素周期表认识存在的多种元素
3	水溶液的导电性	理解溶质可分为电解质和非电解质
3	离子	通过电解实验知道离子的存在和形成
3	原子的结构	知道原子核，了解质子和中子
3	化学变化与电池	知道电池的电极反应，了解有代表性的实用电池

从表3-11可以看出，一些在高中需要深入学习的知识点中，基础部分已经由原来的高中转移到初中，以满足小学、初中、高中之间内容贯通的结构化特征的要求。同时，也可为后续的高中学习奠定一定的基础。

（二）内容的变化或增加——以化学科目为例

1.将化学I改成化学基础

此次修订将高中化学原来的化学I改为化学基础，作为基础科目的学习，让学生在理解基本的化学概念、原理和定律的同时，培养其科学的见解和思想方法，具体变化见表3–12。

表3–12　高中化学基础与原化学Ⅰ科目的内容比较

科目	化学基础	化学Ⅰ
具体内容	（1）化学与生活 ①化学与生活的关系 a.生活中的化学 b.化学的作用	（1）物质的构成 ①物质与生活 a.化学的作用
	②物质的探究 a.单质、化合物、混合物 b.热运动与物质的三态 c.关于化学与人类生活的探究活动	b.物质的探究
	（2）物质的构成 ①构成物质的微粒 a.原子结构 b.电子分布与元素周期表 ②物质与化学键 a.离子与离子键 b.金属与金属键 c.分子与共价键	②构成物质的微粒 a.原子、分子、离子 b.物质的量
	③关于物质构成的探究活动	c.关于物质构成的探究活动 （2）物质的种类与性质 ①无机物 a.单质 b.化合物 ②有机物 a.烃（碳氢化合物） b.含官能团的化合物 ③关于物质的种类及性质的探究活动
	（3）物质的变化 ①物质的量与化学反应式 a.物质的量 b.化学反应式	（3）物质的变化

续表

科目	化学基础	化学I
具体内容	② 化学反应 a. 酸、碱与中和 b. 氧化与还原 c. 关于物质变化	① 化学反应 a. 反应热 b. 酸、碱与中和
	③ 关于物质变化的探究活动	② 关于物质变化的探究活动

由表 3-12 可见，化学基础这门科目与以往的化学 I 在内容构成上有一些差别，化学基础的内容考虑了与初中的理科第 1 领域的连接，设置了"化学与生活""物质的构成""物质的变化"三大板块，为提高学生对化学的兴趣，在"化学与生活"板块中设置了"化学与生活的关系"。在具体内容上，化学基础促使学生学习化学特有的思考方法和探究方法，并通过日常生活和社会中的具体实例让学生理解化学的作用，提高学生的化学兴趣。

2. 将化学 II 改为化学

此次修订将原有的化学 II 改为化学，谋求与化学基础的衔接，能更细致地学习化学与自然相关的问题，通过观察、实验等培养学生的探究能力和科学态度，同时加深对基本概念、原理和定律的理解，培养科学的自然观。化学与原有的化学 II 在具体内容上的差别见表 3-13。

表3-13　高中化学与原化学 II 科目的内容比较

科目	化学	化学 II
具体内容	（1）物质的状态与平衡 ① 物质的状态与变化 a. 状态变化 b. 气体的性质 c. 固体的结构 ② 溶液与平衡 a. 溶液平衡 b. 溶液的性质 ③ 关于物质状态与平衡的探究活动	（1）物质的结构与化学平衡 ① 物质的结构 a. 化学键 b. 气体的定律 c. 液体与固体

续表

科目	化学	化学Ⅱ
具体内容	（2）物质的变化与平衡 ① 化学反应与能 a.化学反应与热、光 b.电解 c.电池	
	② 化学反应与化学平衡 a.反应速率 b.化学平衡与移动 c.电离平衡 ③ 关于物质变化与平衡的探究活动	② 化学平衡 a.反应速率 b.化学平衡
		（2）生活与物质 ① 食品与衣料的化学 a.食品 b.衣料 ② 材料的化学 a.塑料 b.金属、陶瓷
		（3）生命与物质 ① 生命中的化学 a.构成生命体的物质 b.维持生命的化学物质 ② 药品的化学 a.医药品 b.肥料
	（3）无机物的性质与利用 ① 无机物 a.典型元素 b.过渡元素 ② 无机物与生活 a.无机物与生活 b.无机物的性质与利用相关的探究活动	

续表

科目	化学	化学Ⅱ
具体内容	（4）有机物的性质与利用 ① 有机化合物 a. 烃 b. 具有官能团的化合物 c. 芳香族化合物 ② 有机化合物与生活 a. 有机化合物与生活 ③ 与有机化合物的性质与利用相关的探究活动	
	（5）高分子化合物的性质与利用 ① 高分子化合物 a. 合成高分子化合物 b. 天然高分子化合物 ② 高分子化合物与生活 ③ 高分子化合物的性质与利用相关的探究活动	
		（4）课题研究 ① 与特定化学现象相关的研究 ② 与化学发展的实验相关的研究

通过以上对比可以看出，化学科目更注重对化学基本概念、原理进行深入、系统地理解，比化学Ⅱ增加了更多的概念、原理等内容，而对这些内容的要求也不是简单地记忆，而是要能够活用这些概念原理。为此，对同一概念选取了不同的现象和事例进行说明和解释，以便学生能正确、系统地理解其含义，并形成正确的物质观。

纵观日本的课程改革，从改革理念到学习指导要领的修订无不体现了日本立足于知识社会的需求和培养适应科技社会急速发展所需人才的特征。而作为改革重点的理科课程更是以此为指导方针，既以提高学生的学习兴趣为主旨，加强学科内容与实际生活和社会的联系，又强调了知识从低到高的贯通性和系统性，以便实现提高学力的改革目标，这值得我们进行深入的探讨和思考。

参考文献

［1］理科教育研究会.新学習指導要領に応える理科教育［M］.東京：東洋館出版社,2011:2-5.

［2］文部科学省.小学校学習指導要領理科編［M］.東京：大日本図書出版社,1947:26-35.

［3］文部科学省.中学校実験と観察,理科実験講座指導書［M］.東京：大日本図書出版社,1958:3-6.

［4］文部科学省.中学校学習指導要領理科編［M］.東京：大日本図書出版社,1958:12-29.

［5］文部科学省.小学校学習指導要領理科編［M］.東京：大日本図書出版社,1968:5-14.

［6］梁忠义.论日本教育之演变［J］.外国教育研究,2001,28（1）:1-5.

［7］文部科学省.小学校学習指導要領理科編［M］.東京：大日本図書出版社,1977:10-21.

［8］文部科学省.中学校学習指導要領理科編［M］.東京：大日本図書出版社,1977:5-14.

［9］文部科学省.小学校学習指導要領理科編［M］.東京：大日本図書出版社,1989:6-9,12-18.

［10］文部科学省.21世紀を展望した我が国の教育の在り方について（第一次答申）［EB/OL］.http://www.mext.go.jp/b_menu/shingi/old_chukyo/old_chukyo_index/toushin/1309579.htm/PDF.

［11］文部科学省.高等学校学習指導要領理科編［M］.東京：大日本図書出版社,1999:14-25.

［12］中央教育審議会.幼稚園、小学校、中学校、高等学校及び特別支援学校の学習指導要領等の改善について（答申）［EB/OL］.［2009-05-12］.http://www.mext.go.jp/b_menu/shingi/chukyo/chukyo0/toushin/__icsFiles/afieldfile/2009/05/12/1216828_1.PDF.

［13］文部科学省.教育基本法改訂のポイント［EB/OL］.http://www.mext.go.jp/b_menu/kihon/about/06121913/002.pdf.

［14］文部科学省.学校教育法［EB/OL］.http://law.e-gov.go.jp/htmldata/S22/S22HO026.html.

［15］国立教育研究所.数学教育の国際比較［J］.国立教育研究所紀要119,1991:12-36.

［16］菱村幸彦.TIMSSとPISAの違い.教職研修資料［J］.教育開発研究所,2013（1）:16-19.

［17］国立教育研究所.国際理科教育調査IEA日本国内委員会報告書［M］.東京:大日本図書出版社,1975:12-37.

［18］国立教育政策研究所.理科教育の出国際比較［M］.第一法規出版社,1993:15-38.

［19］国立教育政策研究所.数学教育・理科教育の国際比較［M］.東京:ぎょうせい出版社,2001:32-45.

［20］国立教育政策研究所.TIMSS2003理科教育の国際比較［M］.東京:ぎょうさい出版社,2008:5-16,18-35.

［21］国立教育研究所.中学校の数学教育・理科教育の国際比較［M］.東京:ぎょうさい出版社,2001.

［22］国立教育政策研究所.生きるための知識と技能［M］.東京:ぎょうせい出版社,2001:12-36.

［23］国立教育政策研究所.生きるための知識と技能［M］.東京:ぎょうせい出版社,2004:23-36.

［24］国立教育政策研究所.生きるための知識と技能［M］.東京:ぎょうせい出版社,2007:13-25.

［25］岡部恒治,西村和雄,戸瀬信之.分数ができない大学生——21世紀の日本が危ない［M］.東京:東洋経済新報社,1999:16-45.

［26］西村和雄,岡部恒治,戸瀬信之.小数ができない大学生,国公立大学も学力崩壊』［M］.東京:東洋経済新報社,2000:25-48.

［27］西村和雄,岡部恒治,戸瀬信之.算数が出来ない大学生,理系学生も学力崩壊』［M］.東京:東洋経済新報社,2001:36-58.

［28］加藤幸次,高浦勝義.学力低下論批判—子どもが"生きる"学力とは何か［M］.東京:黎明書房,2001:15-19.

［29］文部科学省 . 平成 19 年度文部科学省白書第 1 部第 2 章教育新時代を拓く初等中等教育改革［EB/OL］.http://www.mext.go.jp/b_menu/hakusho/html/hpab200701/001/002/003.htm.

［30］中央教育審議会 . 初等中等教育における当面の教育課程及び指導の充実・改善方策について（答申の概要）［EB/OL］.http://www.mext.go.jp/b_menu/shingi/chukyo/chukyo0/toushin/f_03100701.htm.

［31］文部科学省 . 中央教育審議会（中教審）が「21 世紀を展望した我が国の教育の在り方について」という諮問に対する第 1 次答申［R］.1996.

［32］中央教育審議会 . 幼稚園、小学校、中学校、高等学校及び特別支援学校の学習指導要領等の改善について（答申）［EB/OL］.［2008–01–17］.http://www.mext.go.jp/a_menu/shotou/new–cs/news/20080117.pdf.

［33］文部科学省 , 中央教育審議会 . 幼稚園、小学校、中学校、高等学校及び特別支援学校の学習指導要領等の改善について（答申）［M］. 東京 : ぎょうせい ,2008:52.

［34］文部科学省 . 小学校学習指導要領解説理科編［M］. 東京 : 大日本図書出版社 ,2008:2–25.

［35］文部科学省 . 高等学校学習指導要領解説理科編［M］. 東京 : 自教出版社 ,2009:9–18.

［36］橋本建夫 , 鶴岡義彦 , 川上昭吾 . 現代理科教育改革の特色とその具現化［M］. 東京 : 東洋出版社 , 2010:12–25.

［37］文部科学省 . 高等学校学習指導要領解説理科編 .［EB/OL］.［2010–01–29］.http://www.mext.go.jp/component/a_menu/education/micro_detail/__icsFiles/afieldfile/2010/01/29/1282000_6.pdf.

［38］文部科学省 . 高等学校学習指導要領新旧対照表 .［EB/OL］.［2011–03–30］.http://www.mext.go.jp/component/a_menu/education/micro_detail/__icsFiles/afieldfile/2011/03/30/1304427_003.pdf.

［39］文部科学省 . 高等学校学習指導要領新旧対照表 .

［40］日本文部科学省 . 高等学校学習指導要領解説・理科編［EB/OL］. http://www.mext.go.jp/a_menu/shotou/newcs/youryou/1304427.htm/2009/03. pdf.

第四章　新西兰科学课程标准评述

　　新西兰的现代教育是随着英国人的到来而建立起来的，至今已有 160 年左右的历史，虽然时间并不长，但是它仿照了英国的教育体系，发展十分迅速。

第一节　新西兰中小学科学教育发展概述

1877 年新西兰政府首次制定了新西兰教育法，仿照英国的教育体制，基本上建立了新西兰的国民教育制度。该法明确提出要建立普遍的、义务的、公费的初等教育制度，但是这只是一个美好的尝试。此后的几十年间新西兰政府一直致力于普及义务教育等各方面的教育改革。自 20 世纪后半叶起，世界科学教育改革成了一场周而复始的运动，这种运动是和社会、经济、科技、教育的高速发展联系在一起的，它呈现出一定的周期性，大约每十年就会出现一场改革，带来科学课堂和教师教学方式的变化，每个历史时期都有不同的研究主题[1]。本节从新西兰科学教育改革开始入手，回顾二三十年来新西兰基础科学教育发展的历程，从中窥见科学教育发展的各个方面。

一、二战后至20世纪90年代新西兰的科学教育情况回顾

第二次世界大战之后，世界各国都在休养生息，修复战争的破坏，这一段时间各国的政治、经济、教育都展现出全新的面貌。

（一）二战后至20世纪70年代教育发展回顾

二战后的几十年来，特别是 20 世纪 60 年代以来，新西兰进一步实现了工业化，改进生产结构，扩大对外贸易，经济迅速发展。在这同时，新西兰的人口也有较大的增长。经济和社会的发展与进步，也推动了各级各类学校教育的改革与发展。二战后至 20 世纪中叶，新西兰的教育事业主要集中在普及初等教育和发展初级中等教育方面，并建立起新西兰的国民教育体系。

在20世纪五六十年代，随着战后经济的发展与人口的迅速增长，新西兰政府把普及初等教育和发展初级中等教育放在重要地位。为使农村和偏僻地区的儿童入学，不管是公立还是私立的初等学校都免费供给学生教科书。采取的这些措施实现了初等教育的普及，到1970年初等教育适龄儿童已全部入学，而且许多超龄或低龄儿童也能接受初等教育。由于政治、经济和社会发展的新形势、新要求，新西兰政

---

[1] 王晶莹. 科学探究论 [M]. 上海：华东师范大学出版社，2011.

府于1964年全面地研究教育问题，制定和颁布了新的教育法。该教育法强调在国家办的初等和中等学校里要提供免费的和非宗教性的教育，对所有5岁至15岁的儿童实施十一年制义务教育。这一教育法反映了社会对普遍提高劳动者的基础教育水平的需求，对近二十多年来新西兰整个教育事业的发展起了很大的促进作用，进一步确立了新西兰的国民教育体制。它包括以下三个组成部分：

学前教育：在新西兰，早期幼儿教育主要由幼儿园、游乐中心、幼托站等具体实施。幼儿园一般接纳3岁至4岁的幼儿，而其他幼儿教育机构则可接收学龄前的所有小孩。初等教育儿童5岁入初等学校。

初等教育：国家办的初等学校是免费的和非宗教性的。公立小学的学制为六年，中间学校的学制为两年。中间学校是一种介于小学和中学之间的过渡性学校。在一些小的市镇和乡村，小学的学制延长为八年，不单独设立中间学校。此外，在乡村还可设立区高小，即在八年制小学内设中学部，由中学的教师为八年制小学的毕业生开设中学课程。

中等教育：15岁之前的中等教育是带强制性的义务教育的一部分。国立普通中等学校分五年制和七年制，前者与八年制小学或中间学校衔接，前三年为中等义务教育；后者与六年制小学衔接，前五年为中等义务教育。完成义务教育后，由教育部（或地方教育局）举行十一年级考试，也叫学校证书考试。此后，约有一半学生升入五年制中学的四、五年级或七年制中学的六、七年级。学习一年后，举行十二年级考试，亦称大学入学资格和中学六年级证书考试。再学习一年，即在十三年级，举行高级中学和大学奖学金考试。中等教育除普通中等教育外，还有中等技术职业教育、师资培训等[1]。

（二）20世纪八九十年代教育发展回顾

19世纪中叶以后，随着现代教育制度的建立，西方国家学校普遍实施了科学教育，从此才有了对科学教育具有实际意义的理论探索。二战以来世界科学教育大致经历了三次大的改革。第一次改革是在20世纪50年代末到20世纪60年代初，第二次是20世纪70年代至20世纪80年代初期，第三次改革浪潮则是从20世纪80年代开始的[2]。20世纪80年代以来，受建构主义思潮的影响，美国、英国、加拿大、澳大利亚等一些发达国家开展了一系列的以市场为取向的教育

[1] 滕大春. 外国教育通史第6卷 [M]. 济南：山东教育出版社，2005.
[2] 丁邦平. 国际科学教育导论 [M]. 太原：山西教育出版社，2002.

改革。在这样一个国际大环境下，新西兰也对教育的各个方面进行了改革[1]。新西兰的教育改革始于1987年。因为当时新西兰的教育行政管理机构过于集权化，机构设置复杂，工作机械僵化，需要进行全面改革，所以政府任命一个专家小组对教育行政管理机构进行了全面的检查与评价。自1987年宣布教育改革以来，新西兰政府制定和发布了一系列框架性文件。仅在1988年，就公布了关于改进管理措施的《为高质量而管理》，关于改革幼儿教育的《5岁之前》，关于改革中小学教育的《未来的学校》，以及提高高等教育效益的《终身学习》等文件。新西兰中小学教育改革的基本原则包括下放教育行政、学校自主管理、明确责任和自由选择[2]。为达到提高全民教育质量的改革目标，教育平等成为新西兰教育改革最重要的原则之一。新西兰义务教育规定：所有6周岁到16周岁的孩子必须入学。义务教育阶段的学校教育分为小学、初中、高中。小学设一到六年级，入学学生年龄为6岁到10岁。初中在新西兰有单独的两年制学校（七年级和八年级）；有的和小学合并，组成八年一贯制的学校；有的和高中合并，组成七年制中学。还有偏远的乡村地区小学、初中、高中一贯制的综合学校。一般高中设九至十三年级。其中，一至十一年级为义务教育[3]。1993年又公布了统一全国中小学教学内容的《新西兰课程框架》。《新西兰课程框架》明确指出科学教育是国家七个教育领域之一，此外还包括八项技能的培养，如交流和问题解决等，具体情况见图4-1。新西兰还设定了一系列目标，用来描述学生应该掌握什么和做什么，从一年级到十三年级，按照八个层次来排列这十三年的学习。当然还包括相应的评价程序，要求学校遵循国家具体的课程要求来开展课程，同时还要考查学生的学习情况。1994年新西兰教育部发布了关于新西兰教育发展战略规划的文件——《面向21世纪的教育》，指出21世纪新西兰教育总体的发展方向，各级各类教育的具体目标及教育经费投入的重点[4]。这次改革为课程、评价和资格认证在21世纪的进一步发展奠定了基础。

---

[1] 赵菊珊. 新自由主义与新西兰的教育改革 [J]. 外国教育资料，2000（4）：34-38.

[2] 陆兴发. 新西兰教改的基本原则 [J]. 外国中小学教育，1994（1）：31-32.

[3] 蔡忠，唐瑛. 新西兰基础教育改革 [J]. 全球教育展望，2003（12）：74-77.

[4] 许苏. 新西兰的十年教育改革——课程、评价和资格认证的变革 [J]. 外国中小学教育，2002（1）：1-4.

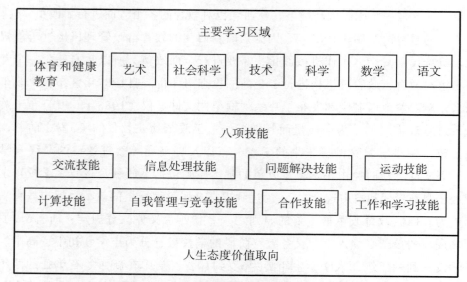

图4-1　新西兰国家课程的7个学习区域[1]

二、1997—2007年新西兰的科学教育回顾

（一）1997—2007年新西兰的科学教育的基本情况

从1987年新西兰史上较大规模的一次教育改革开始到改革进行十年之后，新西兰科学教育展现了良好的发展势头[2]。2000年，新西兰参加了由经济合作与发展组织（Organization for Economic Cooperation and Development，简称OECD）组织的"国际学生评价项目"（The Programme for International Student Assessment，简称PISA），这次测验的内容主要包括三个方面：阅读能力、数学能力和科学能力。世界上共有32个国家参与了这一测验，其中有28个国家是OECD的成员国。在这次测试中，新西兰15岁的学生在上述三个方面总的平均成绩中位居前六位，阅读能力位居第三，仅次于芬兰和加拿大；数学能力以很小的差距仅次于日本和韩国而居第三；科学能力也是10个平均分数高于总体平均分数的国家之一。2006年3月24日，即将离任的新西兰教育部部长霍华德·范思（Howard Fancy）在全新西兰校长联合会年度大会上发表了《十年来，十年后》的主题演讲，以专业眼光，高屋建瓴地纵论了新西兰十年来教育改革与发展所取得的成就、当前面临的挑战及未来的走

[1]蔡忠，唐瑛.新西兰基础教育改革[J].全球教育展望，2003（12）：74—77.

[2]祝怀新，陈娟.新西兰课程改革新动向——新课程计划草案解析[J].基础教育参考，2007（12）：37—41.

向——反思了20世纪80年代至90年代新西兰教育改革的经验，并展望了接下来十年的教育发展。报告中指出：十年来新西兰教育改革总体上取得了较大的成就，毋庸置疑，这体现了新西兰的教育体系的优越性。经济合作与发展组织（OECD）的研究数据表明：新西兰25岁至64岁的人口中，75%的人口已经获得了中等或高等教育文凭，远远高于其他成员国平均65%的水平；大部分新西兰学生的学业成就位列经济合作与发展组织成员国学生的前25%；而且在过去的四年里，新西兰辍学学生所占的比例不断下降；在儿童早期教育方面，新西兰儿童参与早教的比例远高于绝大多数经济合作与发展组织的其他成员国；新西兰教师的高素质和所取得的优异成绩受到多数人的称赞。教师正在发展成为真正的知识性的职业。良好的信息资源（关于学生预期的成绩的信息）和教学实践（成功指导、帮助不同学生的教学实践）正在促成相关政策的制定；新西兰那些处境不利或有特殊需要而且被视作有学习障碍的儿童，正被接纳进来，并被视为加强学习的力量；教育已经认识到了学生的多样化并回应这种差异性；在着重强调作为学生学习基础的阅读与数学的同时，新西兰的教育还特别注重培养学生面向世界的创造力、适应力，问题解决、团队合作和对不同的人及情景做出关联与应对的能力；新西兰的教育已经在提高学生的学业成就方面取得真正的进步，无论其背景出身如何，学生都能在所取得的成绩的基础上继续提升，与此同时还从中学到了更多的经验；对作为基本素养的读、写、算方面的教育大力投入，其令人满意的结果已经从学生更好的成绩中显现出来；对教师的专业实践领域的投资，正在增强教学的有效性；教学得到来自不断增长的事实根基、研究、评估与其他各种支持的强力支撑[1]。当然，新西兰教育改革和发展仍存在一系列的不足和挑战。2002年9月的《致教育部的课程总结报告》就指出了当时所存在的不足，如哲学和教育学等理论不足，教师能力与课程要求不符，政府政策与各学校具体操作间落差明显，各层次人员对课程计划的理解和支持不够等。2006年7月，新西兰教育部充分吸纳了以上建议并根据当时的国际发展趋势，结合新西兰自身的情况，发布了《2006新西兰课程计划（草案）》（以下简称《课程计划》），形成了新西兰基础教育阶段的总体课程框架和内容，为新西兰未来课程体系的完善与发展奠定了基础。《课程计划》综合各界人士的看法提出了五个方面的能力要求，分别为：自控能力，交流能力，参与与贡献能力，思维能力，运用语言和符号的能力。它们是一个相互联系的有机整体，相辅相成。1993年的课程框架中，并没有提到能力的培养，而是要求学生达到交流、计算、信息等八项技能。

---

[1] 胡乐乐. 新西兰教育部长纵论教育改革与发展 [J]. 基础教育参考. 2006（5）：16.

2006年的《课程计划》之所以用"五项能力"取代了先前的"八项技能"，是因为教育部认为技能只能在有限的时期对特定的工作起作用，而目前学生所面临的是不断变化、发展的社会，接触的是日新月异的信息科技，必须不断学习以适应快速变化的社会需求和工作岗位，即进行终身学习。技能的培养无法适应终身学习的要求，而能力是包括技能、知识、态度和价值观等的一个综合体，更能适应当前社会发展态势[1]。新西兰的《课程计划》规定了8个学科的内容作为必需的教育内容（见图4-2、图4-3）[2]：艺术、英语、健康与体育教育、语言文化、数学与统计学、科学、社会科学和技术。

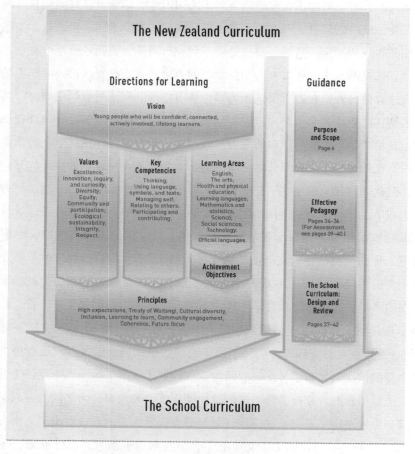

图4-2

［1］祝怀新，陈娟. 新西兰课程改革新动向——新课程计划草案解析［J］. 基础教育参考，2007（12）：37-41.

［2］https：//nzcurriculum.tki.org.nz/The-New-Zealand-Curriculum.

图 4-3

　　这些关键能力及学科内容到目前为止仍然在沿用，也是制定科学课程标准的基础。

（二）新西兰少数民族的科学教育

　　新西兰是一个多民族文化共存的岛国，总人口约 400 万，欧裔约占 79.6%，原住民毛利人占 14.5%，太平洋岛民约占 5.6%，华裔占 2.2%，印裔占 1.2%。20 世纪 90 年代以来，西方对教育公平的关注开始超越“形式平等”，重视弥补由于社会经济、文化差异而导致的学习差距，并且承认个体差异、多元文化的合理性。而要实现这一目标，应该从政策和制度方面着手。这时，教育改革中，教育政策与教育公平关系的研究逐渐受到重视[1]。太平洋岛民的教育质量相对其他族裔而言较低，这引起了新西兰政府的重视。2006 年新西兰政府实施了《太平洋岛屿族裔教育计划（2006—2010）》，旨在通过这项计划提升太平洋岛屿族裔学生的学业成就，该计划的目标对促进和加速改变太平洋岛屿族裔学生的教育提供了一个强有力的平台，同时可提高其阅读、写作和计算能力，进而提高其教育体制在国际上的影响力及国家

---

[1] 朱永坤. 教育政策公平性研究［D］. 长春：东北师范大学，2008.

经济实力和生产力。太平洋岛屿文化是新西兰文化的重要组成部分，新西兰政府非常重视并尽力保证太平洋岛屿族裔人都能接受良好的教育，更好地保护和发展了太平洋岛屿文化。1998 年新西兰教育部在太平洋瞻望会议上提出要肯定太平洋岛屿族裔团队和各组织部门在加强族裔教育方面所做的努力，并期望各个组织部门继续促进太平洋岛屿族裔的教育，1999—2001 年新西兰政府倡导所有教育部门努力缩小太平洋岛民教育与全国教育的差距，提高岛屿族裔的教育成果，为此新西兰政府准备研究出台一些新的教育政策改善岛屿族裔的教育。2001 年第一个太平洋岛屿族裔教育计划出台，同时出台了岛屿族裔教育研究指南。该计划的目的在于提供一个连贯和综合的方案以提高太平洋岛屿族裔的教育质量和水平。2002 年新西兰教育部出台了太平洋教育问题回顾作为 2001 年的太平洋族裔教育计划的一部分，目的在于认清岛屿族裔教育中出现的问题，并提出进一步的改进措施。

1. 毛利人教育

毛利人作为土著，自与英国皇室签订《怀唐伊条约》之后，在新西兰拥有一个比较特殊的社会地位。目前，毛利学生约占学校学生人数的20%。这与正在增长的毛利人口的比例一致。但从毛利孩子的入学情况来看，小学入学率高于高中入学率，接受后义务制教育的毛利人数少于接受高中教育人数。大部分毛利学生进入一般的学校学习，一部分毛利学生则进入用毛利语教学的毛利学校学习。目前已有3%的学生进入毛利学校学习毛利文化和习俗等，但进一步的数据表示，将有12%的学生至少有三分之一的学校生涯在毛利学校中度过。毛利教育从早期儿童教育一直延伸至高等教育。为了提高教育质量，新西兰国家教育部开发了一系列支持项目。例如，"Whakaro Matauranga"活动帮助毛利家长或监护人更好地了解子女的教育情况，让家长积极支持和参与子女的学习；"喂饱你的记忆"等活动鼓励家长或监护人帮助10岁以下儿童学习读写和简单的算术；对那些学困生或者根本没有上学的孩子，政府提供了许多可以选择的教育项目。除此之外，教育部对毛利教育给予了广泛的关注：（1）提高毛利学生的入学率和学业完成率，提高学校满足毛利学生需求的能力；（2）丰富学校和社区有关于毛利语言教育方面的信息，提高毛利语言教学与学习资料的获得率，支持毛利课程教学的开设与开展，开办高质量的毛利学校，了解和满足毛利教师的培训需求等；（3）进一步开发毛利文化在教育中的影响力和提高毛利人的教育参与率。

2. 太平洋岛屿人群教育

新西兰还拥有重要的太平洋岛屿人群。随着年青一代的迅速成长和不断增长的人口问题，满足太平洋岛屿人口独特的教育需求的重要性也正日益突出。成功的教育成了太平洋地区社会稳定与经济繁荣的关键。新西兰政府目前推行的"太平洋岛屿人群教育计划"（Pasifika Education Plan），其主要目的就是：努力消除教育中的不平等现象，确保太平洋岛屿人群有接受教育的权利；采取集中有效的策略，鼓励更多的太平洋岛屿人群参与和接受各种教育，促使他们通过自身的努力去获得成功。为此，政府修改了一系列政策，力求达到以下目标：（1）让更多的太平洋岛屿儿童接受高质量的早期儿童教育；（2）促进更有效的太平洋岛屿学生教学活动；（3）提高太平洋岛屿学生的英语水平和支持他们的学习；（4）增加太平洋岛屿社区的容纳量，支持有效的学习活动；（5）提升学生的成绩水准。

三、21世纪新西兰基础教育科学教育课程概况

新西兰国家的历史较短，作为英国前殖民地，新西兰的教育体系以英国教育体系为基础。旨在留学生评估（PISA）的经济合作与发展组织（OECD）项目对新西兰的教育体系评价很高[1]。新西兰实行的是十一年学制的教育，儿童5岁起入学，科学课程依据学制分为三个主要的学段：六年小学、两年初中和五年高中。教育制度规定新西兰儿童从5岁开始接受小学教育，并不需要等到新学年开学时入学。中等教育包括初中和高中，通常需要用七年时间来完成。孩子一般在13岁左右进入中学就读。中学第一年称为FORM3，以后依次为FORM4、FORM5、FORM6、FORM7。FROM5期末需要通过统一考试，成绩合格则进入FORM6学习；FORM6学习结束时举行考试评审，授予学习证书。中学最后一年是FROM7，期末要参加全国大学助学金、奖学金的统一考试，以获得大学学习的资格。新西兰每年有4个学期，每学期两个多月。除了从11月到次年2月、3月的暑假，每次放假有两三个星期。大、中、小学新年开学时间各异，一般小学开学略早[2]。

新西兰的科学课程是从小学就开始的一以贯之的课程，在新西兰从小学一年级（year 1）到中学十三年级（year 13）都开设科学课，中学科学课是小学科学课的延伸和提高，各年级的评价标准不一样。新西兰中学课程的设计分为必修课和选修课，其中必修课程包括艺术、英语、健康与体育教育、语言文化、数学与统计学、科学、社会科学和技术八大模块。学习科学是为了使人们了解自身生存和工作的世界，它可以帮助人们阐明思想、提出问题、通过计算和观测来检验结论及通过他们的发明来建立价值观。新西兰教育界认为：科学教育有利于全体学生的成长和发

[1] 李治. 留学新西兰 [J]. 考试与招生，2013（6）：175-176.
[2] 新西兰教育体系一瞥 [J]. 科技经济市场，2002（5）：32.

展，学生将会成为有责任心和活力的社会成员，并能为新西兰的经济发展和未来建设多做贡献。新西兰把科学课程分为六大块，即发展科学的态度与技能（科学探究），感知科学、技术与社会的关系，感知生命世界（生物科学），感知物质世界（物质科学），感知物理世界（物理科学），感知地球和空间世界（地球和空间科学）。由于生物科学、物质科学、物理科学、地球和空间科学这四部分属于知识性领域，科学探究和感知科学、技术与社会的关系这两部分属于情感、态度、价值观领域，所以开设课程时，新西兰把属于情感、态度、价值观领域的这两部分分别渗透到知识性领域的四部分中[1]。

新西兰没有统一的教科书，一般由学校和老师自己选择，或与同学科的老师一起讨论用什么教科书（多为澳大利亚或美国出版），然后制订学科教学计划。由于小学一至二年级重点是识字，七至八年级重点是识数，新西兰很多小学没有教科书，由教师帮助学生到图书馆借阅。中小学大纲里一般有八个科目，分别是语言（英文和毛利语）、语言文化、数学、社会学习（品德与生活）、艺术（音乐与美术）、卫生健康与体育、科学和技术。通过教学大纲和课程设置，培养学生交际、咨询、体育、工作和学习的能力，以及诚实、公平、有同情心、关心与尊重别人、遵守纪律的价值取向。新西兰中小学教学中没有太多死记硬背的东西来要求学生，新西兰课程设置为学生终身教育奠定了基础，引导学生个性充分发展。

[1] http://eng.zsedu.net/news/2009/09/01/095343-666-1.html.

第二节 新西兰新版国家科学课程标准概述

一、新西兰2013年科学课程标准研制背景

从1992年起实施的课程，是新西兰第一次核心成果的课程：规定了希望学生知道什么和能够做到什么。自1992年起实施的课程推出以来，新西兰一直没有放缓社会变革的步伐。新西兰的人口越来越多，技术更加先进，对工作场所的要求也更为复杂。因此教育系统必须应对这些变化和这个时代的各种挑战。出于这个原因，新西兰对课程进行了全面的审查。为了适应新世纪新形势的需求，新西兰教育部在分析总结原有课程框架的基础上，进一步提出了新的课程计划草案，旨在为基础教育的发展提供更好的规范模式。2006年新西兰出台的《课程计划》定义了持续学习和有效参与社会活动的重要作用，强调了终身学习的五大关键能力和八大学科领域。2007年新西兰教育部正式推出了新一代的新西兰课程，该课程适用于所有用英语授课的公立学校（包括综合学校），接受所有的学生，不论其性别、性取向、种族、信仰、能力或是否残疾、社会或文化背景及地理位置。术语"学生"贯穿在这个包容性的意义之中，除非上下文清楚地涉及一个特定的群体。该课程帮助教师更好地理解课程、教学和评价之间的关系，帮助教师思考自己可以在新西兰课程的愿景（visions）、价值观（values）和核心能力（key competencies）方面发挥的作用，将自己的学科领域与其他高级科目和学习领域之间建立联系，在编制教学方案时，特别是那些涉及学习情境的，要充分考虑学生的参与性，意识到问题的假设可影响高中的课程设计，认识到文化内涵和富有成效的伙伴关系是毛利学生取得成绩的关键[1]。所谓愿景包括：希望新一代的年轻人成为充满自信、与他人积极交流、关心社会事务的终身学习者。价值观包括：优秀、创新、批判、反思、多元化、公平、社会参与、正直和生态可持续性。新课程必须遵循八条原则，这些原则体现了对学校课程来说是重要的和可取的——国家和地方的信仰，所有学校的决策都应以此为基础。原则内容主要包括：高期望度（因为应该让所有的学生成为杰出的人）、学会学习、《怀唐伊条

---

[1] http://senior secondary.tki.org.nz/About-the-guides，2012.

约》、社区参与、文化多样性、一致性、包容性和关注未来。

2012 年 12 月 13 日新西兰教育部出台了新的《科学课程标准》，并根据社会实际情况不断改进及增加新的内容。

二、新西兰2013年科学课程标准的基本结构

自 1987 年课程改革开始，到 1993 年新西兰第一部正式的统一全国中小学教学内容的《新西兰课程标准》（以下简称《1993 标准》）问世，再到 2013 年的《新西兰国家科学课程标准》（以下简称《2013 标准》，2013 年 5 月份修订，第二版），已经经历了二十年的时间，新西兰的科学教育课程呈现出了全新的面貌。

（一）新西兰《2013标准》的基本理念

新西兰《2013标准》的基本理念是"强调学习过程的连续性和渐进性；强调学习评价的诊断性和形成性；突出科学知识与技术、社会相融合"。在这一理念的指导下，要求学生通过对科学课程的主体性学习，掌握必要的科学知识和基本技能，学习和体会基本的科学研究方法、对待科学的态度、科学技术与社会的关系；通过课程提供的活动，学生的能力得到不断的提升，在活动中激发出创造的火花，培养创新精神；通过课程教学的全方位展开，学生了解科学技术对生产、生活的重大影响，使学生形成正确的态度、情感和价值观[1]。

（二）新西兰《2013标准》的主要内容

新西兰《2013 标准》主要包括以下八个部分。

第一部分：科学是什么。该部分主要讲述了科学的研究对象，科学知识和科学活动的性质以及科学的逻辑性和创造性，并且在这一部分提出了科学教育目标的核心——科学的本质，给出了科学课程的总体目标，即学生应学习的知识和通过学习所应达到的能力水平的总体要求。科学的本质（nature of science）作为科学教育的主线，描述了不管将来会选择学习哪一具体领域，学生都必须具备的技能。

第二部分：基本原理（rationale）。这一部分主要包括学习科学知识的几方面的原因：因为科学能满足学生对自身生活的世界乃至地球以外的空间的好奇心，科学与人类每一天的生活息息相关，科学可以不断地促进科学技术的创新，为人类谋福利。科学可以提供学生未来生活所需的知识，从而为学生开辟更广阔的就业前景。

---

[1]张荣，陈娴. 新西兰《科学课程标准》简介及启示 [J]. 学科教育，2004（9）：45–49.

第三部分：科学核心概念。在这里可以理解为对待科学的态度或者科学理念。

第四部分：科学的有效教学方法。这部分告诉我们，有效的教学是怎样的，教师怎样做到有效教学。强调一切从培养学生的科学素养出发，让学生通过参与科学的实践来学习科学，从而发展新的结构组织来接纳新知识。教师专注于对学生来说最重要的和反映学校课程的最伟大的科学思想（big ideas）。《2013标准》中说道："当学生发现他们的先验知识和被引入的科学思想之间的冲突时，他们可能认为某想法是有争议的，尽管科学家不那么认为。教师的目标是让学生理解，而不是让他们相信。"也就是说要让学生不迷信权威，因为科学知识也是动态的，会随着社会的发展和人类认识的进步而不断被发展、修正甚至被完全否定，教师要给学生灌输这一理念。

第五部分：科学课程的"成绩目标"。这是《2013标准》的主体部分，对课程做出了实质性的规定。具体方式是课程主要分为五条主线（strands）：科学的本质、生命的世界、地球行星和其他星体、物理的世界、材料的世界（即生物科学、物理学、地球和空间科学及化学）。其中科学的本质统领其他四条情境主线（contextual strands），当然，这四条主线为学习科学的本质提供了特定的情境，它们不是孤立的，而是相互交叉的，所以学习科学时要学会整合这些情境线索，例如，生物化学、航天学、海洋生物学等。每一条主线都有八个水平（levels），在《2013标准》的高中科学教育中，每个水平下对应相应的成就目标（achievement aims），每一个水平又分为三到四个层次。其中科学的本质这一整合目标分为四个层次，分别为科学理解（understanding about science）、科学研究（investigating in science）、科学交流（communicating in science）、参与和贡献（participating and contributing），其余四个学科分支的成就目标分成三个层次。每个分支均单独设计一套由浅入深、由易到难的水平，共八个水平，同时通过确定水平的区间，把水平与学段联系起来（见图4-4）。确定的水平范围不是直线式上升的，而是循环式的，各学段的水平互有交叉，某学段的最低水平可能是相邻学段的最高水平，如水平5是高中学段的最低水平，但又是初中学段的最高水平。处于某一学段能力强的学生可以达到较高水平，学习困难的学生也可以达到该学段的较低水平，从而保证所有学生的科学素质在各自原有的能力水平上得到不同程度的提高。

这一螺旋上升性在《2013标准》中体现得十分明显，在科学课程标准中的水平1和水平2、水平3、水平4等，它们之间的具体内容标准描述是完全一样的，以物质世界这一分支的水平7和水平8的成就目标的表述为例，如表4-1所示。

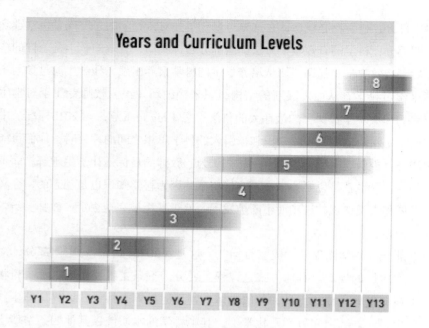

图 4-4

表4-1

	7-1：研究和测量一系列物质的物理和化学性质，例如酸和碱、氧化剂和还原剂、特定的有机物和无机物	7-2：将物质性质与结构和化学键联系起来，形成对基本概念的理解，使用基本概念（例如化学平衡和热化学反应原理）去描述观察到的现象	7-3：使用化学知识去解释自然界，以及解释化学如何满足社会需求，开发社会发展新技术
水平7			
水平8	8-1：研究和测量一系列物质的物理和化学性质，例如酸和碱、氧化剂和还原剂、特定的有机物和无机物	8-2：将物质性质与结构和化学键联系起来，形成对基本概念的理解，使用基本概念（例如化学平衡和热化学反应原理）去描述观察到的现象	8-3：使用化学知识去解释自然界，以及解释化学如何满足社会需求，开发社会发展新技术

　　以上两个水平的成就目标是一样的，体现了各水平之间的交叉性。对应的评价指标如下。

　　水平7-1教学评价指标：

　　进行具体的酸碱分析，收集精确的数据。

处理数据，以确定物质的量或溶液的 pH 值。

进行实验观测，以确定和证明离子是否存在于溶液中。

收集和整理各种物质的化学性质（例如，分子化合物、碳氢化合物、酸、氧化剂）的数据。

识别一系列物质的物理性质（例如，硬度、电导率、熔沸点、溶解度）的规律和变化趋势。

识别一系列物质的化学性质（例如，酸度）。

基于观察的物理性质，将固体分为分子、离子、金属或网状结构物质。

根据组成物质的粒子的结构，预测一系列物质的化学性质和物理性质。

描述有机物的化学反应实质。

将有机反应分为加成、取代、氧化、消去或酸碱中和反应。

确定影响化学反应速率的因素。

从试剂分类预测化学反应类型和现象。

水平 8-1 教学评价指标：

使用数据和测量来确定浓度、pH 值、化学反应的焓变化、电化学电池。

将物质的物理性质（如熔点、沸点、溶解度、平面偏振光旋转）与构成它们的粒子间的作用力联系起来。

将有机物的反应与它们的分子结构联系起来。

将有机化学反应分为加成反应、取代反应、消去反应、氧化反应及聚合反应。

收集数据并绘制滴定曲线，将曲线上选定的点和反应溶液中的粒子联系起来。

使用滴定曲线来解释：如何选择指示剂及如何确定缓冲溶液的使用范围。

比较发生在电解池和电化学电池中的反应的异同。

运用实验观察法去预测自发的氧化还原反应。

水平 7-1 和水平 8-1 虽然成就目标一样，但是给出的评价指标确实有不相同的地方，而且水平 8 所给的指标明显比水平 7 要高一点。例如水平 8-1 中提到的"使用数据和测量来确定化学反应的焓变化"，这是水平 7-1 所没有的，在物质的物理性质方面提到的"平面偏振光旋转"也是水平 7 不曾涉及的，此外，还有很多明显的在要求上的提升。诸如此类无不体现了各水平之间的上升关系。

《2013标准》对每一个水平上学生应该掌握什么知识都做出了具体的规定，而且提供了学生在学习了相应的课程内容后形成和达到的行为水平。为达到教学的要求，《2013标准》还为教学提供了可参考的教学情境（context）。例如第6等级的第一个水平。

具体要求如下：

识别一系列物质的规律和变化趋势，例如，酸、碱、金属、金属化合物、碳氢化合物，探索影响化学反应的因素等。

对应的评价指标（indicators）如下：

收集和整理有关许多物质的物理性质和化学性质的数据。

通过物理性质（如硬度和导电性）进行物质分类。

利用各物质的化学性质（如在空气中和水溶液中的稳定性）对它们进行分类。

利用已知的同组物质去预测物质的物理和化学性质。

基于物理性质和化学性质判断物质的选择应用。

将化学反应速率与物质的表面变化和浓度结合起来。

教学情境参考（possible context）：

什么条件下会造成金属的腐蚀和生锈？如何防止金属的腐蚀和生锈的发生？

我们如何从铁砂中提取铁？为什么可以淘金却不能用同样的方法得到铁？

在什么样的条件下可以减缓食物腐烂或者加速烹饪的进程？

哪一种碳氢化合物可以作为最好的燃料？

为什么我们可以用点着的原木作为火种来点火？

哪种物质是很好的抗酸剂？

如何选择一块最好的金属制作首饰？

一种物质的pH值（例如洗发水、浴室清洁剂、醋）是如何与它的用途相关联的？

物块上升的最好办法是什么？

为什么自来水有时会浑浊？

"铜反应的循环"，可以根据粒子的相互作用分类。

《2013标准》为上述这一目标描述的学习过程提供了一个或多个可以使用的成就评估标准。同时《2013标准》强调各水平设置的成绩目标、评价指标和教学情境参考要具有灵活性，教师在执行时可以根据当地的实际情况及学生的知识文化背景进行一定程度的变化。课程由教师解释，他们有选择教学内容和组织教学过程的自主权。《2013标准》指出，教师可以以每一课程领域所要实现的技能培养目标为指导，选择能反映学生兴趣和需要及与所在地区相关的内容（和许多合适的实例）进行教学。

第六部分：科学课程的"关联性（connections）"。着重强调了科学要与学生生活、经验联系起来，论述了科学教育与社会、生活及其他学科的交叉联系。教师在教学时，要明确这种联系，因为新西兰课程的基本原则之一就是为所有的学生提供一个跨学习领域、文化回应的广泛的教育，为学生开辟进一步学习的途径，并且向教师提供跨文化教学设计的手段。例如：利用媒体技术展示打破科学的新闻，如极端天气事件、自然灾害等；通过实地考察，如酒厂、养鹅场、电站、医学实验室、博物馆、动物园等，动用各方面的资源和技术，将教室带到社区、田野和工厂。当教师向学生展示具体科学与生活的联系时，会激发学生的学习兴趣。这充分体现了新西兰课程的社区参与性、文化多样性、一致性、包容性等基本原则，而且这一举措可以激发学生的学习动机。《2013标准》所给出的教学情境参考中也深深渗透了这一理念。

第七部分：学习项目设计（learning programme design）。这部分主要介绍了在《2013标准》的大框架下，学校的课程开发设计、有效的教学方案的设计必须要：

考虑学生的兴趣、身份、语言和文化，即文化回应和科学相关的教学法。

基于科学的大概念。

明确学习的预期效果。

发展新西兰课程中的学习愿景、价值观和核心能力。

建立在学生已有的知识和技能的基础上。

进行形成性评价。

强调科学的本质。

为学生提供科学探究的机会。

满足安全守则和道德标准。

具体的教学方案应该包括以下13条：学习兴趣和需要，核心概念，教学情境，发展科学本质的哪一方面，如何发展核心能力，有什么原理支持，要发展学习的价值观，文学素养和计算能力，教学策略，评价活动，单元重点的有效教学法及选择该法的原因，职业教育的某些方面，需要考虑学校的社区咨询的哪些方面。并且给出了关于课程方案设计的具体案例（year 11~year 13），包括教学的核心问题。例如水平6化学课主要包括三个教学单元——日常化学单元、燃烧单元和化学元素单元，可进行的教学研究和评价标准的参考具体以日常化学单元为例总结如下。

焦点问题：

不同元素的原子的区别是什么，一种元素的所有原子都是一样的吗？

反应物的表面积和浓度是怎样影响化学反应速率的？酸碱度对人体的影响是什么么？

可进行的研究：

卢瑟福发现的原子结构是怎样的？

化合物的哪种结构使其显酸性？

如何减小酸雨的影响？

泡打粉的工作原理是什么？

为什么洗发露的酸碱度大约为6？

物质的酸碱度与用途的关系是怎样的？

为什么我们用点着的木条点火，当燃烧旺盛时就可以用原木？

评价标准：

例如，AS90930化学1.1：有目的地开展化学研究实践（4学分，内部评价）。

AS90944科学1.5：说明对酸和碱的理解（4学分，外部评价）。

第八部分：资源。给出各种教学资料和网站信息。

《2013标准》中的内容标准按照几个学科领域建立，学生从这些领域中学习基础知识，在不同分支和水平中落实科学教育。整合分支科学本质，是生命世界、物理世界、物质科学和地球与空间科学四个分支的基础，其具体内容在教材编写和教学中渗透到其他学科分支中。各学科分支在统整的视角下选择反映科学发展及科学、技术、社会之间密切联系的题材作为学生探究世界的不同侧面，其整体的架构基本一致，因此特别选取"物质世界分支"为例，对《2013标准》的分支结构做进一步的详细介绍。

三、新西兰2013年科学课程标准的"物质世界分支"

表4-2　"物质世界分支"各主题的成绩目标

水平＼主题	主题1 物质的性质及其变化	主题2 物质的结构	主题3 化学与社会
水平1~2	当材料混合，加热或冷却时，观察、描述和比较常见的材料的物理和化学性质及其变化		了解常见材料的使用和将这些与所观察到的特质联系起来
水平3	基于特征的观察和测量不同材料的化学和物理性质，以不同的方式对材料进行分组 比较化学和物理变化		将观察到的物质的典型物理、化学性质与技术运用和自然过程联系起来

续表

水平＼主题	主题1 物质的性质及其变化	主题2 物质的结构	主题3 化学与社会
水平4	基于特征的观察和测量不同材料的化学和物理性质，以不同的方式对材料进行分组 比较化学和物理变化	开始发展对物质的微粒本质的理解，并运用它来解释观察到的变化	将观察到的物质的典型物理、化学性质与技术运用和自然过程联系起来
水平5	研究不同物质的化学和物理性质，例如，酸和碱、燃料、金属 区分单质和化合物、纯净物和混合物	描述不同元素的原子结构 在微粒水平，区分单质和化合物、纯净物和混合物	将不同物质的性质与其在社会中的应用及其在自然界的产生联系起来
水平6	6-1：识别一系列物质的规律和变化趋势，例如酸和碱、金属、金属化合物和碳氢化合物，探索影响化学反应速率的因素	6-2：区分原子、分子、离子（包括共价键和离子键），将原子结构与元素周期表的知识联系起来，使用微粒理论来解释影响化学反应速率的因素	6-3：研究化学知识在化学技术方面的应用
水平7	7-1：研究和测量一系列物质的物理和化学性质，例如酸和碱、氧化剂和还原剂、特定的有机物和无机物	7-2：将物质性质与结构和化学键联系起来，形成对基本概念的理解，使用基本概念（例如化学平衡和热化学反应原理）去描述观察到的现象	7-3：使用化学知识去解释自然界，以及解释化学如何满足社会需求，开发社会发展新技术

续表

主题 水平	主题1 物质的性质及其变化	主题2 物质的结构	主题3 化学与社会
水平8	8-1：研究和测量一系列物质的物理和化学性质，例如酸和碱、氧化剂和还原剂、特定的有机物和无机物	8-2：将物质性质与结构和化学键联系起来，形成对基本概念的理解，使用基本概念（例如化学平衡和热化学反应原理）去描述观察到的现象	8-3：使用化学知识去解释自然界，以及解释化学如何满足社会需求，开发社会发展新技术

　　如上表所示的《2013标准》"物质世界分支"的具体内容标准，标准中共分八个水平，三大内容主题为物质的性质及其变化、物质的结构、化学与社会。三个主题不是截然分开的，只是各自侧重层面的不同。物质的性质及其变化主题侧重于物质的物理和化学性质、物理和化学变化，关注的是宏观层面。物质的结构主题侧重于在微粒层面研究物质的结构、组成元素、分子、原子、离子，以及粒子之间的相互作用；结合化学键，从微观结构层面来描述自己观察到的现象及相互作用，以帮助理解基本的化学概念，并运用微观结构来解释宏观现象。化学与社会主题，则是从应用的层面来研究物质。总体上是从结构到性质最后到应用三个方面层层深入，将化学概念与概念的应用结合起来，理解化学对人类生活世界的贡献和所起的作用。

第三节　新西兰两版科学课程标准比较研究

一、新西兰两版科学课程标准的总体目标的比较

《1993标准》中科学课程的总体目标是：对所有学生实施科学教育，使之具有较高的科学素养。

《2013标准》明确提出科学教育的双重任务：培养未来科学家及提高学生的科学素养。Gluckman在他的报告《展望未来——21世纪的科学教育》中提出：高中的科学教育中至少有两个不同的目标。首先，在传统意义上，职前培训教育事业需要科学教育，主要是在数学、物理、化学、生物方面，还有可能包括普通科学；其次，人们关注所有孩子对其在未来几十年的公民生涯中将会碰见的复杂科学世界的清晰的理解。第二个目标也许更具挑战性。对于学生来说，发展科学素养的目标是不如为需要科学知识的职业做准备那么迫切或显而易见的[1]。

由此可见，提升公民的科学素养一直是科学教育的核心主线，但是《2013标准》中对教师和学生提出了更高的要求，那就是培养未来的科学家。科学的发展离不开科学家的贡献，这也体现了精英教育的思想。这与科学教育满足所有人的需要并不矛盾，因为所有的学生中自然包括那些有天赋的学生。

二、新西兰科学课程标准的整合目标的比较

《1993标准》中存在两个整合分支和四个学科分支。整合分支为：认识科学的本质及科学与技术的关系，科学技能与科学态度的培养。学科分支为：认识生命世界，认识物理世界，认识物质世界，认识地球与宇宙空间。《2013标准》中只有一个整合分支和四个学科分支，整合分支是"科学的本质"，而将《1993标准》中的科学与技术的关系、科学技能与科学态度的培养等渗透到各个学科分支中了。

科学的本质作为科学学习的核心，其成就目标主要分为四个水平。水平1：对科学的理解，即将科学作为一个知识系统来学习，理解科学知识的特征及其发展过

---

[1] Gluckman P. Looking Ahead: Science Education for the Twenty-First Century [M]. Wellington: Office of The Prime Minister's Science Advisory Committee, 2011.

程，学习科学家与社会交流的工具。水平2：科学研究，即使用多种方法进行科学调查研究、分类和鉴别、找寻规律、探索研究模型、制作产品验证或者开发系统。水平3：科学交流，即发展语法、计算、符号系统的知识，以及使用这些知识与自己或他人交流观点；这包括使用科学语言和惯例，学习从伪科学中识别科学，识别报道、科学家和自己所做论证背后的假设，并检验它们等。水平4：参与和贡献，即带着科学的视角做出合理的决策和行动；包括应用科学的视角辩论证据的有效性，判断观点的对错。在社会和文化背景下，使用科学的知识做决定和行动[1]。

《2013标准》更明确了科学本质的核心地位，通过四条主线来探索科学的本质。体现在"物质世界分支"为：

水平1：对科学的理解

学习化学知识的发展，化学概念的演化，化学与社会的联系，如：

目前对原子结构的理解由汤姆生的葡萄干布丁模型到卢瑟福的原子核式模型，直到今天的量子力学模型。

新科技推进对原子结构、分子及它们作用方式的更好理解。

新的发现［如艾伦·麦克戴米德（Alan Graham MacDiarmid）的导电聚合物］，常引领新技术、材料、化工过程的发展从而造福人类。

水平2：科学研究

研究不同条件下不同物质的物理和化学性质，例如：

寻找异同点以进行物质分类及未知物质的鉴别。

寻找不同环境中的浓度规律或化学物质的类型。

运用简单的化学反应制造新物质。

水平3：科学交流

学习运用化学语言或符号，例如：

书写化学方程式来表示化学反应。

利用化学计量关系进行定量分析。

运用对物质的微粒本质及某些粒子的性质和反应的理解去解释化学反应。

利用对化学原理的理解来讨论广告中化学物质信息的准确度和偏差。

阅读并描述化学文献中的专业语言。

水平4：参与和贡献

---

[1]《2013标准》第8页。

利用对化学概念原理的学习做出有关社会科学问题的决策。

运用对物质的微粒本质的理解去评估购买自然产品还是人造产品。

基于对消费产品的化学成分及潜在化学反应的评估做出评价。

基于对化学反应和原理的理解决定环境中化学物质的使用。

三、新西兰科学课程内容标准的比较——以"物质世界分支"为例

1991年新西兰教育部要求重新开发科学课程，为此成立了专门的科学课程开发小组，并组织一大批科学、教学相关领域的人员针对新西兰科学教育制订了新西兰的科学课程方案。课程方案草案首先在学校进行试验并进行广泛评议，根据反馈意见进行重新修订。1993年新西兰教育部正式颁布了《1993标准》，替代了原有的课程大纲，这一课程标准是面向所有的学生制定的。距新西兰第一个课程标准诞生到如今的《2013标准》已有二十年，这二十年里新西兰的科学课程的标准在1993年的科学课程标准的基础上与时俱进，对于标准的几大部分进行不定时的改进，例如具体内容标准是2012年修订的，2013年5月，新西兰教育部又对该标准的第四、第六、第七部分进行了修订，相关内容到目前为止仍在使用中。纵观这二十年，发现新西兰科学课程标准的具体内容标准有很大的变化，下面仅以"物质世界分支"进行讨论研究。《1993标准》内容标准见表4-3。

表4-3 《1993标准》的具体内容标准——以"物质世界分支"为例

主题 水平	主题1 物质的性质	主题2 物质的性质与应用	主题3 物质的相互作用	主题4 化学与人类
水平1	能够探究物质的物理性质，并根据物理性质如颜色、形状、气味、大小等对生活用品进行分类	能够根据材料的性质特点，在不同的场合选择不同的材料，如潮湿天气的着装，步行、跑步和工作时穿的鞋子等	能够考察我们熟悉的材料在加热或冷却时发生什么变化，如水、肉类、鸡蛋	能够讨论在日常生活中采用什么方式来改变和保存物质，如烹饪、冷冻

续表

主题 水平	主题1 物质的性质	主题2 物质的性质与应用	主题3 物质的相互作用	主题4 化学与人类
水平2	能够利用物品的一些可观察到的物理性质，如硬度大小、弹性大小或是在水中的浮沉情况，将熟悉的物品进行分类	能够考察和讨论相似物质的差异	能够观察和描述我们常见的物质的状态变化，如蒸发、结晶、溶解和熔化	能够利用简易的方法抑制或加快物质的变化，并解释原因，如食物的保存和烹饪、油画的保存
水平3	能够借助可观察到的物质性质，探究并描述将大量不熟悉的材料分类的方法	能够考察和描述物质的物理性质与它们的应用的关系，如纤维、金属、塑料	能够考察和报告我们熟悉的物质发生的暂时的或永久的变化，如制作奶酪、烘烤蛋糕	能够调查我们常见的废弃物的处理技术和目的，如废渣、纸张和玻璃
水平4	能够探究常见物质的性质，如溶解性和导电性等，并根据性质差异将物质进行分类	能够考察和解释物质的物理性质、简单的化学性质与它们的应用的关系，如纤维、金属、塑料	能够考察和描述让我们熟悉的物质发生暂时或永久变化的方法，如加热两种或两种以上的混合物质	能够考察物质对人类生活和环境的积极和消极影响，如石油产品、化肥
水平5	①能够利用物质的微粒性质，探究并描述熟悉的物质为何以能以固态、液态和气态存在，例如水和蜡烛；②能将我们熟悉的具有特定化学性质的物质归入不同的物质种类（金属和金属化合物，如氧化物、氢氧化物、碳酸盐，及非金属氧化物、烃类和醇）	能够应用掌握的物质的物理性质和化学性质，讨论安全和正确地使用物质的方法，如游泳池的消毒剂、烤炉清洁剂、燃料	能够考察某些重要的物质在不同条件下如何发生化学变化，如金属、酸、碱、燃料	能够调查和描述我们如何把材料加工成我们日常所用的产品，如从化石燃料中得到塑料，从沙石中得到玻璃，从树木中得到纸张

续表

水平 \ 主题	主题1 物质的性质	主题2 物质的性质与应用	主题3 物质的相互作用	主题4 化学与人类
水平6	探究为什么我们熟悉的具有特定化学性质的物质能归入不同的物质种类（金属和金属化合物，如氧化物、氢氧化物、碳酸盐，及非金属氧化物、烃类和醇）	能够联系一组物质在日常生活中的应用，考察它们的物理性质和化学性质，如碳酸盐、碱、酸、金属	能够考察并理解影响化学变化过程的因素，如影响反应速率的因素	能够考察并描述日常生活中化学方法的应用和影响，如腐蚀、化妆品生产、染色工艺
水平7	能够探究并说明乙烯类及我们日常看到的物质特有的物理性质和化学性质，如纤维、染料、化妆品和高聚物	能够联系一组物质在工业生产上的应用，考察它们的物理性质和化学性质，如化肥、有机高聚物	能够调查常见物质的生产过程，如化工产品、氨水、化肥、化妆品	能够考察人类活动对环境造成的化学污染和破坏，如铅污染、水污染
水平8	能够选择感兴趣的主题，进行拓展主题的探究活动	能够综合考虑一组物质在生活和工业生产中的应用，考察它们的物理性质和化学性质，如有机酸、无机酸、金属离子、还原剂	能够进一步考察一种常用材料的化学加工过程，并将其与类似的产品的性质进行比较，如阿司匹林、颜料、食品、香水	能够选取一组物质，调查它们的功能和应用，概述它们对人类和环境的影响，如酒精、食品添加剂、重金属、放射性元素、氟氯烃、微量元素

第三节 新西兰两版科学课程标准比较研究

（一）内容主题划分的比较

将新西兰的两版科学课程标准进行对比后不难看出，首先对于"物质世界分支"的主题的划分发生了变化，如表4–4所示。

表4–4　两版课标主题划分表

《1993标准》主题	《2013标准》主题
主题1：物质的性质	主题1：物质的性质及其变化
主题2：物质的性质与应用	主题2：物质的结构
主题3：物质的相互作用	主题3：化学与社会
主题4：化学与人类	

两版标准的主题分类不一样，而且其具体的要求也有很大的区别。《1993标准》的主题4"化学与人类"部分与《2013标准》中的主题3"化学与社会"部分类似，讲述了化学在人类生产、生活中的应用，体现了化学无处不在、无时不有的特点。而"化学与社会"这一主题在其他的三个主题方面各有渗透，具体体现在各个成绩目标的评价指标当中，例如成就目标6–3的基本要求是研究化学知识在化学技术方面的应用，并给出了以下可参考的教学情境。

如何防止金属的腐蚀？

我们如何从铁砂中提取铁？

什么条件下可减缓食物腐烂或加速烹饪过程？

哪一种碳氢化合物是最好的燃料？

哪种物质是很好的抗酸剂？

我们如何选择最好的一块金属制作首饰？

一种物质的pH值（例如洗发水、浴室清洁剂、醋）是如何与它的用途相关联的？

物块上升的最好办法是什么？

在自来水处理厂会发生什么？

纳米技术的应用是什么？

基本上都是以生活中常见的物质如铁、燃料、首饰等，来考察物质的物理性质和化学性质，体现了化学与生活的联系。《1993标准》各主题之间的关系如图4–5所示。

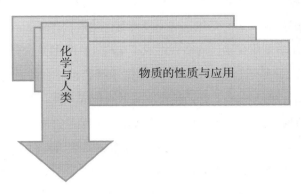

图 4-5

但是，值得一提的是，《1993 标准》主题的具体内容标准还不能从标准表述的层面看出从微观层面来解释宏观的现象，揭示物质是由分子、原子或离子这些微粒构成的这一本质属性，各个主题之间是相互交叉的关系。而《2013 标准》则是体现了知识的承接关系和交叉关系，如图 4-6 所示。

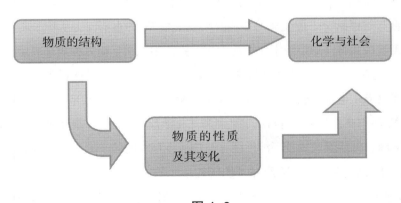

图 4-6

（二）具体内容要求的比较

第一，在具体的内容标准中，《2013 标准》较《1993 标准》也有了更进一步的改变，体现了科学教育更加关注学生的认知发展过程的一致性，以便更好地促进学生对科学的学习。例如，对于主题 2 "物质的结构"的要求在水平 4 才开始有所涉及，这一设计考虑到了关于物质的微观组成、结构层面的知识内容是十分抽象和难以理解的，尤其是对于刚进入小学的学生来说，学习是存在很大的障碍的。所以，从六年级开始学习简单的物质微观层面的知识,开始培养学生对物质的微粒本质的理解,并运用它来解释观察到的变化,这一安排有一定的合理性。

第二,化学是研究物质的微观组成、结构、性质及其变化规律的自然科学。化学从构成物质的原子、分子及离子的角度来解释世界,并且从物质的角度来揭示科学的本质。《2013 标准》更关注物质的微观组成本质,这一部分内容包含在主题 2 "物质的结构"中,比起《1993 标准》更加明确了物质的微粒本质这一概念,并旨在通过了解物质的微观结构,进而学习物质的性质。而《1993 标准》更多的是关注物质的表面现象,例如物质的物理性质、化学性质,物质的物理变化和化学变化,物质的应用,而没有强调研究产生这些表象的微观本质。

第三,《1993 标准》中对化学原理的知识关注较少,对于化学反应与能量内容涉及也不多。在具体内容标准中化学反应原理的渗透不明显,只在主题 3 "物质的相互作用"中提到"能够考察并理解影响化学变化过程的因素,如影响反应速率的因素"。而《2013 标准》在主题 2 "物质的结构"中,水平 6 涉及用微粒理论来解释影响化学反应速率的因素,水平 7 "使用基本概念(例如化学平衡和热化学反应原理)去描述观察到的现象",具体做法是能够将化学反应速率与粒子行为联系起来,描述数据和解释系统平衡变化的影响及平衡常数 K^θ 的重要性。从质子转移角度描述存在于酸性和碱性的溶液中粒子的本质,并使用化学平衡方程式来表示。将溶液的性质(如导电性、反应速率和 pH 值)与存在于其中的粒子联系起来,意识到在氧化还原反应中电子的转移,并使用化学平衡方程式表示。水平 8 "形成对基本概念的理解,使用基本概念(例如化学平衡和热化学反应原理)去描述观察到的现象",如将酸溶液、碱溶液及少量可溶性固体与溶液中存在的粒子的平衡浓度联系起来。

(三)评价指标或者评价样例的比较

《1993 标准》评价指标中评价的任务和问题都是以具体的学习活动为载体的,这些活动大多数与学生的学习生活和文化背景有关。这些样例或指标都是与主题一一对应的。

《1993 标准》水平 8 评价指标:

根据学生研究乙醇的用途所做的报告,评估学生对"物质如何使用取决于它们的性质"的认识。

根据学生开展的关于如何保存食品的方法的讨论会,评估学生对化学防腐剂的认识。

根据学生在完成某化学物质的制备后，对该商品进行市场调查所得到的报告，评估学生进行系统严格的调查研究的能力。

根据学生完成的合成阿司匹林的实验报告，评估学生对实验过程的掌握情况。

根据学生对干燥粉末碳酸氢钠的含量分析，评估学生对定量分析的掌握情况。

根据学生对汽车燃油中含铅量以及铅对人体危害的描述，评估学生对污染来源及影响的认识。

而《2013标准》中给出的评价指标仍然是比较抽象的，是对成就目标的进一步说明，例如成就目标8-1的具体评价指标如下：

使用数据或测量来确定浓度、pH值、热化学反应的焓的变化、Eo电化电池。

将物质的物理性质（如熔点、沸点、溶解度、平面偏振光旋转）与构成它们的粒子间的作用力联系起来。

将有机物的反应与它们的分子结构联系起来。

将有机化学反应分为：加成、取代、消去、氧化、聚合反应。

收集数据绘制滴定曲线，将曲线上选定的点与反应溶液中的粒子联系起来。

使用滴定曲线来解释：如何选择指示剂及如何确定缓冲溶液的使用范围。

比较发生在电解池和电化学电池反应的异同。

运用实验观察预测自发的氧化还原反应。

上述两个评价指标都是关于物质性质及变化的学习内容，《2013标准》的设计更体现了化学作为科学的这样一个特征，它有自己专业的术语和研究方法。在这一部分没有采取类似于《1993标准》的具体生活实例，明确了学生应该掌握的科学知识范围及能力要求，更能让教师明确学生需要学习的专业术语的内容知识。《2013标准》体现了化学的学科性，是静态的。《1993标准》更侧重于从学生的行为方面进行的评估，体现了化学学习的探究性和过程性，是动态的。

（四）教学活动建议的比较

两版标准对于该部分的说法不一样，一个叫"学习活动建议"（1993）。另一个叫"教学情境参考"（2013），具体内容如表4-5所示。

表4-5　两版课程标准教学活动建议比较

《1993标准》水平8	《2013标准》水平8-2
考察新西兰人保存食物的方法，从毛利人的传统方法到现代的新方法	生活区溪水中可用的氧：是如何随位置改变的？
考察肌肉收缩的生物化学作用	合成有机化合物：开发反应路径
了解家用洗涤剂的组成成分，并探究洗涤剂的组成成分与它们的抗菌消毒作用有什么关系	合成碳水化合物：制造和破坏淀粉
考察合成燃料的生产和使用效率	化学能：木柴或天然气谁能更好地为家庭取暖？
了解某黏稠液体的性质特点，考察这些性质特征与山岩的流动和分布情况的关系	化学能源：联氨和碳氢化合物等火箭燃料
思考在制作肥皂的过程中，改变温度和压强对化学平衡的影响	水里有什么？
制作一种肥料，如硫酸铵，并测试它的pH值	洞穴：钟乳石和石笋是如何形成的？
熟悉化学中表示数量和浓度的物理量的单位，如ppm、mol/L、g/L，并进行一些定量测量练习	艺术中的化学：颜料/油漆是什么？
调查市场上销售的食醋中乙酸的含量	维生素：当我们做饭或储存食物时它们会发生什么变化吗？
使用氢氧化钠溶液对国内一系列不同浓度的果汁进行滴定，测定它们总的含酸量	血液的pH值是如何保持稳定的？
向农民了解作物生长所需要的微量元素，判断这些元素对玫瑰的有益作用	萨力多胺药出了什么问题？
区分温室效应和臭氧层空洞两个环境问题，学习一组影响大气质量的气体的作用	哪种化学物质会给我们最好的细胞？
设计一种压缩气溶胶的替代物，形成使用替代物来解决环境污染问题的思路	食用大黄叶的解药是什么？
分析一则关于脱叶剂中使用磷酸三丁酯的新闻报道	橘子、柠檬的味道有什么变化？
	一次性尿布：超级吸水聚合物是如何工作的？
	来自海水的盐：格拉斯米尔湖背后的化学过程是什么？
	人造革：氧化还原反应

　　由上表可以清晰地看出两版标准的风格，"学习活动建议"关注学生的学习实践过程，运用统一的视角将各学科领域中相互关联的知识和原理进行整合，并联系学生的生活情境设计成内容丰富、形式多样的教学内容和探究活动，为学生提供了探究和认识世界的平台。"教学情境参考"提供学生学习或者教学情境的参考，以实现成就目标。对于列出的情境例子，教师可以根据当地情况、学生兴趣和需要选择，

甚至使用完全不同的情境。而且《2013 标准》中大都是以问题的形式出现，这样的形式给了教师更多的自由，他们可以决定如何使用这些教学情境资料，可以是作为事实呈现，可以是学生集体讨论学习，也可以设计成探究活动，并且以问题的形式出现，暗含探究的意味。科学是论证和探究的过程，教学过程也应该是探究的过程。

第四节 新西兰科学课程标准的特色及启示

一、新西兰科学课程标准的特色

（一）强调科学是面向所有学生的核心课程

泰勒（Ralph W. Tyler）在《课程与教学的基本原理》中论及课程时曾提出这样的观点：就基础教育而言，一门学科的价值在于它对一般的公民，而不是未来这个领域的专家的贡献。《1993标准》的导言开宗明义地指出："科学和技术的发展影响到人们生产和生活的方方面面，每一个新西兰人需要通过综合的科学教育对科学本质有所领悟，以提高科学素养。""为所有人的科学"成为构建新西兰科学课程的一个重要指导思想，《1993标准》明确规定"科学是面向所有学生的"。科学课程的设置和实施充分考虑了学生的性别差异、民族差异、能力差异，考虑如何从科学知识和科学人文两个层面促进学生人格的完善。《1993标准》在女生的科学教育、毛利人的科学教育、天才学生和有特殊要求的学生的科学教育上都提出了具体的实施策略。对于占总人口14.5%的毛利人的科学教育，《1993标准》强调必须认识到他们文化背景和语言的差异，充分发挥他们的独特的生活经验和语言的作用，创设积极有效的学习情境，帮助毛利学生学习科学，"如利用他们所擅长的学习和交流方式，从毛利文化中发掘教学素材，开发无地区和种族差异的信息材料，聘用毛利教师参与科学教学活动"。二十年以后的《2013标准》继续贯彻"为所有人的科学"这一宗旨，充分尊重各个民族的历史文化差异，主张科学的文化相关性，认为科学教育与学生的经验、生活相关更能激发学生的学习兴趣，特别是毛利学生。从毛利人的视角来学习科学，加深了学生对于科学的探究，将传统与现代知识相联系让学生有机会提出假设并且验证理论。学生也会对科学的影响变得敏感，会参与科学家面临的大问题——影响人类、社会、经济系统健康的大事。

（二）重视通过探究活动学习科学

科学探究活动是人类认识自然界未知现象及其本质规律的一种过程，通过科学探究活动培养学生的探究能力及其对科学探究本质的理解是科学教育的根本。《1993标准》在整合分支2——科学技能与科学态度的培养中，从科学探究所包含的若干元素出发，分别按不同水平提出了具体的成绩目标和学习活动建议；并且明确提出"所有各年级学生都有机会在实验和观察的基础上，对已知或未知的科学知识进行不同水平要求的科学探究活动，培养进行探究性思维和探究性活动的能力"。其他学科分支以探究活动为主要的课程内容，"学习活动建议"中提出一系列的实验探究、考察调查报告课题和分析物品制作等实践活动，活动内容的选择注重各学科知识的融合，注重从生产生活中取材，注重活动的应用价值。例如："物质世界分支"中的"考察肌肉收缩的生物化学作用"，包含了生命活动、能量变化和物质变化等科学知识，体现了生命世界、物理世界、物质科学等知识的相互渗透；"举办关于如何保存食品的方法的讨论会"，学生通过对生活中关注的食品防腐问题的讨论形成对防腐剂的概念的理解和认识；"调查市场上销售的食醋中乙酸的含量"，学生走向社会参与调查活动，通过切身体验更好地理解知识的应用价值；"使用氢氧化钠溶液对国内一系列不同浓度的果汁进行滴定，测定它们总的含酸量"，学生在对熟悉的物品的探究活动中培养实验技能；"制作一种肥料，如硫酸铵，并测试它的pH值"，学生初步体验工业生产的过程；等等。《2013标准》中明确指出科学教学就是探究的过程（teaching as inquiry），教师中心的科学教师按照一系列用于证明某一概念的步骤过程来解释、描述、指导实验。这些方法导致了科学的处方观，压制了科学研究方法的创造性。这种指导式的实验现在仍占一席之地，必须平衡实践性的探究和这些挑战。指导式的实验强调为了得到需要的结论学生必须严格按照程序来操作。学生试图实施这些已给的步骤，而没有机会去将他们的观察与科学的核心概念、已学知识及世界观联系起来。科学探究（其他科目把它叫作基于探究的学习）要求学生提出自己的问题，并决定他们需要什么数据，之后就是数据收集、分析和展示，只有学生发展了对科学概念和伟大观点的理解之后才能完成科学探究。在实践活动中，教师需要帮助学生练习相关的理论和寻找证据。例如，将金属的活动性与对粒子和氧化物的理解及金属在日常生活中的应用联系起来。这种更开放性的研究活动可作为学会学习过程中的一个有效部分，为实践活动提供支架，尽量缩短长度和简化，将焦点由过程转向概念。在预测、观察和解释活动中学生的预测、观察、研究和解释可能是十分有效的。

（三）充分体现课程内容的人文内涵

《1993标准》指出"科学课程是一个广泛的学科，不同的文化背景对科学的发展都能产生深远影响"。新西兰的人种和文化遗产的多元化，尤其是毛利文化中关于物质世界的认识的融入将大大地丰富新西兰的课程，这充分反映了新西兰多民族的社会和文化氛围。《2013标准》中提到：科学知识是人类文化的产物，属于所有文化，它关心自然世界及人类的地位，它是灵活的、会衰退的知识，会被不断修正和更新。重视传统和现代的知识，这种理念使学生个人的视角成为他们学习其他文化的基础。科学根植于时代的文化。科学观点要考虑永恒的价值、道德标准、经济和政治。科学家协同工作并且分享他们的发现，他们的研究是建立在其他科学家的工作的基础上的。例如，毛利学生的科学教育的四个分支有所不同，科学哲学和科学史这一分支旨在让学生体验科学知识在生活中的应用，将科学知识作为一个知识系统来看。

（四）遵循连续性、顺序性、整合性原则组织课程内容

在课程内容的组织上，泰勒（Ralph W. Tyler）曾提出连续性、顺序性、整合性三项原则。顺序性是强调内容要以前面的内容为基础，同时又对有关内容加以深入、广泛的展开。加涅（Robert Mills Gagne）也认为，内容以累积性的方式组织安排有利于学科的系统完整性。新西兰科学课程在内容组织上更多地运用了以上的理论，将科学的统整领域所覆盖的学科进行融合，所分的五个分支联系在一起体现了整体性原则。同时每个分支中的八个水平，目标要求逐渐升高，前后衔接有序，各水平之间又互有交叉，实现内容上的连续性和顺序性。多"水平"、多"成绩目标"模式有利于教师帮助学生由易到难，由浅到深，循序渐进地掌握知识，同时能使学生在个人能力相应的水平上有突出表现，实现"面向所有学生"的课程目标。

整合性设计要考虑到科学探究、科学技术与社会的关系对培养全面发展的学生的重要作用，把"科学本质和科学与技术关系""发展科学技能与科学态度"单独设置为两章学习内容，从整体上进行规划。内容上把科学知识、过程与价值观相互整合。对科学知识的要求不仅仅是了解，更重要的是体验知识获得的过程，培养学生勤于思考、勇于探索、学会合作、学会团结、学会倾听别人的意见等作为现代人必备的科学精神。对科学成果能做出批判性的评价，有可持续发展的观念，能正确对待科学技术与现代文明。

二、新西兰科学课程改革的积极启示

（一）充分考虑民族特色，加强少数民族的科学教育

我国是一个统一的多民族国家，而且每个少数民族都有自己独特的哲学文化和价值观。这些哲学文化和价值观都是人类文化宝库中的瑰宝，没有优劣之分，政府有义务保护各民族的哲学文化和价值观。我国少数民族教育应该积极吸取新西兰将毛利人教育建立在毛利人文化哲学和价值观之上的做法，只有这样少数民族教育才不会流于形式或者简化成单纯的语言教学。促进少数民族教育的发展不仅要重视物质层面和制度层面，还要注重意识层面。意识层面是指在全社会各民族中形成各民

族都是国家平等的组成部分，都是国家文化的缔造者，各民族的文化和习俗没有高低贵贱之分，都是国家文化中必不可少的组成部分的观念。新西兰政府在反省以往的基础上，把新西兰定位为由白人和毛利人共同组成的国家，承认毛利文化具有独特的存在价值，并努力将毛利文化建设成为新西兰的主体文化。在政府的努力下，如今毛利人命名的鸟名、植物名和地名也成了全新西兰通用文，甚至有些高水平的装饰设计也开始采用毛利人的图案。在国际论坛上，毛利文化及其艺术形象是新西兰的代表，学校鼓励学生在保持自己文化传统的同时，也要学习其他文化，把少数民族语言课作为选修课。尊重和宽容其他文化，成为学校及整个社会的风尚。我国应积极倡导国民成为自己多元文化的设计者，即除了拥有和发扬自己民族的文化传统，还要兼容并吸收其他民族的文化，从而使各民族文化得以传承的同时，实现对文化差异的平等态度和对文化多样性的肯定[1]。

（二）积极建立教学与学生生活的联系，增强科学教育的实用性

斯宾塞（Herbert Spencer）从价值论的角度提出"科学知识最有价值"，将个人生活的完满作为科学教育的最大价值。而杜威则从方法论的角度，提出"教育即生活"，将中学作为教育回归生活的途径。虽然斯宾塞和杜威在论及科学教育与生活的关系时出发点和目标都不相同，但他们强调的都是科学教育与生活紧密相依的关系，这对于今天我们探讨科学教育与生活世界的关系具有很大的启示意义。无论是从价值论的角度看还是从方法论的角度看，科学教育与生活都有着不可分割的渊源，反观我国的科学教育实践主要表现为书本化、理论化、形式化和无人化，忽视了与人类生活的关联，出现了生活意义危机，对此我们必须加以重视[2]。

从科学教育的发展历程来看，科学教育源自生活，是生活的需要。随着现代科学的不断发展，科学教育逐渐从生活中分离出来，形成了专门化、程序化和制度化的学校教育。

科学教育的最终目的就是培养学生的科学素养，为学生提供未来生活、学习所需的知识。我们的教育是大众的，是面向所有人的教育，科学与社会发展、技术创新密切相关。科学教育应该从学生生活实际出发，与学生的生活学习经验相联系更加有利于激发学生的学习动机，学生会更加明白科学的实用性和科学教育的伟大意义。从新西兰的新旧两版科学课程标准中不难看出文化传统、历史背景和学生经验的重要性。科学课程教学的载体就是学生的生活，从学生生活中常见的食品成分入

［1］王飞. 新西兰毛利人教育对我国少数民族教育的启示［J］. 教育学术月刊，2012（9）：65–68.

［2］李玉芳. 试论我国科学教育的生活意义危机与应对［J］. 河南师范大学学报（哲学社会科学版），2014（1）：167–170.

手学习酸、碱、盐等，用生活中的具体事例来学习所得到的远不止知识和技能。知识和技能只有与人本身结合在一起，应用到个人生活或社会的目的时，才显得有力量。学生是学校活动与课程的中心，一切都要从学生出发，从实际出发。

（三）重视科学探究，增强学生对科学本质的理解

对于什么是科学探究，很多人在解释时都引用了美国《国家科学教育标准》中的提法，即科学探究指的是"科学家用以研究自然界并基于此种研究获得的证据提出种种解释的多种不同途径。科学探究也指的是学生用以获取知识，领悟科学的思想观念、领悟科学家们研究自然界所用的方法而进行的各种活动"。

《2013 标准》中指出，观察所得的数据是科学知识发展的核心。以教师为中心的科学教学按照一系列的用于证明某一概念的步骤过程来解释、描述、指导实验。这些方法导致科学的"处方观"，压制了科学研究的创造性。我国科学课程所倡导的科学素养理念，以及基于科学素养进行的课程内容的选择和突出科学探究的课程设计，都大大超越了我国传统的分科课程设计。但我国仍然较注重科学知识的掌握，从而忽视了将科学与社会问题和学生日常生活更好地联系与融合，削弱了学生的科学探究能力、科学精神、科学态度、科学价值观和科学的社会责任意识的培养目标。如何选择深刻反映科学、技术、社会、个体与环境的相互关系的综合课题作为科学探究的对象，并设计成我们的课程内容和转变成学生的学习活动内容，成为我国科学课程设计面临的重大问题[1]。但是值得一提的是，并不是所有的知识都适合进行探究教学。郑长龙就化学学科提出了可探究的知识类型，认为探究的内容应该是化学教学中的核心知识、重点知识：化学基本概念，如电解质、胶体与溶液的区别、原电池、化学反应速率等；化学基础理论，如元素周期律、碱金属和卤素性质递变规律等；化学知识在社会、生活中的重要应用。

（四）课堂教学循序渐进，遵循学生认知发展规律

学生的认知发展是具有阶段性和顺序性的，根据皮亚杰（Jean Piaget）的认知发展理论，学生的认知在 11~12 岁时进入形式运算阶段，学生可以进行非物质的、非具体形式的符号和抽象运算。科学包含很多抽象的概念，科学教育不得不考虑教学内容以及学生的认知发展，特别是化学学科，因为化学是研究物质的微观组成、结构、性质以及变化规律的自然科学，物质的微粒本质是化学研究的重点。很多国家的科学课程是一贯的，因此更要注意学生能否理解、接受所学的知识。在新西兰的《2013 标准》中关于物质的结构这一主题内容是从六年级开始涉及的，充分考

---

［1］郑长龙. 关于科学探究教学若干问题的思考［J］. 化学教育，2006（8）：6–12.

虑了学生思维的发展。当然，根据利维·维果茨基的"最近发展区"观点，教育还应该走在认知的前面，只要是学生通过努力可以获得的知识都是可以进行教学的，关键是教师要为学生提供学习的支架。因此，教学的情境选择是十分重要的，教学内容的安排最好以生活实例为主，因为熟悉的事件更容易让学生产生共鸣。

（五）渗透人文关怀，促进学生全面发展

人文主义的思想萌芽于欧洲文艺复兴时期，人文关怀是一种尊重人的生命、自由和主体价值的精神，它与人的全面发展、幸福命运紧密相关，引导人的潜力发展。我国化学课程标准中明确强调三维目标，即知识与技能、过程与方法、情感态度与价值观，教学的目的不仅仅是传授科学知识，其中还渗透着情感体验、人文关怀，这也是树立正确的科学观的重要载体。学生是学习的主体，教学的目的就是提升学生的科学素养，促进学生的全面发展。

我国科学课程如何在课程内容选择时反映知识灌输、科学人文熏陶及科学品质培养的协调统一，让学生得到解决与科学技术有关的个人和社会实际问题的工具与资源，《2013标准》为我们提供了很好的范例[1]。

---

［1］占小红，王祖浩. 新西兰科学课程标准评述［J］. 全球教育展望，2005（12）：54-57.

参考文献

［1］王晶莹.科学探究论［M］.上海：华东师范大学出版社，2011.

［2］滕大春.外国教育通史：第6卷［M］.济南：山东教育出版社，2005.

［3］丁邦平.国际科学教育导论［M］.太原：山西教育出版社，2002.

［4］赵菊珊.新自由主义与新西兰的教育改革［J］.外国教育资料，2001，28（1）：34-38.

［5］陆兴发.新西兰教改的基本原则［J］.外国中小学教育，1994（1）：31-32.

［6］蔡忠，唐瑛.新西兰基础教育改革［J］.全球教育展望，2003，32（12）：74-76.

［7］许苏.新西兰的十年教育改革——课程、评价和资格认证的变革［J］.外国中小学教育，2002（1）：1-4.

［8］祝怀新，陈娟.新西兰课程改革新动向——新课程计划草案解析［J］.基础教育参考，2007（12）：37-41.

［9］胡乐乐.新西兰教育部长纵论教育改革与发展［J］.基础教育参考，2006（5）：16-16.

［10］朱永坤.教育政策公平性研究［D］.长春：东北师范大学，2008.

［11］李治.留学新西兰［J］.考试与招生，2013（6）：175-176.

第五章　中国香港地区的科学课程改革

　　本章将对香港科学教育的发展历程和当前的科学课程进行介绍，并针对香港高中（中四至中六）化学课程进行具体分析与比较。从香港科学课程的发展和变化特色中，我们可以得到启示和借鉴，从而进一步推动我国科学课程和中学化学课程向前发展。

第一节　香港科学课程的发展历程

随着历史的演变、经济的发展、文化的变迁，香港的教育文化事业产生了巨大变化。科学对于人类进步发展的重要意义使得科学教育变得至关重要，科学教育的改革必然会带来科学课程的进步和发展。基于香港地区特殊的历史背景，以及科技进步的大趋势，将香港科学课程的改革历程以 1997 年回归为界限大体分为以下两个阶段。

一、1997年前的科学课程发展历程

1941 年后，香港教育事业陷于停顿和倒退之中，处于一个低落而黑暗的时期。1945 年 8 月二战结束，香港着手战后重建工作，香港的教育也逐渐复苏。

在 20 世纪 50 年代，由于香港开始实行工业化政策、经济转型，以期迅速发展，迫切需要有文化、有专业技能的人才，香港政府开始对旧式的教育政策进行调整，改革教育体制，以"普及教育"取代"精英教育"，逐步建立以智力投资为主导的、适应本地社会经济发展需求的现代化教育体系。

20 世纪 70 年代以来，香港经济进入多元化发展时期，香港成为国际金融、贸易和航运中心。为适应经济发展对就业人员的要求，香港政府在 20 世纪 70 年代和 80 年代大力发展工业教育，重视科学技术人才的培养和训练，正式走上主要为经济发展培养人才的实用主义教育轨道[1]。因此，在 20 世纪 80 年代之后，香港政府着力于发展科学教育和职业教育，开办了多所高等学府，培养适应香港社会和经济发展的高水平人才，科学课程的改革也应运而生。

1986 年，香港课程发展议会颁布了《科学课程发展纲要（中一至中三）》，在中一至中三阶段实施综合科学教育。其宗旨是要使学生获得基础的科学知识和实验技能，形成观察、科学思考、做出理性判断、沟通、解决问题等能力，认识科学对社会、经济及环境的影响，关心周围的环境和社会，从而成为负责任的公民。香港的科学课程目标涉及知识和理解、科学方法和解决问题的技能、实验技能、资料处理和传输技能、态度五个方面，提倡以学生为中心的活动方式，如实验探究、讨论、

---

[1] 孙重贵.香港历程［M］.香港: 香港文史出版社，2007.

资料收集、设计学习、辩论等[1]。

化学在科学领域的核心地位决定了其在中学教育中的重要性。1989 年 10 月，香港针对化学课程举办了多次教师研讨会，根据化学教师的反馈，香港教育署对化学课程做了一次重大修订，于 1991 年公布了《化学课程纲要（中四至中五）》，1993 年 9 月起正式在全港中学实施，1995 年又扩展到中六至中七年级，并于当年举办了配合新课程的会考。由此，香港中学化学科学教育跨进了一个新阶段。课程纲要从知识、方法、态度和技能四个方面规定了化学教育的教学目标，并以此为依据，对各个阶段（中一至中三、中四至中五、中六至中七）的教学内容做了彻底的调整[2]。

二、1997年后的科学课程变革

20 世纪 90 年代末期，香港特别行政区政府便着力规划如何改进香港的教育，提出了一系列的改革措施，以配合 21 世纪的社会环境和发展需要。

1998 年，香港课程发展议会颁发《科学科课程纲要（中一至中三）》的修订版。该课程设置了一些有关生活、环境和科技的课题，如食物的防腐、均衡膳食、废弃金属带来的环境问题、太空之旅等；提倡以科学探究、实验、专题研习、分组讨论、角色扮演、利用各种信息来源收集资料等活动发展批判性思考能力、协作能力、创造能力、解决问题的能力和沟通能力等共通能力[3]。

香港教育统筹委员会于 1998 年开始，就香港教育制度进行了全面检讨，范围包括各教育阶段的课程、学制和评核机制，以及不同教育阶段间的衔接机制。2000 年 9 月，教育统筹委员会发表了《香港教育制度改革建议——终身学习，全人发展》（以下简称《终身学习，全人发展》），提出了香港 21 世纪的教育愿景、整体教育目标及现实的教育政策。香港课程发展议会为提供优质学校课程，在 1999—2000 年进行了香港学校课程整体检视，并于 2001 年发表《学会学习——课程发展路向》报告书，确定了学校课程的宗旨，制定了香港未来十年学校课程发展的大方向及不同阶段的目标和策略，2001—2002 学年至 2005—2006 学年为推行过程的短期计划、2006—2007 学年至 2010—2011 学年为中期计划。

学校在 2001—2002 学年至 2005—2006 学年间，可依据本身的优势和实际情况，加强培养学生的学习能力，并按学校本身的步伐改变学校课程，着重对学生的价

---

[1] 王静霞.大陆、香港和台湾高中化学课程比较研究［D］.上海：华东师范大学，2005.
[2] 陈碧华.香港、上海两地高中化学课程比较研究［D］.上海：华东师范大学，2009.
[3] 同[1].

值观和态度的培养。到 2006 年，学校应自主地在课程发展议会的新课程架构建议和校本课程之间取得平衡，2001—2002 学年至 2005—2006 学年间，会有一个中期检视，课程发展议会将以此为依据，于 2006 年制订 2006—2010 年的实施方案。在 2006—2007 学年至 2010—2011 学年间，向学校提供一个以全人发展为目标的均衡课程，根据学生终身学习的需要，提升教育的质量[1]。

在以上文件的指导下，为培育学生终身学习、全人发展，2002 年，课程发展议会编制了系列的《基础教育课程指引——各尽所能·发挥所长》，从学校整体课程规划、教学策略、活动设计、教学资源的开发等方面对整个基础教育阶段的学校课程进行了阐述。学校课程改革的宗旨：应为学生提供终身学习所需要的重要经验，协助学生建立正面的价值观和态度，贯彻终身学习的精神，从而学会学习，培养各种共通能力以便获取和建构知识，奠定全人发展的基础。应把培养正面的价值观和积极的态度放在首位，优先培养学生的沟通能力、批判性思考能力及创造力，以提高学生获取和建构知识的独立学习能力。以德育及公民教育、从阅读中学习、专题研习（研究性学习的一种形式）、运用资讯科技进行互动学习等关键项目为达到培养目标的切入点或策略[2]。

2002 年，课程发展议会再次修订了《科学教育学习领域课程指引（小一至中三）》（以下简称《指引》）。科学是通过系统的观察和实验，去研究我们周围的现象和事件。《指引》指出科学教育能培养学生对世界的好奇心，加强他们的科学思维。学生通过系统的探究过程，获得所需的科学知识和技能。这有助于他们评估科学与科技发展对社会的影响，并成为科学与科技的终身学习者。科学教育透过培养学生对科学的了解和对科学过程技能的掌握，使他们能参与一些涉及科学、科技和社会的公众讨论，从而提高他们的科学素养。《指引》明确将科学探究、科学、科技与社会的关系作为科学教育的学习范畴。将科学课程内容设置为核心和延展两部分：核心部分为学生必修的基础课题，提供一些所有学生都应掌握的基础概念和原理；延展部分提供额外的学习课题，主要为能力较高的学生提供合适的内容。要求教师按不同学生的兴趣和需要选取适合的课程内容[3]。

为衔接中一至中三的科学课程，配合《基础教育课程指引——各尽所能·发挥所长》（2002），并落实课程发展议会报告书《学会学习——课程发展路向》（2001）及教育统筹委员会教育改革报告书《终身学习，全人发展》（2000）所提出的各项

---

［1］香港课程发展议会.学会学习——课程发展路向［R］.2001.

［2］香港课程发展议会.基础教育课程指引——各尽所能·发挥所长［R］.2002.

［3］香港课程发展议会.科学教育学习领域课程指引（小一至中三）［R］.2002.

建议，香港课程发展议会和香港考试局自 1998 年起对中四至中五的化学课程纲要（1991）进行修订，于 2002 年颁布了《科学教育学习领域化学课程指引（中四至中五）》。

2005 年，香港政府推出了新的高中学制改革以及相应的课程改革，颁布了《高中及高等教育新学制——投资香港未来的行动方案》报告书（教育统筹局，2005）。小学至初中（小一至中三）的科学课程仍旧依据 2002 年颁布的课程指引文件予以实施，但是高中阶段科学教育学习领域的课程设置与之前相比有了较大变化，将在本章第二节予以详细阐述。

2007 年，香港课程发展议会与香港考试及评核局（考评局）联合编订了《科学教育学习领域课程及评估指引（中四至中六）》，即香港新高中学制改革后所实施的新高中化学课程的纲领性文件，化学科的课程及评估指引是这一系列文件之一。之后，于 2014 年 1 月，对 2007 年颁布的科学教育学习领域的各学科课程及评估指引进行了更新。这次更新，是香港有关部门对新学制实施情况的定期检视的结果。

新高中学制自 2009 年开始实施，香港课程发展议会颁布了《高中课程指引——立足现在·创建未来》（中四至中六）（2009），这是高中课程实施的纲领性文件，目的在于"提供中央课程和各组成部分的建议课时分配，让所有学校在 2009 年 9 月起在高中各级实施；为学校提供指引，以便为 2009 年过渡新的高中课程做好准备，规划配合学生的学校整体课程；并提供机会，让校长、教师和有关人士反思在课程及评估改革方面如何建基于他们的优势和经验"等[1]，而高中阶段的核心科目和选修科目的课程指引文件则是在学制改革提出之后进行了修订。

自高中新学制于 2009 年实施以来，课程发展议会及考评局一直就实施情况、学生学习，以及学生与社会不断转变的需求，对学科课程做定期检视。随着新高中课程及评估首个周期的完成，及其为学校及学生带来的正面影响，课程发展议会、考评局及教育局携手合作，在 2012—2013 学年展开新学制检视，以响应关注事项及微调新学制的实施。

---

[1] 香港课程发展议会.高中课程指引——立足现在·创建未来（中四至中六）［R］.2009.

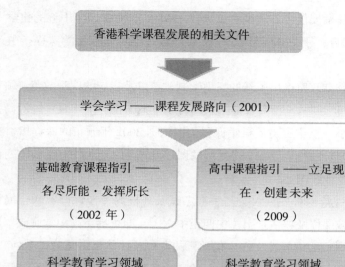

图 5-1　香港科学课程发展的相关文件

　　编订科学教育学习领域及化学学科的课程指引，目的在于展示课程架构，说明科学教育学习领域的课程宗旨、学习目标及学习重点，为课程规划、教与学策略、评估及资源等提出建议，并且提供有效的学习、教学及评估示例。香港鼓励学校充分考虑自身的情况、需要和优势，适当采用课程指引的建议，以达到学校课程的学习宗旨及教育目标。在编订这些课程指引时，课程发展议会辖下有关学习领域的委员会，充分考虑了学校、教师与学生的关注点、需要和利益，以及咨询期间社会人士所表达的期望。科学课程发展是共同协作、不断改进的过程，学习领域及相关的学科课程指引将与时俱进，不断更新及改善，以切合学生和社会未来发展的需要[1]。

---

[1] 香港课程发展议会.科学教育学习领域课程指引（小一至中三）[R].2002.

第二节　香港中学科学课程的设置

香港学校课程划分为八个学习领域，即中国语文教育，英国语文教育，数学教育，个人、社会及人文教育，科学教育，科技教育，艺术教育和体育。作为学校课程中的一个学习领域，科学教育的目的是培养学生终身学习的能力，同时保持他们对奥妙世界的好奇心。课程发展议会颁布的科学教育课程文件中明确指出："优良的科学教育对香港极为重要，它能让香港紧贴科技发展，提高香港经济增长及可持续发展。"[1]

本节主要介绍香港科学课程设置的发展变化，以及从课程宗旨、学习目标和课程结果与内容等方面对香港现阶段的初中（中一至中三）和高中（中四至中六）科学课程进行阐述，旨在对香港中学阶段的科学课程进行梳理和分析。

一、学制改革前后的课程设置

学制是影响课程设置的一个重要因素，香港的旧学制深受英国的影响。全球一体化、知识激增、信息科技的出现，以及知识型经济体系的发展，这些都为世界带来前所未有的转变。香港日后在文化、社会及经济上的发展，也全系于本地人口是否有能力迎接这些挑战及善用眼前的机会；在经济转型和中国内地快速发展的情况下，香港要持续发展为国际城市，市民都必须发展适应力、创造力、独立思考能力以及终身学习的能力。

1997 年之后，身为中国香港公民的学生也需要对现代中国及世界有更深入的认识。尤其是从 2000 年起，多项教育改革措施在基础教育层面陆续展开，要充分发挥这些改革所带来的好处，新高中学制改革是一个必要步骤[2]。

新学制改革之前，香港的中小学阶段分为六年小学、三年初中（中一至中三）、四年高中。其中高中又分为两个阶段，第一阶段称为中四、中五，第二阶段称为中六、中七（亦称"预科"，是为学生升读大学做准备的），大学学制为三年。

基于一定的宏观环境、过往教育改革所得的经验、香港可以借以发展的优势，

［1］香港课程发展议会.科学教育学习领域课程指引（小一至中三）［R］.2002.
［2］香港教育统筹局.高中及高等教育新学制——投资香港未来的行动方案［R］.2005.

以及所面临的挑战等教育发展背景，香港课程发展议会和教育统筹局（现称香港教育局）于 2005 年 5 月公布的《高中及高等教育新学制——投资香港未来的行动方案》报告书，提供了一系列有关改革香港高中及高等教育学制的建议，并决定于 2009 年 9 月起实施三年高中、四年大学的新学制（初中仍为三年），又称"3+3+4"学制（见图 5-2），所有学生均可在完成九年基础教育的基础上，继续接受三年高中教育。

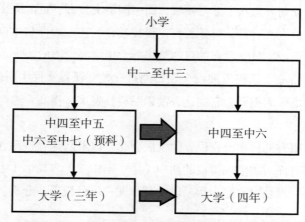

图 5-2　香港学制改革前后的课程整体设置

教育统筹委员会的《香港教育制度改革建议——终身学习，全人发展》（2000）及其后续的咨询报告均指出，香港是一个全球化的高科技社会，学生需具备广博的知识基础，才能在社会上发挥所长，有所建树。《高中及高等教育新学制——投资香港未来的行动方案》（2005）建议为学生提供广阔而均衡的课程，以促进学生的全人发展，为终身学习奠定基础。

在香港高中新学制下，除开设中国语文、英国语文、数学、通识教育四门核心课程（必修）外，报告建议让学生根据个人兴趣和能力，从不同的学习领域的 20 个选修科目（包括化学科）中选择两三门课程，并积极参与其他学习活动，包括艺术活动、体育活动、与工作有关的经验、社会服务、德育及公民教育等。有关安排将取代传统的文理科及工商科的分流，在灵活的科目组合下，学生可拥有更多不同的发展方向。

新学制只有一个公开考试，即香港中学文凭考试。减少一个公开考试，增加了学生的学习空间和时间，从而丰富他们的学习经历，提高他们的学习成效。多元化的新高中课程更能让有不同志向、兴趣和能力的学生尽展所长。新高中学制是为了应付更多元化及复杂环境的要求而建立起来的一个"动力十足，生机勃勃"的教育制度，这一学制为每个人提供有利环境，达到全人发展、终身学习的目标；同时，香港的教育制度亦需要为每个人提供不同的进修和职业发展途径，力求能更好地与21世纪国际高等教育及人力发展趋势衔接[1]。

二、初中阶段（中一至中三）科学课程

学制改革前后，香港中一至中三年级的科学课程文件没有做出修订和变更，依据和参照的仍旧是 2002 年香港课程发展议会修订的《科学教育学习领域课程指引（小一至中三）》，以及 1998 年编订的《中学课程纲要科学科（中一至中三）》（以下简称为《科学纲要》）。

（一）课程设置

香港的科学教育是通过小学及中学阶段的一系列科目进行的。在小学阶段，科学教育是常识科课程的一部分，常识科课程还包括个人、社会及人文教育和科技教育的学习元素。在初中阶段（中一至中三），由不同的科学课题组成的中一至中三的科学科，是所有学生的必修课程[2]，课程内容包括核心部分和延展部分。

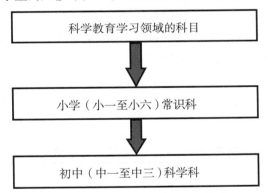

图 5-3　香港科学教育学习领域的科目设置（小一至中三）

根据小学常识科课程指引，常识科在小学的总学习时间中，应享有 12%~15% 的课时分配。学校可以把其中 80% 的课时用于常识科主要学习元素的教学，而弹性处理其余 20% 的课时。

在中一至中三年级，科学科应享有 10%~15% 的课时分配。而以科技教育为重点的学校，则可采用 8%~10% 的课时分配。在中三，有些学校会为科学科安排较多课时，其中一种常见的做法是把 15% 的课时分配给科学科，并由三位理科教师教授不同范畴的内容，各占 5% 的课时。课程指引和纲要中建议学校应注意科学课程

---

［1］香港教育统筹局.高中及高等教育新学制——投资香港未来的行动方案.2005.
［2］香港课程发展议会.科学教育学习领域课程指引（小一至中三）.2002.

横向和纵向的协调，确保涵盖科学科课程的核心部分，而余下的课时则可以用于配合学生的兴趣和能力的课题上[1]。

（二）课程宗旨与目标

香港初中科学科的课程强调通过悉心安排的学习活动，帮助学生在掌握科学知识和技能，以及培养客观的科学态度等方面得以均衡发展。《科学纲要》指出中一至中三年级的科学课程宗旨是要让学生：

·获得基本的科学知识及科学概念，以便在这个广受科学和科技影响的世界中生活，并做出贡献；

·培养寻根究底及解决问题的能力；

·熟悉运用科学语言，并掌握香港的传意技能；

·培养对科学的好奇心及兴趣；

·了解科学的实用性和局限性，认识科学、科技及社会的相互影响，并培养公民应有的责任感，懂得爱护环境和善用资源；

·能够理解和接受科学知识不断演进的特质。

《科学纲要》中指出："科学教育的当前要务是帮助学生做好准备，以适应科技的迅速发展。初中科学科的主要教育目标是要确保学生能够掌握必需的科学知识和技能，以适应 21 世纪的生活。"[2]根据以上宗旨，归纳得出知识、技能和态度等六个方面的课程目标，呈现在表 5-1 中。

表5-1　香港初中（中一至中三）科学科的课程目标

目标维度	具体目标
知识和理解	学生应具备下列的知识和有关的理解力： a. 一些科学上的现象、事实和概念 b. 一些科学词汇和术语 c. 科学在社会和学生日常生活中的一些应用事例
科学方法和解决问题的技能	a. 提出切合实际的问题、建议并做出预测 b. 选择并运用所认识的事实和概念去解决问题 c. 提出假说并设计用以验证假说的方法 d. 分析数据、做出结论与推测

[1] 香港课程发展议会.科学教育学习领域课程指引（小一至中三）.2002.

[2] 香港课程发展议会.中学课程纲要科学科（中一至中三）.1998.

续表

目标维度	具体目标
实验技能	a. 安全及恰当地处理化学物品和使用科学仪器 b. 执行实验指示 c. 小心地做出观察和准确地描述实验结果 d. 选择适当的仪器和确定实验步骤
传意技能	a. 从不同资讯来源选取适用的资料 b. 处理简单数据及其他资料 c. 阐释由图画、数字、列表和图表所表达的科学资料 d. 清晰而有条理地组织和表达资料 e. 就科学、道德、经济、政治和社会因素对科学在科技上的应用，提出正方或反方的论据 f. 有效地传达科学意念和价值观
做出决定的技能	a. 基于数据和科学、道德、经济、政治、社会等各方面的考虑来做出客观判断 b. 用适当和相关的科学事实和知识支持做出判断
态度	a. 对科学产生好奇心和兴趣 b. 认识在实验室中确保自己和其他同学安全的重要性，继而在日常生活中养成注意安全的习惯 c. 可通过如实地记录实验结果的习惯培养良好的品德 d. 对科学的进步及其对经济和科技的影响抱有关注的态度 e. 愿意讨论与科学有关的问题，并表达自己的见解和尊重他人的决定 f. 对促进个人及社群健康抱积极的态度 g. 对环境保护表示关注并乐于参与

可见，香港初中科学课程目标从六个维度进行了细致全面的描述，每一个维度都有其具体的目标要求。概括来说，其科学课程目标主要是知识（概念与原理等）、技能（解决问题、实验、传意等）和态度（兴趣、安全意识、环境与社会意识、科学本质观等）三个方面的要求，多层次、多角度地全面发展和培养学生，提高香港初中学生的科学素养。

（三）课程内容

为了方便计划及组织科学课程，香港课程发展议会将科学教育的各主要学习元素划分成六个学习范畴，如表 5-2 所示。

表5-2 香港科学教育学习范畴

学习范畴	
科学探究	培养学生的科学技能和对科学本质的了解
生命与生活	培养学生了解与生命世界有关的科学概念和原理
物料世界	培养学生了解与物料世界有关的科学概念和原理
能量与变化	培养学生了解有关能量与变化的科学概念和原理
地球与太空	培养学生了解与地球、太空及宇宙有关的科学概念和原理
科学、科技与社会	培养学生了解科学、科技与社会的相互关系

依据表中科学教育的六大学习范畴，初中阶段（中一至中三）的科学课程内容围绕着十五个不同的主题（或单元）进行编写，内容包括适合初中程度的主要科学知识和技巧，以及科学对社会和科技的影响。这十五个单元主题可以按照不同年级进行划分，如表5-3所示。

表5-3 香港初中（中一至中三）科学科的课程单元

年级	中一	中二	中三
课程单元	1. 科学入门 2. 观察生物 3. 细胞与人类的繁殖 4. 能量 5. 奇妙的溶剂——水 6. 物质的粒子观	7. 生物与空气 8. 电的使用 9. 太空之旅 10. 常见的酸和碱 11. 环境的察觉	12. 健康的身体 13. 金属 14. 物料新纪元 15. 光、颜色和光谱以外

由表可知，香港初中科学课程的内容广泛，不仅要求对基本的科学技能、科学本质有所了解，还涵盖物理、化学、生命科学、地球科学等多个科学领域，对于科学与社会、技术的相互关系的认识也是科学课程的重要内容和要求。

这十五个单元中，与化学知识紧密相关的包括"奇妙的溶剂——水""物质的粒子观""生物与空气""常见的酸和碱""金属""物料新纪元"等主题，表5-4列举了与化学科学相关的内容示例。

表5-4　香港初中（中一至中三）科学科课程内容示例

单元	内容示例
单元五 奇妙的溶剂——水	人类对净水的庞大需求 水的净化：沉积法、过滤法、蒸馏法、使用氯气或臭氧杀死微生物 水的循环 节约用水和水质污染 溶解：饱和溶液和影响溶解速率的因素 晶体的生长 水以外的溶剂
单元六 物质的粒子观	物质的物态和物态变化 粒子是微小到肉眼也不能看见的，粒子之间存在空隙，粒子是不停地运动着的 模拟物质三态的粒子模型：原子是物质中最小的单位 从物质的粒子观看气压、密度和热胀冷缩
单元七 生物与空气	空气的成分：氧气、二氧化碳和水的检验方法 燃烧需要氧气：火三角 …… 自然界中二氧化碳与氧气的平衡 吸烟和污染的空气对我们呼吸系统的影响
单元十 常见的酸和碱	常见的酸和碱 检验酸和碱的指示剂：采用的指示剂和pH试纸 酸和腐蚀：酸与金属及建材的反应，处理酸的安全措施 酸雨：成因及其对环境的影响 中和作用：酸和碱中和会生成盐 酸、碱及中和作用的一些日常应用：食物防腐、清洁、医治胃病和昆虫刺伤、处理工业废料 使用酸和碱的潜在危险：稀释浓酸和浓碱的正确步骤
单元十三 金属	金属应用的历史 我们如何提取金属：用碳提炼金属；元素和化合物；物理变化和化学变化 金属的特性和用途：将金属的应用与它们的特性相联系 金属的改良：合金和它们的用途 废弃金属所带来的环境问题
单元十四 物料新纪元	从原油到制成塑料：分馏法，不同馏分的用途；细小的碳氢化合物分子聚合制造塑料；常见的塑料和它们的用途 废弃塑料所带来的环境问题 复合材料：复合材料的特性；常见的复合材料

表5-4中所呈现的内容示例涉及化学科学中的微观粒子、物质性质及其变化、材料应用等多方面知识，密切联系科技发展和社会生活，体现科学探究能力的培养、基本化学知识和概念的掌握，以及科学史、化学与社会紧密联系的价值观的形成等。

需要注意的是，科学知识和概念都是相互联系、彼此渗透的，共同组成了科学学习领域的课程内容，这一内在统一性决定了不同课程单元中都涵盖有多个学科领域的知识内容，它们都是围绕着科学课程的总目标进行展开和编写的，每一个单独的单元或主题不应被看作是独立而无关联的知识。例如，"单元十二 健康的身体"中，涉及食物的主要成分和它们的功能、水的功能等重点知识，需要学生了解或者掌握食物中所含的六种主要成分——脂肪、糖类、蛋白质、维生素、水和无机盐，并涉及对葡萄糖、蛋白质、脂肪的检测方法等，这些内容与化学知识紧密相关，不能将其独立开来，简单看成是生命或人体健康领域的知识。

为帮助学生获得关于周围世界更全面、更系统的认识，在科学学习领域，应当注重不同概念之间的相互关系，以反映出科学知识多样化中的统一性。由此，根据科学教育的六个学习范畴，将科学课程中的十五个内容单元中不同概念的相互关系展示如图5-4。

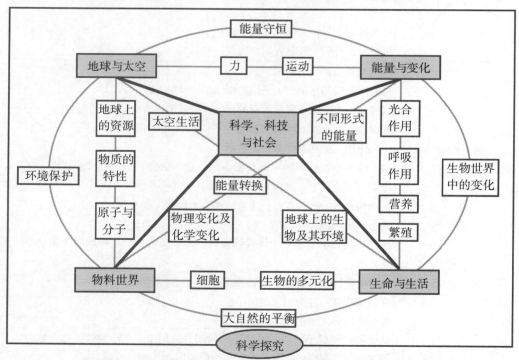

图5-4 香港初中（中一至中三）科学科课程的概念架构[1]

---

[1] 此图引自《科学教育学习领域课程指引（小一至中三）》（2002），是在《中学课程纲要科学科（中一至中三）》（1998）中概念架构图的基础上做出的修订。

　　中一至中三年级的科学科课程内容不仅主题丰富、内容广泛，而且每一个主题单元中的课程内容具有层次性和灵活性，均由核心部分和延展部分组成。核心部分是科学科课程的基本元素，是为所有学生而设计的；而延展部分则要求比较高，是为有意进一步研习与科学有关的科目的学生而设计的。以"单元十三 金属"为例，将部分内容呈现在表5-5中。

表5-5　香港初中（中一至中三）科学科课程核心及延展部分的内容示例

单元十三　金属

课题	重点	内容	
		核心部分	延展部分
我们如何提取金属	元素 元素符号 金属矿石 化合物 金属的提炼 化学变化 物理变化	在自然界中可以找到一些金属单质，例如金和银 常见的金属矿石和它们所含的金属化合物 用碳来提炼金属 化合物与组成该化合物的元素的性质不同	每种元素由一个符号来代表 化学变化 物理变化
金属的特性与用途	金属的普遍特性 金属的选用	金属的普遍特性：有光泽、坚硬、可锻造、可延展，并且是良好的导热和导电体 从所提供有关金属的资源，选择符合不同用途的最佳金属	金属与非金属的区别

　　根据《科学纲要》中的课时安排，在中一至中三年级每学年可提供授课节数共112节（课时[1]）的基础上，学校所能够提供的教学时间不足以完成所有内容的教学，因此一般学生无须学习延展部分的课程内容，或是适当增加到核心内容的教学之中。"单元十三 金属"是中三年级的学生所必须学习的科学课程内容，其核心部分内容需要10个课时，延展部分需要5个课时。

　　从表5-5中可以看到，对于初中阶段的学生，香港科学课程中的元素符号、化学变化、物理变化、金属与非金属的区别等知识属于要求较高的内容，是《科学纲要》中所界定的延展内容，对于这些知识，学生在概念转变和新概念的形成过程中，容易产生一定的认知障碍。因此对于一些学生而言，集中学习核心部分会比较有利，

　　[1]《科学纲要》中以"教节"表示每一课时，每一教节四十分钟。

他们可以在更为充裕的时间中，更轻松地逐步掌握基本的科学概念和原理（例如常见的金属及其化合物、金属的普遍特性等）。而对于部分能力较强的学生来说，《科学纲要》中要求他们在"金属"单元能够掌握以下延展内容：（1）使用正确的化学符号代表一些常见的元素；（2）分辨化学变化和物理变化；（3）分辨金属和非金属。这些延展内容为他们带来更富挑战性的学习经验，可令他们得到极大的满足感，以及对科学概念有更深入的了解。如此编排设置，体现了香港初中科学科课程内容的灵活性，一个好的校本科学课程应当照顾不同学生的兴趣和能力，考虑到不同个体的差异性。

三、高中阶段科学课程

新学制改革之前，香港的高中学制为四年，分为两个阶段，第一阶段包括中四、中五两个年级，第二阶段包括中六、中七两个年级。自 2009 年 9 月起，香港实施三年高中新学制，并提出以一个富有弹性、连贯性及多元化的高中课程配合、照顾学生的不同兴趣、需要和能力[1]。

学制改革前后，高中课程指引等相关文件都建基于《基础教育课程指引——各尽所能·发挥所长》（2002），以及《科学教育学习领域课程指引（小一至中三）》，在此基础上对高中阶段的科学课程进行规划和设计；在学制改革之前，高中科学课程主要依据和参照的文件是香港课程发展议会修订颁布的《科学教育学习领域课程指引（中四至中五）》（2002），涉及科学教育学习领域的各个科目；在 2005 年发布学制改革的公告之后，香港课程发展议会和教育局等部门在 2007 年颁布各科目的课程及评估指引文件，并于 2009 年颁布了《高中课程指引——立足现在·创建未来（中四至中六）》作为高中课程改革的重要文件；2014 年 1 月，香港课程发展议会对科学教育学习领域中的各科目课程指引又进行了更新和调整。

（一）课程设置

香港高中学制的改革必然带来高中课程的变革，在学制改革前后，香港高中科学教育学习领域的科目设置发生了较大变化，如图 5-5 所示。

---

[1]　香港课程发展议会. 高中及高等教育新学制——投资香港未来的行动方案. 2005.

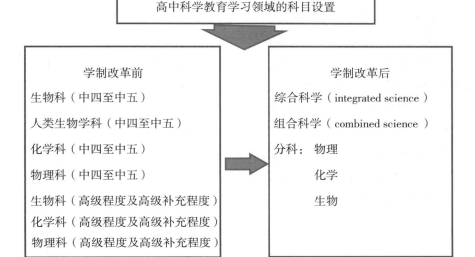

图 5-5　香港高中科学教育学习领域的科目设置

在初中阶段，由不同的科学课题组成的中一至中三科学科，是所有学生的必修课程，而在学制改革前的高中阶段，中四至中五年级的学生可选修生物、人类生物、化学和物理各科，而在中六的高级程度及高级补充程度科目中，亦包括了生物、化学及物理。高级程度和高级补充程度这两种课程的学时和难度均不同，是为不同学生的发展提供的选择性课程。例如高级程度化学课程是为希望升读大学后选修化学专业的学生准备的，高级补充程度化学则是为那些将在高级程度课程中选修其他科目（如物理科、生物科），但仍希望增加其化学知识的学生提供的一些适当课程。

从图 5-5 可以看到，在学制改革之后，科学教育学习领域共提供了四个选修科目，包括科学科以及物理、化学和生物的分科。

生物、化学和物理在科学研究的世界中鼎足而立，彼此相辅相成。为了让对科学有兴趣的学生在获得相关学习经历的同时，有机会修读其他学习领域的选修科目，以达到全人发展的教育理想，科学教育学习领域提供了以下选修科目，方便学校为不同志向和兴趣的学生规划不同的科目组合。

（1）生物、化学和物理

这些科目让学生在有关的学术范畴内建立稳固的知识基础，以配合他们日后继续在这些科学领域内进修或从事相关的工作。

（2）科学

科学科以两种模式推行：模式 I 为综合科学设计，模式 II 以组合科学设计。旨在让学生学习各个科学领域的知识，同时仍有空间修读其他学习领域的选修科目，以拓宽视野。

● 模式Ⅰ：综合科学（integrated science）

这一模式的科学课程为只在科学教育学习领域中修读一科的学生而设计，旨在提升他们的科学素养，以适应瞬息万变的社会，并配合学校课程内其他方面的学习打好基础。选修这个科目的学生，既有机会在不同的科学范畴内获得全面而均衡的学习经验，又有空间选修其他学习领域的科目，以拓宽视野、促进全面发展。

● 模式Ⅱ：组合科学（combined science）

这一模式的科学课程是为在科学教育学习领域中选修两科的学生而设计的。具体包括以下三种方式的组合：

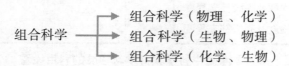

组合科学 ——→ 组合科学（物理 、化学）
　　　　　——→ 组合科学（生物、物理）
　　　　　——→ 组合科学（化学、生物）

组合科学课程由三个部分组成，各部分的内容分别选自生物、化学及物理课程，而学生应在这三个部分中选修其二，以配合自己的专修理科科目。即学生可选读的科目组合如下：

· 组合科学（物理、化学）+ 生物科
· 组合科学（生物、物理）+ 化学科
· 组合科学（化学、生物）+ 物理科

根据这个模式，学生会在高中一年级均衡地修读物理、化学和生物课程，以便之后能按照自身的兴趣和需要，在高二、高三年级选择专门修读的理科科目。

新高中科学科的这两种模式设计，能够让学生建立稳固的理科基础，此举不仅不会限制他们的选择，反而能拓宽他们的学习领域。

针对新学制改革之后所实施的这两种科学课程，从课程理念、学习目标、课程结构与内容等方面依次进行介绍。

（二）综合科学课程

2007 年，香港课程发展议会与香港考试及评核局联合编订了《科学教育学习领域综合科学课程及评估指引（中四至中六）》（以下简称《综合科学指引》），并于 2014 年 1 月进行了更新。这一文件为学校管理人员及教师在进行校本课程规划、教学设计、学生评估、资源分配及行政支援时提供参考。此外，《综合科学指引》还提供了各个科目的时间编排表和教师调配等资料，是学校开展实施综合科学课程的重要依据和参照。

（1）课程宗旨

在高中开设综合科学科是为回应社会对人才素质的诉求，为学生提供广博而稳健的知识基础，以面对香港这个科技发达的社会的各种挑战。本课程以跨学科主题的形式设计，以具有时代性和跨时代性为选材原则。通过创设一些在未来数十年间都会与学生生活息息相关的情境或对相关议题进一步展开探讨，让学生探索当中的主要科学理念；并通过系统的探究活动，让学生逐步掌握科学知识和技能，以评估科学和科技发展对社会的影响。

科学教育强调以科学探究为中心，让学生掌握相关的科学概念及原理，培养正确的价值观和积极的态度，使他们在面对与科学、科技、社会与环境有关的议题时，能做出明智的决定。围绕上述的科学教育发展方向，综合科学科课程将进一步让学生从宏观角度观察世界，以及强调证据在做结论时的重要性，培养他们成为好奇爱问、懂得反思和思路严谨的人。在这个科技发达的社会，掌握一些科学知识和科学概念，对事业发展有一定的帮助；在工作岗位上遇到困难时，懂得以科学的态度思考问题，也往往有助于找出创新的解决方法[1]。

综合科学科课程的宗旨是为学生提供适当的学习经历，培养他们的科学素养，以便能够积极融入这个瞬息万变的知识型社会，为日后升学或就业做好准备，并成为科学与科技的终身学习者。课程的宗旨是让学生：

·培养对自然界及科技世界的兴趣、好奇心和求知欲；

·认识主要的科学概念及相关的思考架构，并明白这些概念的形成，以及它们的价值所在；

·领会及逐步理解科学知识的本质；

·掌握科学探究的技巧；

·培养合乎科学、具有批判性和创造性的思维，能独立地或与他人合作解决与科学相关的问题；

·活用科学语言，在与科学有关的问题上表达意见及与人交流；

·在与科学有关的议题上，做出明智的决定和判断；

·了解科学对社会、道德、经济、环境及科技的影响，并培养负责任的公民态度；

·建立思考和理解世界的概念工具。

---

[1] 香港课程发展议会，香港考试及评核局.科学教育学习领域综合科学课程及评估指引（中四至中六）.2014.

作为科学科（中一至中三）课程的延续，综合科学科课程让学生学习更广泛的科学概念，并对这些概念做更深入的思考。课程为学生提供充分的机会，以反思科学和科技方面的问题和争议，使他们能够更明智、更审慎地运用科学资讯；并鼓励学生进行推理，评估数据的可靠程度，判别证据的相关性与因果关系，以及讨论使用某种科技的利弊等。这都有助于培养学生的思辨能力，使他们能更理性地处理日常生活中遇到的问题。

（2）学习目标

根据《综合科学指引》，香港高中综合科学课程有别于其他各科学学术范畴的传统发展架构，选择了以单元模式组织，并尽量配合学生的日常生活情境。通过对各种现象进行探究，帮助学生逐步掌握科学知识：①掌握主要的科学理念；②理解科学的本质；③在诸多科学概念中，看清贯穿其中的统一概念。

针对这三个方面的学习目标，《综合科学指引》分别列出了其所涉及或包含的具体内容。

● 主要的科学理念

综合科学课程以说故事的方式组织学习内容，让学生细细体会科学家探索有关科学议题的事迹，有助于学生从"我们是如何得出这个看法"的角度，了解科学知识的产生和创造过程。课程发展议会参考了各地相关文献，并考虑香港学生的实际需要之后，《综合科学指引》提出在综合科学课程中集中对以下的主要科学理念做深入研习（见表5-6）：

表5-6 香港高中综合科学课程的主要科学理念

主要的科学理念		
·原子世界	·生命的化学基础	·能量守恒
·化学变化	·生物多样性及生态系统	·力与运动
·物质与其性质	·遗传基因论	·电与磁
·物质不灭	·体内平衡与协调作用	·物质的放射性
	·生物的进化	·我们的地球

● 科学本质

《综合科学指引》提出，在科学教育学习领域，仅限于对科学概念的认识还不够，学生必须同时认识有关概念形成的过程和成立的依据，才能真正驾驭科学，做一个灵活的科学学习者[1]。综合科学课程的另一重点，是强调让学生退后一步，仔细检视所发生的一切，思考人类创造知识的过程；分析并评估他人和自己的思路，认清其逻辑、优点及局限性。这有助于学生理解科学的本质，明白人类是如何获得有关自然界的可靠知识。具体来说，《综合科学指引》中提出课程所强调的科学本质，包括以下四个部分（如表5–7）。

表5–7 香港高中综合科学课程的科学本质

科学本质	
科学态度	科学探究从求真精神出发，建基于证据并以事实经验为准则，同时也鼓励创新及怀疑精神
科学思维	科学知识建基于创意思维，科学家运用演绎法及归纳法，提出新的科学理论，再加以验证。科学知识纵然源远流长，却不是永恒不变
科学实践	科学家以精确的实验设计和合适的仪器探索现象或验证理论；谨慎处理定量和定性的实验数据，诚实汇报实验结果
科学社群	科学家运用集体智慧，鼓励自由交流、坦诚讨论及辩论，并通过彼此检查，鉴别、验证新的发现

● 统一概念

综合科学课程涵盖了科学教育学习领域六个学习范畴内的概念和理解。除让学生接触与生活息息相关的科学发展之外，课程亦尝试为学生提供一些概念工具。借着这些工具，学生的视野不再局限于眼前的事物，而是从更高的层次认清不同事物间的共通点。因此，课程将突显贯通科学领域、跨越学科界限的统一概念。这些统一概念可帮助学生在理解自然世界的过程中，看出事物的主要共通之处，是终身受用的思考工具。

《综合科学指引》中提出的统一概念有四个方面的内容（如表5–8）。

---

[1] 香港课程发展议会，香港考试及评核局.科学教育学习领域综合科学课程及评估指引（中四至中六）. 2014.

表5-8 香港高中综合科学课程的统一概念

统一概念		
	具体描述	举例
系统、秩序和组织是观察及描述各种相关及整体运作现象的基础概念	（a）系统：由相关物件或组成部分建构的一个组织体系。以系统作为思维及分析单位，有助于学生掌握质量、能量、物件、生物及事件的互动关系。适当界定系统的范围，对于理解其中事物的演变，有关键性的影响	科学家经过了很长的时间才发现燃烧时物质不灭的定律，是因为在量度质量时，没有把燃烧过程中产生的气体包括在研究的系统内
	（b）秩序：显示模式和次序的排列方法	季节性气候规律和染色体的复制程序等
	（c）组织：把事物根据若干等级制度置于某一架构内的行动或过程	元素周期表和生物系统中"细胞、组织、器官、系统"的组织架构等
科学家利用证据和模型来理解、解释或预测科学现象	（a）证据：包括支持科学解释的一些观察结果及数据。利用证据理解事物间的互动关系，可让我们预测在自然系统和人工系统中发生的变化	食物的香味让我们知道晚餐已经预备好，玻璃杯外壁上有水珠凝结表示杯中东西的温度比外面的温度低
	（b）模型：用来说明真实系统、物件、概念、事件或不同种类的事件的表达方法，可用作解释、预测及研究真实物件如何运作。模型可以是实物模型、概念模型或数学方程式	实物模型：化学物质的分子模型和生物的细胞模型 概念模型：以"原子核与环绕轨道运行的电子"仿真原子结构，以"气体中的分子互相碰撞"解释气压形成等 数学模型：以"细菌数目=2^n，$n=$分裂次数"描述细菌在进行二分裂时，以指数增长的情况
利用变化、恒常、进化和平衡来描述科学现象的状态	（a）变化：导致变更的过程	燃烧时的化学变化；闭合电路中电池的化学能转换成电能，再经灯泡转换成热能和光能等
	（b）恒常：状态不变，或系统内某些显著的特质保持不变	光的速度、能量守恒等
	（c）进化：科学家从物件、生物及自然系统的现状及功能，推导出它们所经历的一系列的转变（包括逐步转变和连续发生的转变），这些转变的过程称为进化。概括来说，现在是过去的物质和形态演化的结果	生态演替、温室效应加剧导致的气候变化等

续表

统一概念		
	具体描述	举例
利用变化、恒常、进化和平衡来描述科学现象的状态	（d）平衡：一个物理状态，是反向的力相互抵消，或性质相反的改变同时发生，以至没有明显变化的状态。随着引起变化的能量的逐步消耗，大部分物理系统最终都会归于平衡状态	下落的石头最后落在悬崖底，以及人体透过复杂的机理维持体温等现象
形态与功能	（a）形态：物件的形状和结构	形态与功能通常是相互关联的，例如鱼的鳍（形态）有助于其在水中的运动（功能）；为了令船只航行顺畅（功能），船身设计成流线形（形态）。在现今的科技社会，物件的设计更常以达到某些功能为目标
	（b）功能：物件、活动或工作的功能，即其所扮演的角色或所发挥的用途	

（3）课程结构与内容

香港高中的综合科学课程分为必修和选修两个部分，其中必修部分由八个单元组成，而选修部分由三个单元组成。所有选读综合科学科的学生须完成必修部分的内容学习，并在选修部分的三个单元中选修其二。

必修和选修部分的各单元都有其独特的主题。以主题的形式来组织有关科学概念和科学理念，有助于学生理解科学与日常生活的关系，令学习更有意义。

课程的选修单元是为了照顾学生的不同兴趣和志向而设计的，同时也为学生日后的升学和就业做准备。这些选修单元是对学生在必修单元中获得的知识和技能的延展，展示科学在当今生活中的广泛应用，并提供机会让学生综合运用科学概念进行深入探究，解决问题。

依据《综合科学指引》及其他相关课程文件的规划与建议，综合科学课程的总授课时间为 280 小时[1]，并建议将其中的 14 小时用作进行科学探究活动，以培养学生的探究精神和提升他们的科学探究技能。《综合科学指引》中指出，教师可将这14 小时灵活分配到不同单元的科学探究活动中，亦可用作进行较大型的跨课题或跨学科的探究活动。必修部分和选修部分各单元的预计课时分配如表 5-9 所示。

---

[1] 香港《高中课程指引》中指出，通识教育科及每个选修科目的课时以250小时（占总课时数的10%）作为参考。

表5-9　香港高中综合科学的课程结构与课时分配

课程结构	单元	建议课时（小时）
必修单元	C1生命之泉	22
	C2体内平衡	22
	C3短跑科学	22
	C4化学世界中的规律	22
	C5电的启迪	22
	C6大自然中的平衡	22
	C7辐射与我	22
	C8基因与生命	22
选修单元（3选2）	E1能量、天气与空气质素	30
	E2持守健康	30
	E3化学为民	30
	科学探究活动	14

《综合科学指引》从三个方面对每个单元的内容进行了规定和阐述。①学生应学习——罗列单元所涵盖的知识。②建议的教与学活动——列举促进学生建构知识并发展各种能力的学习活动。③单元要点——列举单元的内容和学习活动可带出的科学本质和统一概念，以及有助于学生形成的价值观和态度，并说明单元中的科学概念与科技、社会和环境的关系。

以综合科学课程中必修部分的"C4化学世界中的规律"单元为例，了解其内容编排情况。该单元会以元素周期表和原子模型的发展史为例，说明不同科研路向的成果如何相辅相成、互补不足，促成科学的突破。最后，学生会运用有关的化学概念，从微观角度预测及解释化合物的组成及其性质（如图5-6）。

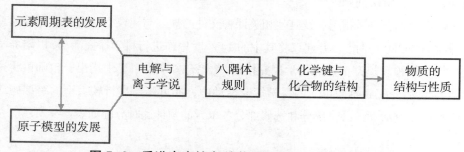

图5-6　香港高中综合科学课程的 C4 单元组织图

在该单元里，学生将会以崭新的角度探索物质世界。他们将会明白化学知识不单是实用的资料，还具有系统探究的成果。学生会透过实验观察，寻找元素间的规律，并分析所搜集的证据，从而经历科学家创造知识的过程，了解现存可靠的知识是如何产生的。

本单元需要探讨的重点问题包括：

·是什么驱使科学家在元素的性质中寻找规律和模式，并系统地把我们对元素的认识组织起来？

·当年科学家对原子结构的认识，在完善早期的元素周期表上起了什么作用？

·我们如何利用元素周期表揭示的化学规律并做出预测？

·为什么化合物与其组成元素具有迥然不同的化学性质？

·我们如何利用不同物质的结构和成键方式解释它们的性质？

通过学习该单元，学生将会：

·明白不同文化、不同时代的人，都希望了解身边的各种物质，例如东西方都存在着不同的学说，试图以不同架构解释构成世界的基本元素；

·认识元素周期表是科学家在整理我们对各种元素的认识的过程中，通过寻找规律和逻辑思考而发展出来的一个组织工具；

·理解科学家会从模式和趋势中做出预测，例如科学家根据元素周期表揭示的规律，预测某些元素的化学性质；

·培养在进行实验前做出风险评估的习惯；

·了解科学家在发现一些与既知模式和规律不符的情况时，会做出的相应修订，例如当科学家以原子质量排列元素时，发现有些元素不能按其性质排列于预期的位置中，因而修改了早期的元素周期表；

·理解原子模型是一种概念模型，建基于有系统的观察和丰富的想象力，例如卢瑟福从 α 粒子散射实验中推导出原子的结构；

·从原子模型的发展如何扭转了元素周期表的发展方向的事迹，理解科学知识往往是众多科学家集体智慧的结晶；

·明白好奇心是驱使科学家进行科学探究的动力之一，让我们发掘更多新知识（例如科学家从电解的实验推论离子的存在，引发了有关离子化合物的结构的进一步研究）；

·了解科学家从大量观察所得的数据中，归纳出以概括的方式描述一些系统内的现象，例如八隅体规则；

·欣赏科学家制定了符号（例如化学符号）、公式和方程式作为简明的国际科学语言，辅助沟通；

·明白化学变化中的恒常（守恒）——物质不灭，电荷守恒。

香港高中综合科学课程的设计需要建基于学生基础教育阶段已掌握的科学知识，综合科学课程与中一至中三年级的科学科课程在内容上是相互衔接、紧密相连的。而且，基于综合科学课程的设置理念和开设对象，课程还需要注意寻求课程的广度和深度之间的平衡：为了使学生在科学的各个范畴内获得全面而均衡的学习经历，课程以主要的科学理念为中心，编成多个主题式的单元；课程没有涵盖传统的生物、化学及物理课程内的所有课题，而是选择在个别课题上做更深入的研究，并以不同单元的性质和情境，让学生认识有关的主要科学理念、科学本质和统一概念。

前文已经介绍了综合科学课程的内容是以单元模式组织，让学生在与日常生活相关的情境下探索科学概念，并体会有关概念与生活的关系。课程的重点是让学生充分掌握主要的科学理念，以便能积极参与有关科学与科技应用的讨论、辩论和决定。这样可以寻求课程内容在理论和应用学习之间的平衡。

香港综合科学课程结构分为必修和选修两个部分。学生在中四及中五两年完成必修部分的八个单元的学习之后，可在中六时根据个人兴趣和日后发展志向，在选修部分的三个单元中选修其二，以期延展学生在某些必修单元所得的知识与技能，并提供机会让学生融会贯通、综合应用。

基于综合科学科提升学生科学素养的宗旨，让他们掌握一些"思考工具"以理解和反思科学，并在看似杂乱纷呈的科学概念中，看出贯通各科学分支、跨越各学科界限的统一概念（例如系统、秩序和组织）。统一概念是强有力的概念工具，可帮助学生在理解自然世界的过程中，看出事物的主要共通之处。课程的另一重要目标，是促进学生对科学本质的理解，明白科学既是思考方式，也是认知方法；帮助学生透过探究和应用知识看到事物本质，并以科学态度明辨慎思，把握终身学习和融入社会的关键。

学生在综合科学课程中掌握的科学理念和建立的逻辑思维，有助于他们在其他学习领域的学习。课程具有跨学科设计的特色，正好提供机会给学生配合其他的核心科目和选修科目，进行跨课程学习，从而提高整体的学习成效。

此外，香港高中的综合科学课程有利于学生为升学和就业做准备。随着科学与科技高速发展及全球一体化的出现，越来越多科学以外的专业领域，都无可避免地涉及与科学有关的议题。学生在综合科学科中建立的价值观和态度、掌握的知识与技能，有助于他们在日常生活中鉴真识伪，以理性方式应付涉及证据、定量考虑、逻辑论点及种种不明确因素的问题。此外，学生在课程中获得的知识、建立的思考模式和培养的解决问题的能力，也有利于他们日后在各大专院校修读各类课程，例如法律、工商管理、风险管理、讯息工程、精算学、牙医及运动科学等。

（三）组合科学课程

2007 年，香港课程发展议会与香港考试及评核局联合编订了《科学教育学习领域组合科学课程及评估指引（中四至中六）》（以下简称《组合科学指引》），并于 2014 年 1 月进行了更新。与《综合科学指引》一致，这一文件为学校管理人员及教师在进行校本课程规划、教学设计、学生评估、资源分配及行政支援时提供参考，还提供了时间编排表和教师调配等建议资料。

（1）课程宗旨

高度竞争与经济一体化的出现，科学与技术的急速发展，以及持续增长的知识基础，将不断地对我们的生活产生深远影响。面对这些转变，组合科学科与其他科学选修科目一样，将为学生提供一个终身学习的平台，培养学生的科学素养，以及提升他们在科学与技术领域中的基本科学知识和技能的学习能力。组合科学科与生物、化学或物理科互相配合，为学生在科学学习领域提供一个均衡的学习经历，并增加他们日后进修和就业的选择机会，有助于照顾学生不同的兴趣和需要。

组合科学课程旨在提升科学学习的趣味和实用性，建议通过实际生活情境来介绍科学的相关知识，并针对学生的不同能力采用不同的情境、教与学的策略及评估方法，以激发学生的兴趣和动力。结合其他的学习经历，学生便能够应用科学知识，了解科学与其他学科之间的关系，认识科学、科技、社会和环境方面相互关联的议题，以及成为尽责的公民[1]。

组合科学课程的宗旨是使学生：

·培养及保持对科学的兴趣和好奇心，并尊重一切生物及环境；

·建构和应用科学知识，了解科学与其他学科之间的关系；

·体会和了解科学的本质；

·培养科学探究的技能；

·培养科学思维、批判性思考能力和创造力，以及养成独立和协作解决有关科学问题的能力；

·了解科学语言，并能就有关科学的议题交流意见和观点；

·培养开明、客观及主动的态度；

·知道科学对社会、道德伦理、经济、环境和技术的含义，并在有关科学的议题上做出明智的决定及判断；

---

[1] 香港课程发展议会，香港考试及评核局. 科学教育学习领域组合科学课程及评估指引（中四至中六）. 2014.

·养成负责任的公民态度，并致力于促进个人和小区的健康发展。

课程建基于《科学纲要》（课程发展议会，1998）。通过研习初中科学课程的核心部分，学生应已奠定学习科学的基础。课程要求学生在研习时，运用从初中研习科学时所掌握的相关知识和理解，以及过程技能。

部分学生除修读组合科学科之外，也会同时修读一个必修科学科目（生物、化学或物理）。他们将会对该必修科学科目的知识有较深入的了解，再辅以广泛的其他科学知识，这有助于他们在科学、技术、医学或工程等相关的领域继续进修和就业。

（2）学习目标

组合科学课程的学习目标分为三个范畴：知识和理解、技能和过程、价值观和态度。通过研习课程，学生应能从各种与科学相关的情境中，达到相关的学习目标（如表5-10所示）。

表5-10　香港高中组合科学课程的学习目标

目标维度	目标内容
知识和理解	理解科学的现象、事实和模式、原理、概念、定律和理论等方面的知识
	获得进行科学探究所需的技巧知识和过程技能
	熟悉及陌生的处境中应用科学知识和理解
	科学的发展、当今议题、技术上的应用及对社会的含义
	体会科学知识在社会和日常生活中的应用
	学习科学词汇、术语和文字规则
技能和过程	培养科学思维和解决问题的能力
	以批判性态度分析和探讨与科学有关的议题
	适当地运用符号、公式、方程、规则和语言，以有意义的和创新的方法与别人交流科学意念和价值观
	以个人和协作的方式，运用适当的仪器和方法，计划和进行科学探究；准确地收集定量和定性数据，并分析和表达数据，得出结论及评鉴证据和步骤
	仔细观察，进行适当的提问，辨识问题的关键所在及拟定假说为探究做铺垫
	明白证据的重要性，以科学证据支持、修正或反驳所提出的科学理论
	掌握实验技能，例如操控仪器及器材来进行指定的实验步骤，分析及表达数据，得出结论和评价实验步骤
	辨识科学知识在应用上的利弊，从而做出明智的决定
	运用信息技术来处理及展示科学数据
	培养研习技能以改进学习的成效和效率，以及培养终身学习所需的能力和习惯

续表

目标维度	目标内容
价值观和态度	培养正确的价值观和态度，例如好奇心、正直、坚毅、尊重证据和接受科学研究中的不确定性 以正确的价值观和态度实践健康的生活方式 乐于研习科学，欣赏自然界的奥妙和复杂性，并尊重一切生物及其环境 知道科学知识是不断发展的，体会科学与技术对了解世界的作用和意义，并了解科学的局限性 知道科学对社会、经济、工业、环境和科技产生的影响 乐于就科学相关的议题进行交流和做出决定，对他人的意见持开放的态度 体会科学与其他学科的相互关系所形成的社会和文化价值 体会实验室安全的重要性，知道其对个人及他人的重要性 通过客观地观察和诚实地记录实验结果，培养正直的品格 养成自我反省的习惯和批判性思考能力 明白身处瞬息万变的知识型社会中，终身学习的重要性 明白为了人类的将来，个人对保护及维持环境质素应负的责任

这种三维目标体系的划分，与综合科学课程的学习目标划分标准不同，前者更加详细具体，层次明显，对科学学习领域的各方面要求都比较高。

（3）课程结构与内容

根据前文所述，在新学制改革之后，组合科学课程是香港高中阶段科学教育学习领域所提供的四个选修科目之一。依据《组合科学指引》，课程包括三个部分：物理、化学及生物。学生可选择任意两个部分作为研习基础，他们有以下三种选择（图5-7）。

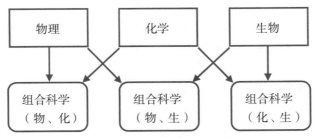

图 5-7　香港高中组合科学课程结构

整个课程的内容由多个课题组成，但必须注意科学的概念和原理是互相关联的，不应受课题划分的局限。依据《组合科学指引》，课程各课题的章节包含五个部分：概述、学生应学习和应能、建议的教与学活动、价值观和态度，以及科学、技术、社会和环境的联系。

　　学生在选读组合科学课程时，需要选择两科内容的组合进行学习，依据《高中及高等教育新学制——投资香港未来的行动方案》报告书（2005），《高中课程指引——立足现在·创建未来》（2009），以及其他相关的课程文件，组合科学课程这一选修科目的课时也是以 250 小时（或总时数的 10%）作为规划的参考，即每一科有 125 小时的学习时间。同时文件指出，各地学校可自行做弹性分配，以促进教与学的成效及照顾学生的需要。

　　针对组合科学课程中的化学部分，《组合科学指引》一共涉及七个课题，具体的学习时间建议如表 5–11 所示。

表5–11　香港高中组合科学课程（化学）的课时分配

课题	课题内容	建议课时（小时）
地球	a. 大气 b. 海洋 c. 岩石和矿物	6
微观世界	a. 原子结构 b. 元素周期表 c. 金属键 d. 金属的结构和性质 e. 离子键和共价键 f. 巨型离子化合物的结构和性质 g. 简单分子物质的结构和性质 h. 巨型共价化合物的结构和性质 i. 比较一些重要类别的物质的结构和性质	21
金属	a. 金属的存在和提取 b. 金属的活泼性 c. 化学反应中的质量变化 d. 金属的腐蚀和保护	22
酸和碱	a. 酸和碱的简介 b. 指示剂和pH c. 酸和碱的强度 d. 盐和中和作用 e. 溶液的浓度 f. 涉及酸和碱的容量分析 g. 化学反应的速率	27

续表

课题	课题内容	建议课时（小时）
化石燃料和碳氢化合物	a. 来自化石燃料的烃 b. 同系物、结构式和碳氢化合物的命名 c. 烷烃和烯烃 d. 醇、烷酸和酯 e. 加成聚合物和缩合聚合物	19
氧化还原反应、化学电池和电解	a. 日常生活使用的化学电池 b. 简单化学电池中的反应 c. 氧化还原反应 d. 化学电池内的氧化还原反应 e. 电解	23
化学反应与能量	a. 化学反应中的能量变化 b. 标准反应焓变 c. 盖斯定律	7
总计		125

　　组合科学课程与综合科学课程都强调科学探究的重要作用，在课程内容中融入了多种探究活动，其课时安排已纳入每个课题的建议课时内。

　　《组合科学指引》中对课程的规划安排提出了建议，但同时指出，教师在弹性安排各科学部分学习时间的基础上，无须严格按照指引中的要求和建议来设计规划课程，教师需要了解各种安排的利弊，并按教师的专长、学校的设施和学生的兴趣做出决定。

　　此外，任课教师应当努力协调生物、化学和物理各部分的教学，以确保三部分的教学具有连贯性。如果教师在规划课程时把不同学科部分的相关课题连贯在一起，学生的学习将会更有效、更有趣，教学进展也会更平稳顺畅。例如，在化学部分学习有关原子和分子结构的知识，将有助于学生理解生物部分的"生命分子"和"分子遗传学"的概念。教师也可安排合适的专题研习或探究活动，以加强科学领域的跨学科学习。

　　而且，学生在兴趣、学习能力、志向和学习风格各方面皆存在差异。为了帮助所有学生都达到课程的学习目标，教师可调整课程架构内学习元素的组织，并灵活运用课堂时间，以照顾学生的多样性。除此之外，教师应采用不同的教、学和评估策略，让学生把学习与生活经历联系起来，并向学生提供持续性的回馈。例如，调动教与学的次序以配合学生的不同兴趣和能力；学校或教师可以为对科学有浓厚兴趣或能力出众的学生制订具有挑战性的学习目标，并提供机会让他们全面地发挥潜能等。

组合科学课程是新学制改革之后香港高中科学科的另一个课程模式，其设计依据的是学制改革报告书和高中课程指引等文件。

与综合科学课程一致，组合科学课程的制定也需要以学生在中一至中三年级科学课程所掌握的知识、技能、价值观和态度，以及学习经历为基础。中一至中三科学课程和组合科学课程的相关课题有着紧密的联系。

组合科学课程是选修科目之一，旨在为学生提供更多的选择空间。课程涵盖不同的课题，以拓宽学生对科学的认识，学习有关的科学概念的理论知识，奠定稳固的理论基础。学生应当通过研习科学、技术、社会和环境的联系，了解科学知识的应用。

课程为学生提供科学知识和概念的基础学习，而不同的选修组合极具灵活性，可以照顾学生的兴趣、需要和能力，并引入跨学科元素，以加强与其他科目之间的联系。因此，组合科学课程为学生提供机会，他们可以根据自己的兴趣和需要选择不同的科目组合。这一设计方式具有灵活性，学生可以结合自己的能力，按照个人的步伐，达成学习目标。

通过开展《组合科学指引》中建议的一系列学习活动，学生可获得自主学习和终身学习的能力，学会如何学习，并进行有效的探究式学习。此外，教师可采用多元化的教与学策略，例如处境导向、科学探究、问题为本的学习和议题为本的学习，帮助学生了解当今社会的各种议题。

课程提供不同途径，确保学习内容和活动与学生的生活息息相关，尤其是他们日常生活所接触的议题、事件和事物。通过在组合科学课程中研习生物、化学、物理的基础课题，学生可以探索并认识自己的兴趣。这一安排能够确保学生在选定专修科学科目后，顺利过渡至中五和中六年级的学习。此外，课程衔接大专和大学教育，让学生得以继续接受学术及职业或专业教育与培训，为投身社会工作而做好准备。

新学制的改革和实施带来了香港中学课程设置的变化和发展，由此香港课程发展议会颁布实施了一系列的课程文件，以确保新课程改革的贯彻和实施。由于学制改革主要是针对高中及高等教育的改革，初中阶段（中一至中三）的科学课程文件并没有更新，该阶段的科学课程近年来并未变革。

然而，高中阶段的科学课程发生了较大变化，科学课程从原先的分段（中四至中五、中六至中七）和分科（物理、生物、化学等）设置，变成了物理、化学、生物和科学（包括综合科学和组合科学）四门科目选读的形式，更加灵活多元，可以适应不同志向和能力的学生进行学习，以达到提高所有学生科学素养的最高目标。因此，本节内容在"高中阶段科学课程"着墨较多，依次介绍了综合科学和组合科学两种模式的科学科课程情况，从课程宗旨、学习目标和课程结构与内容三方面能够看到这两种模式的设计特点与差异。

对于新学制实施之后的物理、化学、生物三个独立的科学科目，第三节将选择以化学科课程为对象，通过比较学制改革前后的高中化学课程变化来进行具体的介绍和分析。

第三节 香港高中化学课程的纵向比较

2002 年，香港课程发展议会编订颁布的《科学教育学习领域化学课程及评估指引（中四至中五）》（以下简称为《2002 化学指引》），是学制改革之前香港高中化学课程实施的主要依据和参照。自 2005 年发布学制改革的报告书之后，各学习领域的课程指引文件均有了较大变更，香港的中学科学及化学课程改革便拉开了帷幕。香港课程发展议会与香港考试及评核局于 2007 年联合编订了《科学教育学习领域化学课程及评估指引（中四至中六）》，该文件在 2014 年 1 月进行了更新（以下简称为《2014 化学指引》），两份文件变化不大，主要涉及课时的调整和部分课程内容的更新，《2014 化学指引》是香港最新的中学化学课程改革文件和重要成果。

本节主要针对《2014 化学指引》与《2002 化学指引》进行分析比较，从课程设置、课程目标、课程内容三方面研究学制改革前后香港高中化学课程的异同，旨在更好地把握香港最新的高中化学课程改革动态，从中提取经验，从而为我国内地高中化学课程的改革提供借鉴[1]。

一、课程设置的比较

学制是影响课程设置的一个重要因素。香港的旧学制深受英国的影响，新学制实施以来，高中课程设置情况发生了较大变化，在第二节中已经对此进行了介绍。化学科设置在高中阶段的中四至中五年级，并在中六至中七年级设置了更高程度的化学课程供学生选读。高中新学制实行之后，新高中课程包括四个核心科目（中国语文、英国语文、数学、通识教育），以及二十个选修科目，化学科作为选修科目之一，共同构建了高中阶段的多元化学习领域。

（一）学制改革前后的香港高中化学课程设置

学制改革前，香港初中开设综合的科学课程，内容涵盖物理、化学和生物；高中阶段开设分科化学，其课程设置如图 5-8 所示。

---

[1] 陈碧华.香港、上海两地高中化学课程比较研究 [D].上海：华东师范大学，2009.

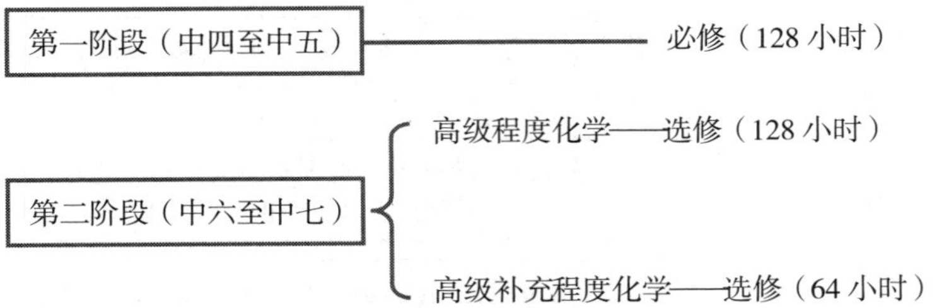

第一阶段（中四至中五）────── 必修（128 小时）

高级程度化学——选修（128 小时）

第二阶段（中六至中七）

高级补充程度化学——选修（64 小时）

图 5-8　香港高中化学课程设置（学制改革前）

由图 5-8 可见，改革前的香港高中化学课程分为两个阶段：在中四年级、中五年级开设必修化学课程，面向全体学生，旨在提高学生的科学素养；在中六年级、中七年级则开设高级程度化学课程和高级补充程度化学课程，两种课程的学时和难度均不同，为不同学生的发展提供选择性的课程。高级程度化学是为希望升读大学后选修化学专业的学生而准备的，高级补充程度化学则是为那些将在高级程度课程中选修其他科目，但仍希望增加其化学知识的学生提供的一些适当课程[1]。

在中四至中五的必修化学课程中，还设置了核心和延展两个部分。核心部分包括在中学高年级化学科中所有学生应学习的基本部分，而延展部分则对学生提出较高的要求，适合预备将来继续进修本科的学生或对化学感兴趣的学生。这样的课程设置满足了不同志向、兴趣和能力的学生的需要。

学制改革后，香港初中依旧开设科学科课程（中一至中三，具体情况见第二节内容），但是高中化学课程的设置发生了较大的变化。根据前文的介绍，可以知道香港新高中化学课程有三种形态（如图 5-9）[2]。分科形态的化学科课程成为科学教育学习领域中的一门选修学科。此外，在该领域内，还设置了综合科学和组合科学两门新课程，综合科学涵盖了物理、化学和生物三个学科，强调三者之间的相互联系，组合科学则是将这三门学科两两组合，学生可以根据自己的需要做选择，因此新高中化学课程包含三个梯度，可用图 5-9 表示。

［1］香港课程发展议会.科学教育学习领域化学课程及评估指引（中四至中五）.2002.

［2］香港课程发展议会，香港考试及评核局.科学教育学习领域化学课程及评估指引（中四至中六）. 2014.

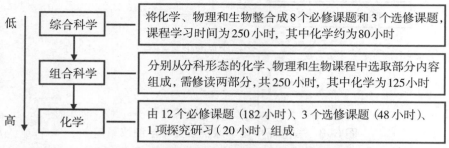

图 5-9 香港高中化学课程设置（学制改革后）

（二）学制改革前后的香港高中化学课程设置比较

根据上述学制改革前后香港高中化学课程的设置特点，从课程的选择性、课程的整体要求和科学探究的要求三个方面对两者进行比较。

从课程的选择性方面来看，改革前的高中化学课程必修部分是全体学生都要学习的，而在中六和中七阶段学生可以从高级程度化学课程和高级补充程度化学课程中二选一，体现了课程具有一定的选择性；改革后的高中化学课程有三种不同的形态，学生可以只选择学习综合科学课程，也可以选择学习组合科学中的化学内容，还可以修读完全分科形态的化学课程。因此，新高中化学课程的设置更加灵活，具有更强的课程选择性，可以满足不同学生的需要。

比较学制改革前后化学课程的学时可以发现，最低要求（必修课程部分）从128 小时降为 80 小时（综合科学），而最高要求也从 256 小时（必修课程 128 小时 + 高级程度化学课程 128 小时）降为 250 小时（必修课程 182 小时 + 选修课程 48 小时 + 探究研习 20 小时），因此化学课程的整体要求有所下降。

改革前的化学课程对于学生科学探究能力的要求没有具体的规定，而在新高中化学课程中均给予了明确的规定，主要体现在学时的要求上：综合科学的科学探究学时是 14 小时，组合科学的科学探究纳入了各课题的建议教学时间里，而分科形态的化学课程在必修课程和选修课程之外独立设置了 20 小时的探究研习。可见新高中化学课程更加重视对学生科学探究能力的要求。

化学学科属于科学教育学习领域，香港中学课程在该学科领域的定位是"通过系统地观察和实验，去研究我们周围的现象和事件，培养学生对世界的好奇心，加强他们的科学思维；通过探究的过程，学生获得所需的科学知识和技能，进而能评估科学和技术发展的影响，由此可以参与一些涉及科学的公众讨论，并成为科学和技术的终身学习者"。[1] 因此，对学生探究研习能力的重视是化学学科教学的必要

[1] 香港课程发展议会. 学会学习——课程发展路向. 2001.

组成部分，更加体现了化学的学科特点。

综上所述，学制改革后的香港高中化学课程体现了更强的选择性，而在课程的整体要求方面有所下降，并且更加重视学生科学探究能力的培养。

二、课程目标的比较

香港的高中化学课程指引规定了学生在整个高中阶段化学学习需要达到的目标。学制改革前后的香港高中化学课程目标均从"知识和理解""技能和过程""价值观和态度"三个方面进行建构，具体如表5-12所示。

表5-12 香港高中化学课程目标比较（部分）

目标维度	《2002化学指引》	《2014化学指引》
知识和理解	·学习一些化学现象、事实、原理概念、定律和学说 ·学习化学词汇、术语和规则 ·学习化学在社会和日常生活中的一些应用事例	·理解化学现象、事实与规律、原理、概念、定律和理论 ·明白化学词汇、术语和规则 ·认识日常生活中与化学有关的一些应用事例 ·理解进行科学探究所用的方法
技能和过程	·科学方法和解决问题的技能 ·实验技能 ·沟通技能 ·做出决定的技能 ·学习与自学 ·协作	·科学思维 ·科学方法、科学探究和问题解决 ·做出决定 ·实验操作 ·资料处理 ·沟通 ·协作 ·学习和自主学习
价值观和态度	·对科学的兴趣和好奇心 ·正直品格 ·开放的态度 ·做出明智的判断 ·愿意采用安全措施 ·体会科学、技术与社会的相互关系 ·关注环境和大自然 ·体会科学的局限性	·对科学的好奇心和兴趣 ·具有正直的品格 ·乐于沟通和做判断 ·坚持开放态度 ·认识科学的局限性 ·欣赏化学与其他领域的关系 ·承诺进行安全的操作 ·认识化学的影响 ·体会终身学习的重要性

依据表 5–12，我们发现《2014 化学指引》所阐述的学习目标与《2002 化学指引》的目标相比，体现出以下一些特征。

（一）课程目标整体体系具有相似性

《2014 化学指引》仍然从"知识和理解""技能和过程"和"价值观和态度"三个维度来建构课程目标，而在每个目标维度中仍然保留一些重要的课程目标，例如"化学与社会生活的联系（STS）""科学方法和解决问题的技能""实验技能""沟通技能""做出决定""学习与自学""对科学的兴趣和好奇心""开放的态度"，等等。可见新课程目标体系与原有的体系具有相似性，保留了原有目标体系高度关注的一些课程目标。

（二）目标要求的描述指导性增强

《2014 化学指引》采用多样化的行为动词对目标加以界定，增强了目标要求描述的指导性，使化学课程目标的要求更加明确、具体、生动。例如，"知识和理解"目标维度中历来都以"学习"来说明目标，要求不清晰，现采用"理解""明白""认识"这些行为动词；"价值观和态度"目标维度中则增加了行为动词"具有""坚持""欣赏""承诺"和"体会"等，这些生动的词汇使目标要求指向更明确。

（三）突出科学探究的重要性

《2014 化学指引》在三维目标维度的要求中均突出了科学探究的重要性。在"知识和理解"维度，《2014 化学指引》不仅要求理解传统意义上的"化学知识"，而且要"理解进行科学探究所用的方法"，以便在教学中更好地落实探究的目标；将"科学探究"纳入"技能和过程"维度，同时明确规定了将"资料处理""科学思维"作为学习的目标，而这两方面是学生进行科学探究的重要组成部分；"价值观和态度"维度中增加了"乐于沟通和做判断"，同样体现了对科学探究的有机组成部分"表达和交流""结论和评价"的重视。

（四）强调化学学科的正面作用

在"价值观和态度"领域，《2014 化学指引》提出了"欣赏化学与其他领域的关系"，特别强调学生去思考化学学科的正面价值，学会用欣赏的眼光来看待化学学科给我们的社会和日常生活所带来的翻天覆地的变化，从而引发学生对化学的兴趣和热爱。

（五）进一步强调"终身学习"的理念

"终身学习"是 21 世纪基础教育转型后国际化学课程的一个重要理念。香港高中化学课程历来重视学生"终身学习"的重要性，学制改革后的化学课程不仅在课程理念中突出强调"终身学习"的地位，在课程目标体系中也将其加以体现，例如在"价值观和态度"的目标维度，明确增加了"体会终身学习的重要性"的内容，可见新课程进一步强调了"终身学习"的理念。

三、课程内容的比较

香港高中化学课程设置十分多样化，但限于文章篇幅，在进行课程内容的比较时仅对必修课程做比较深入的探讨，即《2002 化学指引》和《2014 化学指引》的必修部分。下面将从课题的选择、内容要求和建议活动三个方面进行分析比较。

（一）课题选择的比较

为了方便对比，我们将《2002 化学指引》和《2014 化学指引》必修部分的课题及其课时一起安排列在表 5-13 中。

表5-13　香港高中化学课程的课题与课时比较

《2002化学指引》		《2014化学指引》	
课题	课时	课题	课时
		一、地球	6小时
第一篇　地球	8节[1]	二、微观世界I	21小时
第二篇　微观世界	28节	三、金属	22小时
第三篇　金属	22节	四、酸和碱	25小时
第四篇　酸和碱	28节	五、化石燃料和碳氢化合物	18小时
第五篇　化学电池和电解	24节	六、微观世界II	8小时
第六篇　重要工业的产品	24节	七、氧化还原反应、化学电池和电解	23小时
第七篇　化石燃料和碳氢化合物	30节	八、化学反应和能量	7小时
第八篇　塑胶和清洁剂	22节	九、反应速率	9小时
第九篇　检测和分析	6节	十、化学平衡	10小时
		十一、碳氢化合物的化学	25小时
		十二、化学世界中的规律	8小时
课时总计	192节 （128小时）	课时总计	182小时

通过对比，发现《2014 化学指引》具有以下特征：

（1）课题内容容量有所增加

与《2002 化学指引》相比，《2014 化学指引》将原来的课题内容进行了重新组合与调整，课题划分更加明确，内容更加丰富，课题数量由九个增加到十二个，课题总量增加，导致学时也相应增多，从原来的 128 个小时增加到 182 个小时[2]。

---

［1］　一节为40分钟。

［2］　2007年颁布实施的化学课程及评估指引中建议的总学时为198小时，2014年进行了更新。

第
三
节

香
港
高
中
化
学
课
程
的
纵
向
比
较

（2）课题安排采用螺旋上升的组织方式

《2014 化学指引》中将课题"微观世界"划分为"微观世界 I"和"微观世界 II"，不仅可以避免学生在短时间内连续学习许多抽象的概念，还能让学生在学习"微观世界 II"时重温"微观世界 I"所学的内容。采用这种螺旋上升的方式来编排课题内容使得每一阶段的学科知识形成完整的或循环的系统，不同阶段的课程内容重复出现，且逐渐扩大范围或加深程度。这种编排方式"不仅关系到知识的纵向整合，而且关系到横向的整合或广度的增加"[1]，此外"容易照顾到学生认知的特点"[2]。

"化石燃料和碳氢化合物"与"碳氢化合物的化学"，以及"金属"和"氧化还原反应、化学电池和电解"课题亦是采用螺旋上升的组织方式。

（3）更加注重化学基本原理的学习

从表 5-13 可以看出，《2014 化学指引》增加了四个课题，即"氧化还原反应""反应速率""化学平衡"和"化学世界中的规律"，这些课题都属于化学学科的基本原理，可见新高中化学课程更加注重学生对化学基本原理的学习。

（二）课题内容要求的比较

《2002 化学指引》从"知识和理解""技能和过程""价值观和态度"三个目标维度来描述课题的内容要求；《2014 化学指引》的课题内容要求则从"学生应学习""学生应能""建议的教与学活动""价值观和态度""科学、科技、社会和环境的联系"等方面来表述。下面以课题"地球"中的次级主题"大气"为例来说明两者的差异（如表 5-14 所示）。

表5-14　香港高中化学课程课题内容要求的比较
——以"地球"课题之"大气"内容为例

《2002化学指引》		《2014化学指引》	
知识和理解	·空气的成分 ·以分馏法从液态空气中分离氧气和氮气 ·氧气的实验	学生应学习	·空气的成分 ·以分馏法从液态空气中分离氧气和氮气 ·氧气的实验
		学生应能	·描述分馏液态空气的过程并明白其中涉及的概念和步骤 ·示范如何进行氧气的实验

[1] 奥恩斯坦.美国教育学基础［M］.刘付忱，译.北京：人民教育出版社，1984：170.
[2] 施良方.课程理论——课程的基础、原理与问题［M］.北京：教育科学出版社，2004：119.

续表

	《2002化学指引》		《2014化学指引》
技能和过程	·搜寻与大气有关的议题资料 ·使用一个合适的方法检验氧气	建议的教与学活动	·搜寻与大气有关的议题，如空气污染和分馏液态空气所得产物的应用 ·使用适当的方法来检验氧气和二氧化碳
价值观和态度	·意识到人类所需的各种物质源自地球	价值观和态度	·意识到人类所需的多种物质均源自地球 ·欣赏化学家在分离和鉴定化学物种方面的贡献
		科学、科技、社会和环境的联系	·从空气中提取的氧气可作医疗用途

从表 5-14 中可以看出，《2014 化学指引》对化学课程内容的要求基本保留了《2002 化学指引》中的内容，总体上也是从三维目标来规定学生所要学习的内容，只是在名称上做了些调整，如"学生应学习"对应原来的"知识和理解"，"建议的教与学活动"对应原来的"技能和过程"。在此基础上，《2014 化学指引》对课程内容的要求又体现出自身的一些特色。

（1）学习内容和要求之间的对应关系加强

由表 5-14 可见，《2014 化学指引》增加了"学生应能"栏目，它指出学生在学完"学生应学习"所规定的内容后应取得的学习成果，将两者列在一起增强了课程学习内容和要求之间的对应关系，要求明确，具有很强的可操作性，不仅有利于教师在教学时更加明确内容和要求之间的联系，也有利于对学生学习成果的评价。

（2）突出化学课程与本土 STSE 的联系

在具体学科中融入 STSE 教育，是 20 世纪末国际科学教育改革的一个重要标志。《2002 化学指引》虽涉及 STSE 教育，但仅在章节的概述中做简要说明，没有落实到具体的活动要求之中。《2014 化学指引》则进一步强调学科知识与社会、生活、环境之间的联系，在对每个课题进行阐述时，专列一项"科学、技术、社会和环境的联系"，设计一些与香港地区社会生活及环境密切相关的活动课题，提出观点，分析讨论，例如在"地球"课题中提出了以下几项活动，其中（ii）、（iii）联系到香港目前的缺水状况和解决途径。

（i）从空气中提取的氧气可作医疗用途；（ii）前往缺乏洁净和安全水源地区的旅客使用涉及化学反应的方法净化饮用水；（iii）除了从广东省输入饮用水，海水淡化是另一个为香港市民提供淡水的方法；(iv) 为了保护环境，化学物种的开采和提取应予以监管；(v) 电解海水所得的生成物对我们的社会都是有益的。

通过对这些反映本土现实性问题的活动课题的讨论，从中渗透 STSE 观点的教育，帮助学生形成正确的价值观，强化学生的社会责任感，使他们能辩证地看待科学技术发展与社会、生活以及环境的关系，从而更深刻地理解科学的价值。

（三）建议活动的比较

《2014 化学指引》将《2002 化学指引》中"技能与过程"的要求融入"建议的教与学活动"中，丰富多彩的活动让学生能够从中获得更多的技能，也锻炼了学生的思维能力。以《2002 化学指引》中的"微观世界"课题及《2014 化学指引》中的"微观世界 I"课题为例来说明（如表 5-15 所示）。

表5-15　香港高中化学课程建议活动的比较
——以"微观世界"课题为例

《2002化学指引》	《2014化学指引》
1.搜寻和演示有关元素和元素周期表发展的资料 2.进行与相对原子质量和相对分子质量有关的计算 3.绘制原子、离子和分子的电子图 4.探究元素周期表中同主族元素在化学方面的相似性 5.预测元素周期表某族中元素的化学性质 6.书写离子化合物和共价化合物的化学式 7.预测离子化合物和共价化合物的生成 8.预测物质的结构和性质	1.搜寻和简报有关发现原子结构的数据 2.搜寻和简报有关元素和元素周期表发展的数据 3.进行有关相对原子质量和相对分子质量的计算 4.绘制原子、离子和分子的电子图 5.探究元素周期表中同主族元素化学性质的相似性，如第 I A族元素与水的反应、第 II A族元素与稀氢氯酸的反应，以及第 VII A族元素与亚硫酸钠溶液的反应 6.预测元素周期表内某一族中一些陌生元素的化学性质 7.分别写出离子化合物和共价化合物的化学式 8.命名离子化合物和共价化合物 9.探究某些宝石的成分与其外观色彩的关系 10.利用一组水溶液预测离子的颜色，如分别按氯化钾和重铬酸钾的水溶液推测K^+（aq）、$Cr_2O_7^{2-}$（aq）和Cl^-（aq）的颜色 11.探究水溶液［如重铬酸铜（II）及高锰酸钾］的离子向相反电极的迁移 12.制作离子晶体和共价分子的三维模型 13.利用计算机程序研习离子晶体、简单分子物质和巨型共价化合物的三维影像 14.制作金刚石、石墨、石英和碘的结构模型 15.利用物质的性质推断其结构或利用物质的结构推断其性质 16.利用物质的结构论证其一些特定的用途 17.阅读或撰写有关物质如石墨和铝的结构和应用的文章

从表 5-15 可以看出，与《2002 化学指引》中的活动相比，《2014 化学指引》中的建议教与学活动体现出以下一些特征：

（1）活动的数量大大增加

《2002 化学指引》中涉及的活动有 8 项，《2014 化学指引》则有 17 项，可见建议活动的数量大大增加了，为教师提供了更多的选择。教师可运用其专业判断，安排合适的学习活动，使学生掌握化学课程的各种知识和技能，以及培养相应的情感态度和价值观。

（2）活动的类型更加多样化

由表 5-15 可见，《2002 化学指引》中的活动类型有"资料搜集""化学计算""画图""探究""预测"和"化学语言"，《2014 化学指引》在此基础上又增加了"制作模型""多媒体应用"和"阅读撰写"三种活动类型，多样化的活动类型有利于学生培养多方面的能力。

（3）活动的要求细化

从活动的要求来看，《2014 化学指引》比《2002 化学指引》要详细得多。例如，《2002 化学指引》中要求"探究元素周期表中同主族元素在化学方面的相似性"，而《2014 化学指引》则是"探究元素周期表中同主族元素化学性质的相似性，如第ⅠA 族元素与水的反应、第ⅡA 族元素与稀氢氯酸的反应，以及第ⅢA 族元素与亚硫酸钠溶液的反应"，这样结合实例进行说明，可以帮助教师在教学中更有针对性。此外，《2014 化学指引》中有些活动的难度略高于《2002 化学指引》，如新增的"探究某些宝石的成分与其外观色彩的关系"、"探究水溶液［如重铬酸铜（Ⅱ）及高锰酸钾］的离子向相反电极的迁移"和"阅读或撰写有关物质如石墨和铝的结构和应用的文章"等活动，涉及的知识比较复杂，要求学生调动多种能力方可顺利完成。

综上所述，与以往的香港化学课程文件相比，2014 年更新并很快实施的高中化学课程指引（中四至中六）在课程设置、目标建构、内容组织等方面均有显著的变革，课程结构更为合理，课程目标更为全面、具体，课程内容更为丰富，学习活动的思维技能有所提高，充分反映了新课程对学生科学素养的积极作用。香港《2014 化学指引》对促进内地高中化学课程的进一步改革具有积极的启示，许多观点和做法值得我们借鉴。

第四节　香港中学科学课程改革的启示

数据表明，香港15岁的学生，在多次 PISA 考试中的科学素养成绩均名列前茅，这一现象吸引了国内外科学教育研究领域的广泛关注，我们不禁想要对香港的科学教育进行研究和思考：香港地区的科学教育是如何进步和发展的；面对新世纪的挑战，香港科学教育的课程设计有着何种发展路向，现状如何，在学校教育中是怎么开展的；科学课程的目标和学习内容与其他地区有哪些差异，课程设置及科目编排又有什么变化和发展；教师的教和学生的学是否值得借鉴等。

本章针对中国香港地区的科学课程，围绕其变化发展历程、初中及高中阶段的科学课程现状，以及高中化学课程的纵向比较三个方面，对该地区的科学课程进行了较为详细的介绍和分析，总结出香港科学课程的若干特点，给我国内地中学科学课程，乃至化学课程的编排和开展提供借鉴和参考。

一、香港科学课程改革的特色

根据前面几节的分析和比较，我们可以总结出香港科学课程的特点。

（一）课程设置体现出较强的选择性

在初中阶段（中一至中三），香港实行的是综合性的科学课程，内容涉及六大学习范畴、十五个主题单元，涵盖了适合初中程度的主要科学知识和技巧，以及科学对社会和科技的影响。而在高中阶段，新学制实施以来，香港地区以四个选修科目的形式来开展科学课程，分别是物理、化学、生物科（分科形态），以及科学科，与学制改革前的课程相比，其设置更加灵活，具有很强的选择性，能够满足不同兴趣、不同特征的学生需要。

在高中科学科课程设计中，又开设了两种模式供学生自由选择，即组合科学与综合科学课程，学生可以根据自己未来的发展需要（升学、就业等）以及兴趣去选择不同类型的课程，达到提高自身科学素养、为人生发展做好充分准备的目标。

就化学课程而言，新高中化学课程与之前相比，也更具优势。目前阶段，在香港中学实施的化学课程有三种不同的形态，学生可以只选择学习综合科学课程，也可以选择学习组合科学中的化学内容,还可以修读完全分科形态的化学课程。因此，新高中化学课程的设置更加灵活，可以保证未来不继续修读高级化学课程或者不从事化学相关工作的学生掌握基础的化学知识，也能够确保对化学科学拥有较大热情的学生有机会继续深入研习化学课程。

（二）课程目标的可操作性强

香港初高中科学课程的相关文件中在目标的界定和描述上十分详尽，文件中采用了多样化的行为动词对目标加以界定，增强了目标要求描述的指导性，使化学课程目标的要求更加明确、具体、生动；此外，对目标内容的说明十分具体，从目标内容的多个角度加以诠释，体现出课程目标较强的可操作性，在课程实施过程中能够有力地指导化学教师对目标的解读，进而使他们能够有的放矢地进行教学。

例如，组合科学课程的学习目标从"知识和理解""技能和过程""价值观和态度"三个维度进行描述，新旧学制下的高中化学课程目标也都是从这三个维度进行建构。我国内地的科学课程设计的也是"知识与技能""过程与方法""情感态度价值观"三维课程目标。

（三）课程内容联系科技与生活

科学的应用价值是科学课程设计与开展的重要资源和素材，在香港科学课程的内容设置中，可以处处看到课程内容与实际生活应用和当今科技进步紧密相关。例如，高中阶段的综合科学课程由 8 个必修单元和 3 个选修单元组成，其中的必修单元涉及多个与生活、生命、科学技术、环境等相关的知识内容，如"生命之泉""体内平衡""短跑科学""辐射与我""能量、天气与空气质素""化学为民"等。而且这种方式也体现了科学课程内容的跨学科设计，更加彰显了课程的综合性和应用性。

香港新高中化学课程以课题形式组织内容，在课题选择时从学科知识的角度以螺旋上升的方式组织，凸显出其对化学原理内容的重视，在课题阐述中又特别强调化学课程内容与科学、技术、社会和环境之间的关系，说明了香港高中化学课程内容对化学原理内容和 STSE 内容的同等重视。

（四）学生科学探究的培养落到实处

科学探究是新世纪科学教育领域提出的重要概念之一，它既是科学课程的重要组成部分，又是学生学习科学知识、科学概念的一个必要手段。香港课程文件将科学探究定义为六大学习范畴之一，目的在于培养学生的科学过程技能和加深他们对科学本质的了解。

新高中化学课程不论是在课程设置、课程目标建构、课程内容组织，还是教与学的探讨中，都融入了科学探究成分，专门设置探究研习部分，并建议设置 20 个小时的学习时间。在课程目标体系中不仅将科学探究作为技能和过程领域的重要内容，也把它作为重要的化学知识基础置于知识和理解目标中，同时还强调科学方法、科学思想的重要作用。在化学课程内容中设计了多样化的活动帮助学生实现知识和能力的双丰收,其中有关科学探究的活动类型数量排名第二。在讨论课程实施中如何教与学时,也把科学探究列为九大"教与学的方式"之一。

(五)构建了系统且具创造性的评价体系

根据香港的高中课程指引文件所述,评估是课程、教学法及评估循环中不可或缺的一部分。评估包括收集学生学习的诠释资料等,判断学生的表现,以向学生、教师、学校、家长或社会,以及为教育制度提供回馈[1]。所收集的评估资料应当清楚地显示学生学习的成果(包括学生学会什么及还未学会什么),以及学习的过程(学生如何学习),前者即所谓的"对学习的评估",后者是"促进学习的评估",对此,文件中有详细的阐释和界定,在不同的课程评估及指引文件中均有描述和说明。此外,对于新高中课程学习的评估,文件分为两种模式:进展性评估和总结性评估。评价体系完备,操作指导明确,由此可见香港对于课程评估的重视程度。

例如,在香港新化学课程指引中准确地指出了课程评价的具体作用,并对评价进行分类,在此基础上提出评价的总体目标,在评价采用的具体方式上着墨颇多,不同的评价方式对应不同的评价原则,并与具体的评价活动相联系,针对性较强。从"类型"和"活动"两个维度指导教师对学生化学学习情况进行准确的评价,构建了一个比较完备的评价体系。两种评价类型的重新阐述,改变了以往学校倾向侧重对学习的评估的情况,凸显进展性评估的重要地位。

评估所得的资料反馈对学生学习的改善有着正面影响,尤其是优质、恰当、多元化的反馈行为,将会使学生的成绩得以提高,其自我总结和反省的认知思维能力也能够得到有效的锻炼。

二、香港科学课程改革的启示

通过对香港科学课程的介绍和分析,以及香港高中化学课程的纵向比较,鉴于香港科学课程所呈现的特点,可为内地科学课程、化学课程改革提供以下几点启示。

(一)加强标准对课程实施的指导作用

香港的学制改革带来了高中及高等教育的学制变化,科学课程发生变革,教师和学校实施新学制、新课程所依赖和参照的是香港课程发展议会、考评局等部门修订颁布的丰富而且全面的课程文件,香港在实施教育改革之后,也不断地对课程指引、评估方案等进行检查和更新。

---

[1] 香港课程发展议会.高中课程指引——立足现在·创建未来.2009.

香港课程改革和发展的指导文件、报告书以及科学教育学习领域的各科目课程指引等，不论是在哪个学习阶段，都极为详尽丰富。各科指引对课程理念、课程设置、课程目标建构、课程实施过程中采取的教学方式、课程内容的阐述和课程的评价，均分章详细说明，力求让学校和教师能充分理解文件的内容，体现了对课程实施的强有力的指导功能。

香港的课程指引即内地所称的课程标准，它是教材编写与审查、课程实施与管理、课程评价与考试命题的依据，过于简练的课程标准对教师准确理解标准内容会造成一定的困难，缺乏对具体课程实施的有力指导，因此应该从理论和实践两个方面提出课程改革的具体内容和要求，从而为一线的教师提供可操作的指导意见。

（二）关注学生不同的兴趣、能力和发展需要

教育的目的在于使所有学生得到全面发展，这种发展要以学生的原有知识经验和能力素质、性格特点为基础。为了使每个学生的科学素养都能在原有的基础上得到进一步的提升和发展，香港科学课程根据学生修习方式的不同设置了不同的修读模式，不同的课程中又设置了不同学科不同内容的组合。

香港新高中化学课程结构包括必修和选修部分，并专设探究研习一项，将其融入两类课程之中，满足了不同需要的学生对课程的要求，体现了具有选择性的多元化课程结构设置；在教与学（课程实施）中提出了可以帮助实现照顾学生差异性的多种手段，包括了解学生、灵活分组、使用不同的教学策略、采用不同的学习内容、利用网络资源和照顾资优学生。因此，对不同能力、水平、需要的学生的差异性的关注应体现在多个方面上，考虑到学生将来所从事的职业或者升学目标不同，也应该灵活机动地设置和开展科学课程，既达到提升全民基本科学素养的要求，还能够培养专门领域的科技人才，为建设社会创造财富。

（三）重视对学生进行过程性评价

对学生而言，学习的目的并不是应付各种各样的考试，而是能够在自己原来的基础上实现进一步的发展，挖掘自己的潜能。因此，相对于总结性评价而言，过程性评价更为重要。

内地化学课程评价在说明考试评价内容时甚为详细，但是在过程性评价方面却过于笼统，所谓建立"学生档案袋"等在具体实施过程中亦只是流于形式。在这一方面，香港高中化学课程指引中有明确而详细的阐述，如何评价学生的学习情况，尤其是过程性（进展性）评价，又如何将收集的评估资料进行有效反馈等，都是值得我们学习和借鉴的地方。内地科学课程、高中化学课程应更多地重视过程性评价的地位，并提出确切可行的措施来实现评价。

参考文献

［1］香港课程发展议会.学会学习——课程发展路向［R］.2001.

［2］香港课程发展议会.基础教育课程指引——各尽所能·发挥所长［R］.2002.

［3］香港课程发展议会.科学教育学习领域课程指引（小一至中三）［R］.2002.

［4］香港课程发展议会.中学课程纲要科学科（中一至中三）［R］.1998.

［5］香港教育统筹局.高中及高等教育新学制——投资香港未来的行动方案［R］.2005.

［6］香港课程发展议会.高中课程指引——立足现在·创建未来（中四至中六）［R］.2009.

［7］香港课程发展议会,香港考试及评核局.科学教育学习领域综合科学课程及评估指引（中四至中六）［R］.2014.

［8］香港课程发展议会,香港考试及评核局.科学教育学习领域组合科学课程及评估指引（中四至中六）［R］.2014.

［9］香港课程发展议会.科学教育学习领域化学课程及评估指引（中四至中五）［R］.2002.

［10］香港课程发展议会,香港考试及评核局.科学教育学习领域化学课程及评估指引（中四至中六）［R］.2014.

［11］陈碧华.香港、上海两地高中化学课程比较研究［D］.上海:华东师范大学,2009.

［12］王静霞.大陆、香港和台湾高中化学课程比较研究［D］.上海:华东师范大学,2005.

［13］孙重贵.香港历程［M］.香港：香港文史出版社,2007.

［14］奥恩斯坦.美国教育学基础［M］.刘付忱,译.北京：人民教育出版社,1984：170.

［15］施良方.课程理论——课程的基础、原理与问题［M］.北京：教育科学出版社,2004：119.

第六章 中美化学课程内容的比较研究

如何解决课程改革实施中出现的问题？我国化学课程下一步该如何发展？本章以上海和加利福尼亚州为对象，寻找我国课程与美国课程的差异，为构建我国国际化水准的课程体系提供参照。

第一节　课程内容比较的视角及方法

一、课程内容难度的比较研究

华东师范大学博士生导师鲍建生教授（2002）在《中英两国初中数学期望课程综合难度的比较》中采用习题难度来表示课程难度，从背景、探究、知识含量、推理和运算五个因素建立了数学题综合难度模型，并以数学题综合难度模型为平台，对中英两国数学课程综合难度进行了比较。比较结果发现，从综合难度上看，我国的数学课程难度明显高于英国的数学课程难度；从综合特征来看，英国课程强调的是课程实际背景的丰富和更新，我国课程更重视数学本身的系统和结构。

李淑文（2006）在其博士论文《中日两国初中几何课程难度的比较研究》中利用上述课程内容难度系数模型和鲍建生的综合难度模型对中日初中几何课程难度进行比较，课程内容难度由课程深度、课程广度和课程时间决定，是单位时间的课程广度和课程深度的加和。该研究得到了人民教育出版社出版的我国传统几何课程"广而深"，华东师范大学出版社出版的新几何课程"广而浅"，泽田利夫主编的由日本教育出版株式会社 2001 年出版的日本几何课程"窄而深"的结论。

华南师范大学博士生导师黄甫全教授从认识论的角度给出了课程难度的定义和特点：课程难度是预期教育结果从简单到复杂、从低级到高级的质和量在时间上相统一的动态进程。作用于课程难度的因素主要有三个：一是社会发展的要求与可能，二是人的要求与可能，三是人类知识的发展及其体系结构。这三个因素分别制约和决定着课程难度，课程难度具有动态统一性、动态阶梯性、主客观统一性和对象性等特点。他运用灰色系统理论建立课程难度模型系统，通过"中小学课程难度问卷"对小学毕业生、中学毕业生、大学一年级学生进行了调查，主要的研究结论是：学习过难的年级是小学一年级、小学五年级、初中二年级、高中三年级，学习过难的科目是数学、英语、物理等。

华中师范大学博士生导师王后雄教授采用课程难度模型比较了人民教育出版社（简称人教版）、江苏教育出版社（简称苏教版）和山东教育出版社（简称鲁教版）三个版本的化学课程内容与课程标准的吻合度。结果发现，从课程难度而言，鲁教版《化学 2》、苏教版《化学反应原理》与课程标准的吻合程度最高，苏教版《化学 2》、人教版《化学反应原理》的难度存在较大的偏离课程标准的倾向。

张辅（2007）在其博士论文《上海与美国加州小学数学期望课程的比较研究》中采用量化和质性结合方法，分年级、分学段地比较了上海与美国加利福尼亚州（以下简称加州）的小学数学期望课程的广度和难度，比较结果表明：加州小学数学期望课程广度明显大于上海，上海与加州两地小学数学课程难度在整体上存在明显的差异，上海的课程难度要大于加州。

杨承印和韩俊卿（2007）分别对科学出版社和广东教育出版社（简称粤教版）、上海教育出版社（简称沪教版）、人教版和鲁教版的4套义务教育课程标准化学实验教科书，进行静态难度定量分析，比较了课程难度与课程标准的适切程度。结果发现：就课程难度而言，虽然沪教版的课程难度与课程标准吻合较好，但仍偏难于课程标准要求；粤教版偏易于课程标准要求；鲁教版的课程难度最大，体现了其在主题知识方面的课程广度和课程深度都较高的特点。

二、课程内容比较的编码方法

课程内容的比较，不论是知识内容还是习题内容分析，都涉及编码工作，即知识点统计——包括知识点数量、知识点认知要求等多项统计。知识点的统计是课程内容比较中的关键步骤，其统计方法的合理性直接影响课程比较研究的结论。

鲍建生在统计习题中的知识点时遵循3个原则：一是对待单一和综合知识点时，统计以综合水平高的计算；二是对于题目出现的知识点，应包括题干和解题过程中出现的所有知识点；三是由于不同解题方法而导致的知识点不同，以命题者提供的常规方法中的知识点为准。

李淑文对知识点的处理是把中日两国初中几何课程中的所有概念、公理、定理、公式、技能列举出来，然后请13位教师将其分成"一般"和"重点"两类，并且规定：一半以上教师认为"重点"的概念、定理或技能为标准知识点，记为1个知识点（定理的推论不算知识点）；一半以上教师认为"一般"的概念、定理或技能为辅助知识点，记为0.5个知识点。

张辅在比较上海与加州的小学期望课程时，将鲍建生的"以综合知识点为原则"改为"比综合知识点更为详细一层，但不是单个知识点的层次"。

知识点的统计没有固定标准，每一种统计方法都有其特殊背景，用一种方法来衡量不同学科或不同年级的知识量，显然不甚合理，但方法的讨论是促进方法改进的前提和条件。分析上面的知识点的统计标准，主要存在问题有：

①鲍建生和张辅的方法没有排除个人偏见对统计结果的影响，虽然制定了较为

合理的统计原则，但是单独研究者个人的统计，难免会带有主观色彩。

②李淑文将"重点"和"一般"知识点分别赋值为 1 和 0.5,赋值原因没有说明，其合理性值得商榷。

③鲍建生的"以综合知识点为原则"不甚合理。以化学知识点为例，"氯气的性质""氯气的物理性质"和"氯气是黄绿色气体"这三个知识点，显然是前者综合性最强，中间其次，后者是单个知识点，如果以前者来统计，包括的内容太多，显然不合理。虽然张辅将鲍建生的方法修改为"比综合知识更为详细一层，但不是单个知识点的层次"，但是是将两个知识点并为一个，还是将三个知识点并为一个，很难把握。

三、课程内容广度比较的方法

课程内容广度比较，主要有 3 种方法：

一是在知识点数量统计基础上比较各自的知识点数量，比较课程广度，同时辅以质性分析。在国际课程比较项目的再比较研究中的内容范围比较和课程一致性研究中知识广度的统计都是采用这种方法。

二是按照相同知识点和各自单有知识点，直接对比二者的相同知识点和不同之处，得到课程内容的差异来源（张辅，2007）。

三是用卡方检验来比较两种课程内容的相同知识点和单有知识点的分布差异，目的是通过量化方法得到差异与否的结果（刘健智，2007）。

第一种方法可以得到知识点的数量信息,通过数字直观地看到课程的广度差异，但是无法知道造成课程广度差异的内容细节，不适于本研究；第二种方法直接对比异同点，可直接得到两种课程的内容信息，但缺乏对课程广度的总体认识；第三种方法只是验证是否有差异，无法知晓内容要求的差异的来源。

四、课程内容深度比较的分析框架

目前国际课程比较研究的认知领域比较大多来自第三次国际数学和评测（Third International Mathematics and Science Study，简称为 TIMSS）的评价框架，课程一致性比较中的知识深度比较主要来自实践课程的调查模式（Survey of Enacted Curriculum,简称为 SEC）的分析框架,国内对课程内容深度研究相对较少。总的来说，课程内容深度比较方法主要有 3 种：

（一）TIMSS分析框架

TIMSS（2003）的评价框架主要将认知领域分成 3 个层次：知道、概念性理解和推理与分析。先统计各个认知层次的知识点数目，然后对比各个层次的知识点数量，从而得出课程在不同层次的要求的比例，Teresa Smith Neidorf 等人的研究就是采用这种方法。

（二）SEC模式分析框架

SEC 模式是课程一致性分析范式，该模型在对科学课程内容一致性分析中，将科学内容认知分成五个层次——事实记忆、调查、理解、分析信息、概念应用，并且将化学内容分成七个模块：元素和周期表、化学式和化学反应、动力学与平衡、物质的性质、酸碱盐、有机化学以及核化学。依照内容和认知两个维度建立二维表，按照不同模块中的不同认知层次统计知识点，填入表中，转换成标准值比较不同模块的认知水平的差异，并通过计算最终得出一致性系数。

（三）平均课程内容深度

史宁中等人采用数字赋值方法分别将了解、理解、掌握和灵活应用四个水平赋值为 1、2、3、4，然后根据不同水平知识点数目和水平的权重，计算课程内容的平均深度。

以上三种课程内容深度的研究方法，主要问题在于：

一是 TIMSS 和 SEC 的认知水平比较方法可以对不同模块的认知层次水平进行详细对比，但缺乏对总体课程内容深度的认知。

二是用课程内容平均深度表征课程内容深度存在以下问题：（1）模型的四个认识水平层次与课程内容深度含义似乎并不完全匹配，"课程内容本身的抽象程度和概念的关联程度"与"认知水平"是两个范畴的概念，前者指的是文本的复杂程度，后者指的是学习者学习内容需要付出的认知深度，二者之间存在何种关系，还有待讨论；（2）对于不同的认知层次分别赋值为 1、2、3、4，这是否合理有待商榷；（3）仅用量化模型得到课程内容深度抽象数值，这只能得到课程内容深度的概略印象，如何解决量化方法的缺陷？

五、课程内容难度比较的思路

课程内容难度的合成主要有三种视角：一是从灰色系统理论建立的课程内容难度模型，二是以试题难度表征的课程内容难度，三是从知识内容视角比较课程内容难度。

（1）灰色系统难度

黄甫全（1994）从认识论的角度定义课程内容难度，并用灰色系统理论建立了课程内容难度模型系统。他认为，课程内容难度是预期的教育结果从简单到复杂、

从低级到高级的质和量在时间上相统一的动态进程,课程内容难度具有动态统一性、动态阶梯性、主客观统一性等特点,课程内容难度受到社会发展的要求、个人发展的要求以及人类知识的发展及其体系结构三个因素的影响。

（2）试题难度

2001 年,David Nohara 在为美国教育统计国际中心所做的工作报告中比较了三项大规模的数学和科学成就测试（NAEP 2000、TIMSS、PISA 2000）的总体难度。他认为影响科学试题的难度主要有四个因素：

①扩展性问题：指要求学生自己做出结论,并且做出解释的问题。

②背　景：指脱离学校,在生活和社会中所遇到的实际背景。

③数学技能：指解答科学题需要的数学技能,包括运算、制表、画图等。

④多步推理：指为解决问题转换信息,如建立中间图像、建构子问题。

鲍建生采用习题难度模型表征课程内容难度,修改了 Nohara 的数学习题难度模型,认为影响习题难度的要素有五个——背景、运算、知识含量、推理和探究,并将不同的水平赋值为 1、2、3,计算课程综合难度。

（3）知识内容难度

史宁中等人认为,影响课程难度要素有课程深度、课程广度和课程时间。课程深度泛指课程内容所需要的认知深度,课程广度是指课程内容所涉及的范围,课程时间是指课程内容完成需要的时间。他认为课程内容难度系数是可比深度和可比广度的加和。

上述三个课程难度比较方法中,黄甫全从课程的主观、客观两面提出课程难度模型；Nohara 讨论的是试题难度,鲍建生将其引申到课程上；史宁中等人讨论的是课程内容难度。从学科内容来看,除了 Nohara 涉及科学课程,其他研究大多在数学领域。

第二节　化学课程内容难度比较的设计

前文概述了课程内容难度比较的相关研究方法，本节以此为基础，节选上海和加州两个地方的化学教科书为对象，展开课程内容难度的比较研究。

一、化学课程内容比较的对象

本研究属于文本研究范畴，文本的选择直接影响研究的信度和效度。两地的课程内容文本主要是课程标准和教科书，两地最新版本的课程标准和教科书如表 6-1 所示。

表6-1　上海与加州的化学课程文本

地区	课程标准	教科书
上海	上海中学化学课程标准（2004，试用稿）	上海科技出版社2007年和2008年陆续出版的高一、高二化学教科书（2007）和高三拓展型教科书（2008）
加州	加州公立学校科学教育框架（2004）中化学内容标准	Mc-Graw Hill出版的 *Chemistry：Matter and Change*（2008）

上海课程文本有上海中学化学课程标准（2004，试用稿）、上海科学技术出版社出版的高一化学（2007）和高二化学 4 本教科书（2008）和 1 本高三的拓展型课程（2008）。由于上海中学化学教科书只有上海科技出版社出版的一套，不存在文本争议。

美国教育系统是相对分权的州立教育体系，每个州有权自行选用教科书，有权决定几乎所有的教育内容——从教师能力到中小学课程的确定（何成刚、康长运，2004）。加州教科书是由州级教科书选用委员会挑选教科书系列，学区从州所列的书单中挑选一种教科书，美国有近 20 个州采用这种教科书选用模式。加州的高中化学主要有两个版本——*Chemistry：Matter and Change* 和 *Chemistry：Concepts and Applications*，而且 *Chemistry：Matter and Change* 属于 *California Programs*，即"加州项目"选用的化学课本。而且这本教科书也是面向理科化学学生的教科书，符合本研究的文本选择要求。因此，加州课程文本是加州最新的公立学校科学教育框架

（2004）中的化学内容标准和 Mc-Graw Hill 的 *Chemistry : Matter and Change*（2008）。

二、化学课程内容比较的内容

课程内容比较有哪些分析维度呢？前面 3 个有关课程内容的相关研究，对于比较维度划分有异曲同工之妙，"内容范围""知识广度"与"课程内容广度"意义相同；"认知领域""知识深度"与"课程内容深度"对应，"复杂水平"则与"课程内容难度"相当，名称不同，意思相近。本文提取其中共有的"深度"和"广度"两个维度，作为本文课程内容比较的基本维度。

国内的数学课程比较将课程内容难度作为课程比较的重要维度，这可能与他们对课程内容难度和学业成就之间关系的理解有关。实际上对科学课程来说，课程内容难度也是影响科学成就的重要原因之一。新加坡教育部报告（Ministry Education of Singapore，2000）认为，新加坡高中在 TIMSS 中连续的高科学成就与其刚性的科学课程有关，而且有研究表明，新加坡高中生物课程水平与我国高中生物课程水平相当，这说明了科学课程的成就与科学课程内容难度有高度的相关性。

课程内容广度和课程内容深度对于科学课程不仅有着与课程内容难度同样重要的现实意义，而且甚于这两者对于数学课程的意义。因为随着社会的进步，科学技术知识更新速度加快，而数学知识则相对稳定，变化较慢，在科技高度发达的背景下，科学课程也应随之同步发展，一味挖掘知识难度而忽略了拓展知识视野，不利于大众科学素养的提升。课程内容广度反映了科学课程的视域，课程内容深度是对科学课程知识的理解深度，而视域的大小和理解深度往往是影响科学问题解决的主要因素。

对课程本身来说，课程内容广度是课程内容的横向维度，课程内容深度是课程内容的纵向维度，由于课程内容的难度是由课程内容广度、课程内容深度和课程内容时间三者决定的，含有时间因素，相当于构成了课程内容三个维度，决定了课程内容的时空度。三个维度中，广度和深度是基础维度，难度是综合维度。

基于以上课程内容难度、课程内容广度和课程内容深度对于科学课程的意义分析，本文将课程内容广度、课程内容深度以及课程内容难度作为化学课程内容比较的维度，希望能较为立体地勾画两地的化学课程的全体概貌。

三、化学课程内容比较的思路

本研究主要采用了文本分析法和调查问卷法，文本比较包括量化比较和质性分析。课程内容广度和课程内容深度比较采用量化统计和质性分析方法，课程内容难度比较采用量化比较和调查问卷法。

课程比较总体思路如下：

首先，确定化学课程比较的内容和分类，然后按照类别逐一统计两地的中学化学课程知识点的数量和认知水平。

其次，根据附录的表格的知识点和认知要求，利用比较工具比较两地课程的广度和深度。

最后，在课程内容广度和深度比较的基础上，比较两地课程内容的难度。

课程内容广度和深度比较，先量化比较，然后质性分析；课程内容难度比较先建立量化工具然后再量化比较。

第三节 化学课程内容广度的比较

课程内容广度比较，首先采用量化方法检验总体广度差异，然后按照化学课程的四个模块"物质结构""物质状态""物质性质""物质变化"进行量化比较，若出现差异较大的模块，就对差异较大的模块进行质性比较，寻找差异课程内容广度差异的内容根源。

一、化学课程内容广度的表征

国内学者认为，课程内容广度是指课程目标所规定的课程内容的范围和广泛程度，一般指课程所含"知识量"的多少。

Webb（1999）的课程一致性研究中对知识广度的理解是"主要概念、观点的所有的类型或表现形式"（Norman L. Webb，1999），而他对知识种类的定义是"学习内容的领域和范围"，知识种类是学习主题，而知识广度是相对小的知识点，如概念、理论等。

本文课程内容广度是指课程内容的范围，以知识点的多少来表征，知识点越多，课程内容广度越大。

二、化学课程内容广度的量化比较

课程内容广度的量化比较分三步：首先统计两地课程各模块的知识点总数目，比较两地的课程知识总量大小；然后采用卡方检验对两地课程的知识分布差异予以分析；最后通过比较两地模块内容的差异确定两地课程差异来源。

（一）知识总量比较

分别统计上海和加州的化学课程的知识点数量，如表6-2。

从知识点总量来说，加州课程比上海课程多（210＞181），按照前面我们对课程内容广度的理解，可以得出加州的中学化学课程内容广度比上海化学课程内容广度大的结论，验证了研究假设。

从表面数字来看，加州和上海的知识总量差异并不十分明显，但仔细分析表中数据，发现加州和上海的模块内容之间的差异很大。例如，"物质性质"中的"无机物"内容，加州没有，上海有35个知识点，上海比加州多；"物质状态"中的"气体"，加州有 15 个知识点，而上海只有 4 个，加州比上海多。这两种相反的差异综合后互相抵消，使得总体知识量差异减小，甚至有可能消失。

表6-2 上海与加州的化学课程知识点统计

模块	主题	上海课程	加州课程
物质结构	原子结构	12	21
	化学键	12	12
	分子结构	9	15
	元素周期表	6	6
物质状态	气体	4	15
	溶液	18	26
物质性质	无机物	35	0
	有机物	49	51
物质变化	反应能量	3	15
	反应速率	5	13
	化学平衡	8	8
	氧化还原反应与电化学	12	14
	酸与碱	8	14
合计		181	210

看来，用比较知识点总量来比较课程内容广度，对课程中相对小的主题内容的比较是适用的，而对总体课程的课程内容广度描述，单用知识总量来表示似乎还不够，知识分布也是影响两地课程差异的因素之一。

（二）知识分布比较

采用什么方法可以有效地表达两种课程知识的分布差异呢？本文采用统计学中非参数检验方法来检验差异。首先将两地共有知识点统计出来，统计各自单独有的知识点，然后采用非参数检验方法的卡方检验来计算卡方值，查表检验两种课程知识分布是否存在显著性差异。

由表 6-3 可知，上海与加州中学化学课程内容核心知识点共 288 个，其中上海课程 181 个，占总数的 62.9%；加州课程 210 个，占总数的 72.9%。两地共有的知识点 103 个，占 35.76%；上海单有 78 个，占 27.08%；加州单有 107 个，占 37.15%，如图 6-1 所示。

第三节 化学课程内容广度的比较

表6-3 上海与加州化学课程内容分布

	物质结构	物质状态	物质性质	物质变化	合计
共有	33	19	21	30	103
上海单有	6	3	63	6	78
加州单有	21	22	30	34	107
合计	60	44	114	70	288

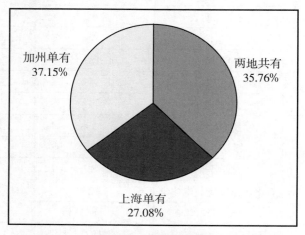

图6-1 上海与加州化学课程知识分布图

图6-1中右边部分代表两地共有知识点所占的比例，下面部分代表上海单有知识点的比例，而左边部分代表加州单有知识点的比例。从图中可以看到，两地重叠的内容知识点只占总量的三分之一，两地单有知识点各占三分之一。

那么，两地课程内容存在差异吗？采用统计方法检验两地课程的分布。

先建立四格表（如表6-4）：

表6-4 上海与加州的课程知识点分布四格表

	已有知识点	没有知识点	合计
上海	181	107	288
加州	210	78	288
合计	391	185	576

计算卡方值：

$$\chi^2 = \frac{(210 \cdot 107 - 181 \cdot 78)^2 \cdot 576}{391 \cdot 185 \cdot 288 \cdot 288} = 6.70$$

查表得：$\chi^2_{0.01} = 6.63$，$\chi^2_{0.05} = 3.84$

由于 $\chi^2 > \chi^2_{(0.01)}$，即 $p > 0.01$，即加州与上海课程知识分布在 0.01 水平上存在显著性差异。看来，虽然两地课程知识总量相差不大，但知识分布却存在着显著性的差异。下面我们就差异的来源做进一步探讨。

（三）差异来源

为了探知差异来源，依照同样方法，就模块之间的差异，我们统计了两个课程各模块的知识差异量，并计算了四个模块的知识分布 χ^2 值，如表 6-5：

表6-5　上海与加州课程模块内容差异

	物质结构	物质状态	物质性质	物质变化
知识量差异	15	19	33	28
χ^2	10.75	20.17	19.78	27.44

表 6-5 数据表明：

（1）各模块的差异量从大到小依次为：物质性质＞物质变化＞物质状态＞物质结构，也就是说，两地的"物质性质"模块内容差异最大，"物质结构"的内容差异相对最小。

（2）四个模块的 χ^2 值无一例外都大于 0.05 显著性水平的临界值（3.84），因此，不仅总体的知识部分有差异，两地各模块的知识分布也都存在显著性差异。

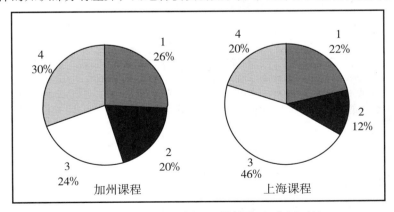

图 6-2　加州与上海课程模块内容比例对比

1——物质结构　2——物质状态　3——物质性质　4——物质变化

图 6-2 是加州与上海课程各模块内容的比例对比图，左边为加州课程，右边为

上海课程。结合两地课程各模块对应的比例和表来看,两地课程内容广度的差异来自:

(1)上海课程"物质性质"的比例占了总量近半,远远大于加州课程对应模块的比例,两地的知识量差异也显示"物质性质"是两地课程内容广度差异的主要来源。

(2)加州的"物质变化"和"物质状态"内容比例大于上海课程的相应模块的比例,模块的知识量差异比较也表明,"物质变化"也是两地课程广度差异的重要来源。

总的来说,通过加州和上海的中学化学课程的量化比较,得到了两地化学课程内容广度的基本概貌:加州课程内容广度比上海大,而且两地的课程知识分布存在显著性差异,在差异来源中,"物质性质"和"物质变化"是加州和上海中学化学课程差异的主要来源。

要确定差异来源,还需对两地课程内容做进一步质性分析。

三、化学课程内容广度的质性分析

化学课程内容广度的质性分析从"物质性质"和"物质变化"两大模块展开。

(一)物质性质

"物质性质"内容包括无机物的性质(简称"无机物")和有机物的性质(简称"有机物"),"无机物"主要是元素化合物知识,"有机物"主要包括烃和烃的衍生物知识;两者均不包括无机和有机化工内容。

(1)"无机物"

"无机物"指的是元素周期表中的元素及化合物的性质,上海课程中主要介绍了氯、硫、氮、碳、铝、铁等6种元素及其化合物以及氧气、氢气的性质。

下表是上海与加州的"无机物"内容的比较结果。

表6-6　上海与加州"无机物"内容比较

内容	上海课程	加州课程
氯	1.理解氯气的物理性质和化学性质 2.认识漂粉精的成分和作用 3.如何从海水中提取单质溴和碘 4.比较氯、溴、碘单质的活泼性	无
硫	1.理解单质硫、硫化氢、硫的氧化物的物理性质和化学性质 2.理解浓硫酸的特性 3.认识硫酸和硫酸盐的用途 4.理解烟气脱硫原理	

续表

内容	上海课程	加州课程
氮	1.理解氨、一氧化氮、二氧化氮的物理性质和化学性质 2.硝酸盐和亚硝酸盐的性质 3.掌握铵盐的性质 4.认识氮肥和自然界中氮的循环	无
铝	1.认识铝的物理性质 2.理解铝、氧化铝和氢氧化铝的化学性质 3.铝及其合金的用途	
铁	1.理解铁的物理性质和化学性质 2.认识铁及其合金的用途	
碳	理解碳及其化合物的性质	
氧	理解氧气的物理性质和化学性质	
氢	理解氢气的物理性质和化学性质	

由表 6-6 可以看出，两地课程"无机物"内容完全不同，二者之间不是差异问题，而是"有"和"没有"的关系。

上海课程中"元素化合物"包括非金属和金属两大类，金属主要介绍了生活中的常见金属铝和铁，非金属主要包括了周期表中第ⅣA族到第ⅦA族的主要元素及其化合物：卤族元素单质及其化合物，氧族元素的氧、硫两种元素及其化合物，氮族元素中氮元素及其化合物，碳族元素中碳单质及其化合物，以及氢气的性质。

加州课程化学内容标准和教科书中没有"元素化合物"知识要求，2003 年版本的教科书在"元素周期表中的元素"一节中简单介绍了 16 个族的元素的基本性质，2008 年版本的教科书则将元素知识移到附录中，作为学生可以查找的资料，正文中只对 S、P、D、F 四个区元素的性质做了简单介绍。从加州教科书的内容编排趋势来看，加州课程有弱化"元素"的趋势。

（2）"有机物"

"有机物"的内容较多，为了方便，分成烃和烃的衍生物、有机高分子两个部分讨论。下面以烃和烃的衍生物为代表。

烃和烃的衍生物是有机化学的基础内容，也是中学有机化学的主要内容，表 6-7 是两地课程的比较结果。

表6-7 上海与加州"烃和烃的衍生物"内容比较

相同点		1.烃、饱和烃和不饱和烃的定义
		2.烃的来源和分离
		3.烷烃的命名
		4.烷烃的物理性质和化学性质
		5.比较烯烃和炔烃的分子结构和性质
		6.烯烃和炔烃的命名
		7.同分异构体的书写
		8.讨论醇、醚官能团的结构、特性和用途
		9.讨论醛、酮、羧酸的官能团和性质
		10.卤代烃的结构和性质
不同点	上海单有	1.乙烯的结构、物理性质、化学性质、实验室制法和用途
		2.甲烷的物理性质和化学性质
		3.乙炔的结构、物理性质、化学性质、实验室制法
		4.苯的结构、物理性质和化学性质
		5.苯和苯的同系物的结构、性质和命名
		6.乙醇的结构、物理性质、化学性质、实验室制法和用途
		7.甲醇、乙二醇的结构和性质
		8.乙醛的结构、物理性质、化学性质
		9.乙酸的结构、物理性质、化学性质
		10.甲酸的结构和性质
		11.乙酸乙酯的结构和性质
	加州单有	1.有机物的模型种类
		2.顺反异构和光学异构
		3.苯胺和酰胺的结构、特性和用途

从表 6-7 中可以看到两地有机化学课程相同之处在于两地课程都有烃,如烷烃、烯烃、炔烃和芳香烃的基本结构、命名,以及烃的衍生物,如醇、醚、醛、酮和羧酸、酯类的结构和基本性质,不同之处在于:

◆ 代表物

上海单有内容是每类有机物代表物的结构、物理性质、化学性质和实验室制法,加州有机化学课程没有代表物的介绍,直接从介绍各类有机物的结构来研究其相关性质,其中差异实际上反映了有机化学课程的倚重和编制思路差异。

◆ 有机物模型

加州课程中介绍了 4 种有机物的模型——分子式、结构式、球棍模型、比例模型,作为理解有机化学结构的有力支架,上海课程模型数量相对少一些。

◆ 立体异构

在讨论同分异构现象时，上海课程只谈到结构异构，即互相连接的碳原子间化学键顺序发生改变而发生的同分异构现象，包括官能团异构和碳链异构。加州课程还讨论了立体异构现象，即相同顺序的原子在空间的不同位置而产生的同分异构现象，包括几何异构和旋光异构。

（二）物质变化

"化学"名自"变化之学"，"物质变化"是化学学科的核心内容。"物质变化"涉及一系列问题：哪些物质相遇可以发生化学反应？反应的快慢如何？反应可以进行到底吗？反应极限是什么？反应中能量变化如何？化学中有哪几类重要的反应？和问题相对应，我们把"化学变化"内容分成五个模块：化学反应能量、化学反应速率、化学反应平衡、氧化还原反应与电化学、酸碱反应。

（1）化学反应能量

化学反应中的能量主要包括反应自发性判断和反应中热量变化等内容。具体内容比较如下（表6-8）：

表6-8 上海与加州"化学反应能量"内容比较

相同点		1.化学过程可以释放或吸收热能
		2.写出化学反应和其他过程的热化学方程式
		3.理解化学键能和化学反应中能量变化的关系
不同点	加州单有	1.计算在温度改变中失去或得到的能量
		2.描述如何用量热器来测量吸收和放出的能量
		3.解释化学反应中的焓和焓变
		4.描述状态改变是失去或得到能量
		5.计算化学反应中失去或吸收的能量
		6.应用盖斯定律计算化学反应的焓变
		7.解释标准生成焓变的意义
		8.用热化学方程式计算焓变
		9.应用标准生成焓计算反应焓变
		10.区分自发和非自发过程
		11.应用吉布斯自由能方程判断反应能否自发进行
	上海单有	1.燃料的充分利用
		2.溶解过程的能量变化

从表 6-8 中可以看到，两地内容差异主要有：

◆ 热化学方程式

虽然两地课程都有热化学方程式的表达要求，但在具体的表达方式上略有差异：上海课程的热量用 Q 来表达，或者直接写上数值，而加州课程直接采用焓（H）来表达，加州课程的表达更符合化学规范。

◆ 焓变

加州课程应用盖斯定律由已知焓变求未知焓变的计算，上海课程没有盖斯定律和焓变内容。

◆ 自发反应

物质间能否发生化学反应是反应的首要问题，判断反应能否自发进行需要用吉布斯自由能方程，加州课程在反应自发性判断中引入熵（S），上海课程对化学热力学内容几乎没有涉及。

（2）化学反应速率

化学反应有快有慢，哪些因素影响化学反应的速率呢？影响的机理是什么呢？表 6-9 是两地的"化学反应速率"内容比较。

表6-9　上海与加州"化学反应速率"内容比较

相同点		1.理解和认识化学反应速率的表示方法
		2.计算化学反应的平均速率
		3.理解反应物的活性、浓度、温度和催化剂对化学反应速率的影响
不同点	加州单有	1.理解化学反应速率与微粒间碰撞的关系
		2.活化能的定义以及在化学反应中的作用
		3.计算化学反应瞬时速率
		4.理解复杂反应的瞬时速率和反应机理的关系
		5.反应速率与反应自发性的关系
		6.反应速率定律
	上海单有	压强对化学反应速率的影响

从表 6-9 结果来看，两地的"化学反应速率"差异主要在于加州课程从微观粒子模型角度解释理论内容。同前面比较结果相同，加州课程的理论性更强，加州课程涉及的化学理论主要有：碰撞理论是解释化学反应的基本理论，也是理解反应速率快慢的关键理论，可以很好地解释外部因素对反应速率的影响。加州课程系统地介绍了碰撞理论，并且用碰撞理论解释了化学反应速率各个因素的作用。上海课程

的"化学反应速率"没有引入碰撞理论，对于反应速率的影响没有理论分析，学生缺乏对速率的深刻理解，因此对速率因素的影响作用只能靠记忆。

上海课程中讨论了压强对速率的影响，但加州课程中没有提及。原因可能在于，压强对速率的影响最终还是反映在对浓度的影响上，所以省略了压强因素的讨论。加州课程讨论反应速率的决定因素——反应物的活性，上海课程对于反应物本身的影响一句话带过，没有细致讨论，容易使学生忽略反应物的活性对反应速率的影响。

大多数反应是分步进行的，那么反应最慢的一步就是速率决定步，其反应限制可为整个反应的瞬时速率，加州课程讨论反应机理，可以让学生深刻理解反应的本质。

（3）化学反应平衡

化学反应平衡是解决反应限度问题，包括化学反应的平衡特点、平衡移动原理以及化学平衡计算等内容。在不同条件下，有溶解平衡、电离平衡、水解平衡等各类平衡。表6-10是两地的内容比较结果。

表6-10　上海与加州的"化学反应平衡"内容比较

相同点		1.理解可逆反应 2.理解化学反应平衡的特点 3.理解勒夏特列原理，并应用原理预测浓度、温度、压强对平衡移动的影响 4.书写化学反应平衡常数表达式 5.计算化学反应的平衡常数 6.用溶度积常数计算化合物的溶解度
不同点	加州单有	解释同离子效应
	上海单有	1.计算化学反应平衡的转化率 2.弱电解质的电离平衡常数

由表6-10可知，两地"化学反应平衡"的内容基本相同，上海课程比加州课程的课程广度大，讨论了化学平衡的转化率计算。

（4）氧化还原反应与电化学

氧化还原反应是生活中常见的化学反应，也是中学化学课程的重点内容之一，主要内容有氧化还原反应的相关概念、特征、本质、配平以及与氧化还原反应有关的原电池和电解池内容。由之衍生出的钢铁腐蚀、防护、冶炼和提纯等内容也放在本节中。表6-11是两地的"氧化还原反应与电化学"内容的比较结果。

表6-11　上海与加州"氧化还原反应与电化学"内容比较

相同点		1.理解氧化和还原过程、氧化剂和还原剂
		2.理解氧化还原反应中化合价的改变和电子转移的关系
		3.配平氧化还原方程式
		4.描述原电池的结构和原理
		5.描述钢铁的腐蚀过程和防止腐蚀的方法
		6.描述电解池的工作原理
		7.比较熔融氯化钠和食盐水的电解中发生的反应
		8.钢铁的冶炼和提纯
		9.描述典型碳–锌干电池的结构、组成和作用
不同点	加州单有	1.计算电池电动势，判断氧化还原反应的自发性
		2.解释氢–氧燃料电池的结构和作用
		3.锂电池和镍氢电池
	上海单有	1.饱和氯化铜溶液的电解
		2.蓄电池

　　由表6-11可以看出，两地的"氧化还原反应与电化学"内容大体相同，加州课程在介绍氧化还原理论的基础上，介绍了电池电动势的定量计算和反应自发性判断；上海课程停留在对氧化还原反应的定性描述上，没有提及电池电动势的计算，也没有介绍反应自发性判断，但上海课程要求掌握蓄电池和饱和氯化铜溶液的电解，加州课程对此没有要求。

　　（5）酸碱反应

　　酸、碱、盐是重要的电解质，其水溶液可以电离产生自由移动的离子，酸碱中和反应是中学化学的重要反应。

　　两地酸碱中和反应的内容差异主要表现在：

◆ 酸碱定义

　　上海课程中的酸碱定义是阿伦尼乌斯酸碱定义"电离出的阳离子都是 H^+ 的物质为酸，电离出的阴离子都是 OH^- 的物质是碱"。加州课程包括了三种酸碱定义：阿伦尼乌斯酸碱、布朗斯特－劳里酸碱"贡献出 H^+ 的是酸，接受 H^+ 的是碱"和路易斯酸碱"接受电子对的是酸，贡献电子对的是碱"。从阿伦尼乌斯到路易斯，这3个酸碱定义正是人类对酸碱认识的发展历程，伴随着问题的逐步深入，理论适用范围也逐步扩大。

表6-12　上海与加州"酸碱反应"的比较

相同点		1.了解酸、碱、盐的物理性质和化学性质
		2.学会计算溶液的pH和pOH
		3.pH,pOH与水的离子积常数的关系
		4.了解阿伦尼乌斯酸碱定义
		5.酸碱强度和电离度的关系
		6.了解酸碱指示剂
		7.酸碱滴定的原理和过程
不同点	加州单有	1.理解布朗斯特–劳里酸碱定义和路易斯酸碱定义
		2.解释酸碱强度和电离平衡常数的关系
	上海单有	盐的水解

◆ 缓冲溶液

加州课程需要掌握"缓冲溶液",上海课程标准虽有"缓冲溶液",但教科书中并没有出现缓冲溶液的内容。

◆ 盐类水解

上海课程有盐类的水解和应用的内容,而加州课程没有。

总结以上五个模块的质性分析结果,发现两地课程的差异(见表6-13)。

表6-13　上海与加州课程单有课程内容比较

模块	上海	加州
物质结构	无	量子理论、原子光谱、核化学、光的波粒二象性、价电子互斥理论和杂化轨道理论、共振理论
物质状态	无	气体的性质、气体相关理论、溶液的依数性
物质性质	元素化合物、有机代表物	生命化学、立体异构
物质变化	化工反应条件选择	反应焓变、自由能、碰撞理论与反应机理、电池电动势、溶度积和同离子效应、酸碱定义

由表6-13可以看到,加州单有的课程内容是核心化学理论知识,上海课程内容多是属于描述性和应用型知识,前者需要理解,后者需要记忆。

四、化学课程内容广度差异原因分析

本节首先采用量化方法比较了加州和上海化学课程的知识总量、知识点分布,得出加州化学课程内容广度大于上海课程,两地课程知识点分布存在显著性差异的结论，而且四个模块中，两地的"物质性质"差异最大，其次是"物质变化""物质状态"，差异相对较小的模块是"物质结构"。

比较两地课程的异同后我们发现差异的内容主要在于：一是加州课程的"物质变化"内容多于上海，尤其是物质基础理论化学；二是上海课程的"物质性质"内容远远多于加州课程的对应模块内容，元素化合物和有机代表物的内容是两地课程"物质性质"内容广度的主要差异来源。

上海与加州的中学课程内容为什么存在这样的差异？除社会文化背景因素之外，课程内容的比例主要受到高考导向作用的影响，而课程观念和课程设置也是导致课程内容广度差异的因素之一。

（一）考试的导向

由于考试的利害关系，对课程实施的导向作用往往体现在课程标准之上，甚至对课程内容的选择也产生了一定影响。表6-14是美国2007年学术能力倾向测验（Scholastic Aptitude Test，简称为SAT）化学考试内容及其各部分在考试中的比例。

表6-14　2007年美国SAT化学考试内容

模块	主题	比例
物质结构	原子理论和结构、元素周期律、核反应、化学键和分子结构	25%
物质状态	气体分子运动论和气体定律，液体，固体和状态变化，溶液浓度单位，溶解度，导电性和溶液依数性	15%
反应类型	酸碱中和反应、氧化还原反应与电化学、沉淀反应	14%
化学计量	摩尔、阿伏伽德罗常数、化学式、计量化学、百分组成、过量计算	12%
平衡和反应速率	平衡、质量作用定律、离解平衡、勒夏特列原理、化学反应速率影响因素	7%
热力学	化学反应中的能量变化、物理过程、盖斯定律、自由度	6%
描述性化学	元素及其化合物的物理和化学性质、化学反应的反应物和产物、有机化学、环境化学	13%
实验	装置、测量、程序、观察、安全、计算、结果解释	7%

对比表6-14的SAT化学考试内容可以发现，SAT的"物质结构"比例为25%，与加州课程中"物质结构"比例基本相同；上海市2009年化学高考考试说明中"物质性质"内容占35%，与上海课程的"物质性质"比较接近。由此可见，不论上海课程还是加州课程，都受到考试导向的影响。

事实上，加州作为美国科学教育的领头羊，在很大程度上主导着美国科学教育发展的方向。加州标准指出，标准要为加州学生提供一种高于其他州的科学课程，因此，这种高标准的要求使得加州标准的知识广度与美国"高考"标准靠近。而美国 SAT 化学课程的内容比上海课程广泛，水平接近大学一年级的"普通化学"水平。因此，加州科学课程与上海课程相比，课程内容广度大，就是由于美国 SAT 和 ACT 高标准的直接导向的结果。

（二）课程精简的结果

从新中国成立至今，"减负"的努力一直没有停止过，而且至今仍然困扰着我国的基础教育。"减负"的措施涉及控制教学内容、修改教学大纲和删减教学内容。现在的化学课程内容，就是在"减负"过程中不断精简的结果。

对比中央政府下达《精简中学化学教学大纲（草案）和课本的指示》前后的 1952 年和 1954 年化学课程标准中的课程内容，按照四个模块内容列表如下：

表6-15　中国1952年和1954年的化学课程内容比较

主题	1952年课程内容	1954年课程内容
物质结构	分子、原子、元素周期律、放射性元素和原子结构	物质的构成、元素周期律和周期表、放射性化学、原子结构
物质状态	气体性质、溶液、电离	溶液、电离学说
物质性质	硫族及其化合物、卤素及其化合物、氮族及其化合物、碳、硅和硼、金属元素、金属化合物、有机化合物、重要有机工业、氧、氢和水	无机物的分类、卤族元素、氧和硫、氮和磷、碳及其简单化合物、有机化合物总论、烃、烃的衍生物、糖类、含氮有机化合物、有机合成的发展、硅及其化合物、惰性气体、金属总论、铝、铁
物质变化	化学平衡	

比较 1952 年和 1954 年的化学课程内容，可以发现，精简后的课程内容主要删减了"气体性质""化学平衡""放射性元素"的内容。"化学平衡"虽然取消，但"可逆反应"在"电离学说"中还有所涉及。"气体性质"和"放射性元素"的内容自从这次精简后，除了在 1960 年上海"五年制化学革新课程"中出现过六年，在中国主流化学课程中一直没有出现。可见"减负"对中学化学课程内容的影响之深。可以说，上海化学课程是受到多次"减负"影响的精简课程。

第四节　化学课程内容深度的比较

一、化学课程内容深度的表征

课程深度的内涵，学界至今没有统一界定。Norman L. Webb 在课程一致性研究中对知识深度的理解是"每一学习主题的认知要求等级，主要由学生推理的深度、知识的迁移程度、概念的综合应用等确定"。Porter 在 SEC（Surveys of Enacted Curriculum）一致性分析模型中也把认知水平看成知识深度水平。史宁中认为，课程深度是课程目标对课程内容的要求程度及课程内容学习所需要的思维深度。

实际上，课程深度包括两个含义：课程内容深度和课程认知要求深度。课程内容深度与内容抽象程度有关，知识越抽象，则课程内容越深；课程认知要求深度是课程对知识的要求程度。课程内容深度与课程认知要求深度并没有直接的关联，内容深的课程要求不一定高，课程要求高的内容不一定深。由于课程内容深度难以量化，没有找到合适工具衡量内容深度，而课程认知要求深度可以量化，本文采用课程的认知要求表示课程深度。课程内容深度评价模型还需要进一步探索。

上海课程标准的学习要求分为三个层次："A"（知道或初步学会）、"B"（理解或学会）、"C"（掌握和设计）。加州课程标准没有明确划分学习要求层次，只有"知道"与"知道如何做"两种表述，教科书有学习内容的要求如"描述""说明""了解""比较""对比""解释""应用""预测"等，本文参照教科书中的动词来表征加州课程认知要求深度。

由于两地课程要求表述不一致，动词匹配是比较的前提。要准确匹配，首先必须弄清上海化学课程标准中"A""B""C"三个层次的真实含义，由于课程标准对"知道""理解""掌握"三个词语没做具体解释，上海高考考试手册的内容要求可以作为本文的参考：

知道（A）：识别、记忆和回忆学习内容，是对知识的初步认识。对要"知道"的知识，要求说出要点、大意，或在有关情景中能够加以识别。

理解（B）：初步把握学习内容的由来、意义和主要特征，是对知识的一般认识。对要"理解"的知识，要求能明了知识的确切含义并能运用知识分析、解决简单的实际问题。

掌握（C）：以某一学习内容为重点，综合其他内容，解决比较复杂的自然科学问题，是对知识较系统的认识。

为了准确匹配上海课程与加州课程的认知层次，本文参考了布鲁姆重新修订的认知水平划分，如表6-16所示：

表6-16 布鲁姆认知水平表

认知水平	认知维度	说明
1	记忆	再认（辨别），回忆（复述）
2	理解	解释（澄清、解释、表征、翻译），阐明（解释、示例），分类（分类、示例），概括（抽象、概化），推断（结论、外推、预测），比较（对比、画图、匹配），解释（建构、模型）
3	应用	执行（实现），实施（使用）
4	分析	区分（区别、辨别、聚焦、选择），组织（寻找一致、整合、概括、解析、结构），属性（解构）
5	评价	检查（调整、探查、监控、测验），批评（判断）
6	创新	产生（假设），计划（设计），程序（建构）

上海课程标准"A"水平和"B"水平知识量之和占总量的95%，"C"水平的知识要求很少，整个课程只在8处知识点要求为"C"。依据上海考纲对内容要求和布鲁姆的认知分类，上海课程的"C"水平要求与布鲁姆的"评价""创新"层次相当，上海的"A"与布鲁姆的"记忆"层次相当，依照上述分析，将上海课程的认知要求三层次与加州课程行为动词匹配如下表：

表6-17 上海课程与加州课程的要求层次对应表

水平	上海	加州
1	知道	了解、知道、列举、识别、定义、描述
2	理解	区别、辨别、解释、判断、比较、对比、计算、阐明、分类、概括、推断、执行、实施、整合、分析、解构
3	掌握	预测、评价、设计、建构、决定、讨论、检查、批评、假设

二、化学课程内容深度的量化比较

与课程广度比较相同，首先采用量化方法比较两地的总体课程深度和差异来源，采用质性分析逐个模块比较两地的课程深度差异的内容来源。

（一）平均课程深度

课程深度量化比较包括3个方面:首先将认知深度的A,B,C分别赋值为1、2、3,根据4个模块在3个水平上的知识点,采用加权平均方法计算两地课程的平均课程深度,得到两个课程深度的大小;接着采用卡方检验和曲面图分析两地的课程分布差异;最后从层次因素和模块内容因素探明两地的课程深度差异来源。

按照4个模块和3个认知水平这两个维度来统计如表6-18:

表6-18　上海与加州的化学课程深度比较

	加州				上海			
	A	B	C	合计	A	B	C	合计
物质结构	15	39	1	55	13	26	0	39
物质状态	10	24	8	42	5	15	3	23
物质性质	16	23	2	41	35	50	0	85
物质变化	14	46	6	66	8	28	1	37
合计	55	132	17	204	61	119	4	184
百分率（%）	27	64.7	8.3	100	33.1	64.7	2.2	100

求算两地平均课程深度,可得:

加州课程：
$$S_{(C)} = \frac{55 \times 1 + 132 \times 2 + 17 \times 3}{204} = 1.81$$

上海课程：
$$S_{(S)} = \frac{61 \times 1 + 119 \times 2 + 4 \times 3}{184} = 1.69$$

计算结果表明,加州化学课程认知要求比上海高。二者之间是否存在显著性差异? 两地的不同水平知识点的分布是否存在差异?

（二）认知水平分布

为了进一步探讨两地课程认知水平分布的差异,采用卡方检验方法检验两地课程的水平分布差异,采用曲面图分析两地课程分布的具体差异。

依照表6-19数据建立双向表:

表6-19　上海课程与加州课程的认知水平分布双向表

地区	A	B	C	总和
上海	61	119	4	184
加州	55	132	17	204
总和	116	251	21	388

计算 χ^2 值：

$$\chi^2 = 388\left(\frac{61^2}{116\times184} + \frac{119^2}{251\times184} + \frac{4^2}{21\times184} + \frac{55^2}{116\times204} + \frac{132^2}{251\times204} + \frac{17^2}{21\times204} - 1\right) = 7.76$$

查表得：$\chi^2_{(2)\,0.01} = 9.21$，$\chi^2_{(2)\,0.05} = 5.99$

由于 $\chi^2_{(2)\,0.01} > \chi^2 > \chi^2_{(2)\,0.05}$，所以得出结论：上海课程与加州课程的知识水平分布有显著性差异。

为进一步分析两地课程水平分布的具体差异，分析两地课程内容重点，将表 6–18 的数据转变成标准分，得到表 6–20：

表6–20 上海课程与加州课程的内容比例表

模块	加州			上海		
	A	B	C	A	B	C
物质结构	0.074	0.191	0.005	0.027	0.082	0.016
物质状态	0.049	0.118	0.039	0.190	0.272	0.000
物质性质	0.078	0.113	0.009	0.043	0.152	0.005
物质变化	0.069	0.225	0.029	0.071	0.141	0.000

将表中数据转化为地形图，得到图 6–3 和 6–4：

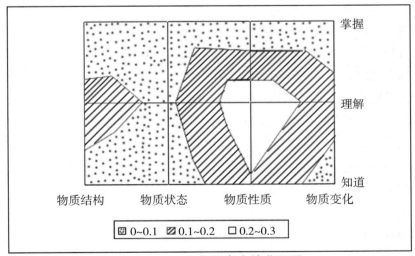

图 6–3 上海课程内容的曲面图

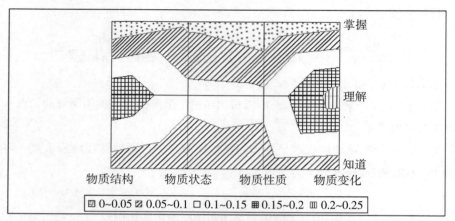

图6-4 加州课程内容的曲面图

图6-3和图6-4分别表示两地课程内容的曲面图，不同的条纹对应不同的比例，比例越高越受到重视，如图6-4中波点面积代表最不重视部分（0~0.05），斜条纹面积代表中等重视部分（0.05~0.1），白色面积代表比较重视部分（0.1~0.15），网状面积代表重视的部分（0.15~0.2），竖条纹面积代表最重视部分（0.2~0.25）。在图6-3中，波点代表不太重视（0~0.1），斜条纹代表中等重视（0.1~0.2），白色代表很重视（0.2~0.3）。我们可以直观地感觉到两地的课程分布形态存在显著的差异，这与前面卡方检验结果相吻合。仔细分析两个曲面图，可以得到两地课程的内容和认知要求的分布和重点信息：

（1）内容分布差异。加州的认知水平分布以"理解"为重，"知道"其次，"掌握"较少，而上海课程只对"理解"重视，"掌握"和"知道"都不够重视；从两地的课程内容模块来看，加州的模块内容比起上海的模块内容要相对均衡，加州曲面图的四种颜色贯穿四个模块，而上海课程对"物质状态"明显不够重视。

（2）课程重点差异。加州课程中比例最高的是"物质变化"的"理解"单元格（0.225），对应于地形图6-4的竖条纹面积，位于横坐标"物质变化"和纵坐标"理解"的交叉点上。加州课程第二大数值为"物质结构"的"理解"单元格（0.191），对应地形图中的网状面积之一，位于"物质结构"与"理解"交叉点。依照图示，可以找到图中其他面积所对应的表中的数值。

比较两地曲面图，在认知层次上，两地课程的"理解"层次比例相同，都是0.647，但加州课程"掌握"层次的比例（0.082）明显高于上海课程"掌握"层次的比例（0.021），相比之下，上海课程高层次认知要求的知识点偏少。

（三）差异来源

为探求两地课程的差异来源，下面从认知水平因素和内容模块因素予以说明：

（1）层次因素分析

利用表 6-19 数据，画出两地不同认知水平的比例图（如图 6-5）：

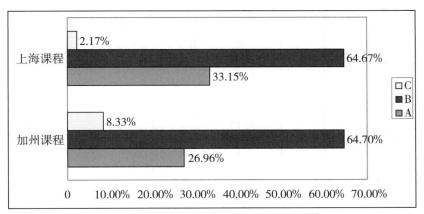

图 6-5　两地不同认知水平知识比例

由图 6-5 可知：

① "A" 水平，上海（33.15%）高出加州（26.96%）6.19 个百分点。

② "B" 水平，上海（64.67%）与加州相当（64.70%）。

③ "C" 水平，加州（8.33%）高出上海（2.17%）6.16 个百分点。

由此可见，上海的课程深度低于加州的原因在于 "C" 水平的知识总量较少，而在低层次的 "A" 水平的知识总量较多。

（2）内容差异来源

依照表 6-18 的数据，比较两地各模块认知水平的差异，作图如下（图 6-6）：

① "物质结构"

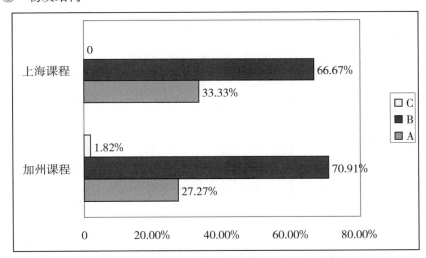

图 6-6　两地 "物质结构" 的认知水平比例

从图 6-6 可知,在"物质结构"内容中,上海的"A"水平比例明显大于加州的,(33.33% > 27.27%),而在"B""C"两个水平上,上海课程比加州课程比例小。

计算"物质结构"的课程深度如表 6-21 所示:

表6-21 上海课程与加州课程的"物质结构"的课程深度比较

内容	加州	上海	差值
原子结构	1.76	1.58	0.18
化学键	1.58	1.58	0.00
分子结构	1.81	1.78	0.03
元素周期表	1.83	1.83	0.00

从表中数据可以看到,两地的"物质结构"课程深度差异主要来自"原子结构"和"分子结构"的内容。

②"物质状态"

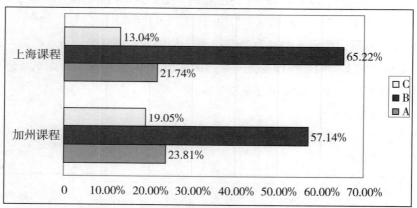

图 6-7 两地"物质状态"的认知水平比例

从图 6-7"物质状态"内容部分的认知水平比例的比较可看出,上海课程的"B"水平比例大于加州的"B"水平,但上海课程的"C"和"A"水平比例都比加州课程比例小。

计算"物质状态"的课程深度系数见表 6-22:

表6-22 上海课程与加州课程的"物质状态"的课程深度比较

内容	加州	上海	差值
气体	1.87	1.5	0.37
溶液	2.00	2.00	0.00

从表中数据可以发现，"物质状态"的课程深度差异主要来自"气体"的内容。

③"物质性质"

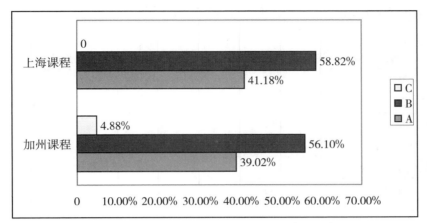

图 6-8　两地"物质性质"的认知水平比例

从图 6-8 可知，在"物质性质"中，上海课程的"B"和"A"都比加州课程的比例大，但是"C"水平比加州课程的比例小。

计算"物质性质"的课程深度，得到表 6-23：

表6-23　上海课程与加州课程的"物质性质"的课程深度比较

内容	加州	上海	差值
无机物	0	1.69	−1.69
有机物	1.66	1.52	0.14

表 6-23 的数据显示，"物质性质"课程深度差异主要在于"无机物"的差异。

④"物质变化"

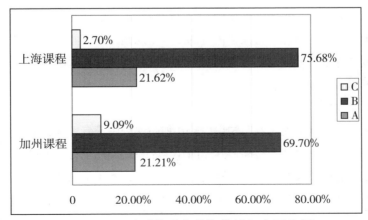

图 6-9　两地"物质变化"的认知水平比例

从图 6-9 的"物质变化"的认知水平比较中，我们可以看到，上海课程的"B"和"A"水平比例比加州课程的比例大，但"C"水平的比例比加州课程的小。

计算"物质变化"的课程深度，得到表 6-24：

表6-24 上海课程与加州课程的"物质变化"的课程深度比较

内容	加州	上海	差值
化学反应能量	1.88	1.75	0.13
化学反应速率	1.69	1.40	0.29
化学平衡	2.13	2.00	0.13
氧化还原反应	1.87	1.83	0.04
酸碱反应	1.93	1.75	0.18

从表 6-24 数据可以发现，"物质变化"的课程深度都是加州课程大于上海课程，差异主要来源于"反应速率""酸碱反应""化学平衡"。

综合以上分析可知，四个模块都是上海的"C"水平比例比加州的小，这是上海课程深度较低的主要原因。在"B"水平上，两地课程认知要求总体差异基本持平，但上海的"A"水平比例偏大，内容差异主要来自"原子结构""气体""无机物""反应速率"等内容。

三、化学课程内容深度的质性分析

以"物质性质"和"物质变化"模块为案例进行分析说明。

（一）物质性质

① "无机物"

两地的"无机物"主题深度比较，不是课程深浅问题，而是内容有无的问题，"无机物"是上海课程的重点，占高考内容的 20%；加州课程没有要求。这也是造成两地课程广度和深度差异的原因之一，由于"无机物"内容要求不高，总体来说对上海课程深度起着负面作用。

② "有机物"

虽然上海的"有机代表物"知识内容在加州课程中没有要求，但加州的"有机物"课程深度却比上海课程略高，其原因在于：一是加州单有"生命化学"内容的抵消；二是"有机代表物"与"元素化合物"一样，属于记忆类知识，学习要求不高，总体上对课程深度是负面贡献；三是加州"有机物"中学习要求较高的基础理

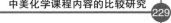

论比例较上海课程的高，如有机结构中的"立体异构"和"手性"等。

（二）物质变化

加州"物质变化"模块深度比上海的大，其中差异最大的是"化学反应速率"主题，其次是"酸碱中和反应"和"化学平衡"，"氧化还原反应"主题差异最小，具体内容差异如表6-25：

表6-25　上海课程与加州课程的"物质变化"的课程要求差异

主题内容	加州单有	上海单有
化学反应能量	自发反应判断（C）、盖斯定律计算焓变（C）	
化学反应速率	反应速率定律（B）、速率与自发性关系（B）	
化学平衡	溶度积（B）、同离子效应（B）	无
氧化还原反应	电池电动势计算（C）	
酸碱中和反应	酸碱定义（B）	

四、化学课程内容深度差异原因分析

以上的课程深度比较结果显示：加州课程内容深度比上海课程的大，而且二者认知要求分布存在显著性差异；从层次因素来看，差异的原因在于上海的高认知要求的知识内容比例偏少；从内容因素来看，差异来自上海课程理论化学内容要求较低。从本文的课程深度表征方式来看，两地课程深度差异与课程广度不无关联；从两地课程的培养目标来看，加州注重精英人才培养是其课程深度较大的主要原因；两地的课程深度差异影响学生对化学问题的解决。以下就这三个方面一一进行探讨。

（一）课程广度的影响

综合课程广度和课程深度比较结果可以发现，两地的课程深度差异点与课程广度差异点基本相同。前文的课程深度原因分析也表明知识范围大小对课程深度有影响，这种影响主要表现在两个方面：

一是上海单有课程内容主要是化学事实性知识，如"元素化合物""有机代表物""化工条件选择"等，但由于这些课程内容要求不高，从总体上看对课程深度的影响是负面的，这是造成上海课程深度较低的主要原因。

二是加州单有课程内容主要是化学基本理论，如"原子理论""气体理论""有机化学理论""速率定律"等内容，这些内容的课程要求较高，因此平均来看对课程深度的影响是正面的，当然，这是加州课程深度较大的主要原因。

综合两种影响的合力，不难发现上海课程深度小于加州课程的原因所在。

（二）精英人才培养机制

前文述及，课程深度包括两个含义——课程内容深度和课程认知要求深度，加州课程内容的基础理论比例比上海课程的多很多，说明加州课程内容深度比上海的大，而且加州课程认知要求也比上海的高。因此不论是从内容本身还是认知要求来看，加州化学课程深度都比上海课程的要大，这与注重精英人才培养以及与此配套的弹性课程设置息息相关。

美国政府鼓励成绩优秀的中学生选修相当于大学一、二年级水准的课程以获得大学学分，这种弹性的课程设置不仅使得中学和大学教育成为一个连续体，缩短了人才培养的时间，而且为高端人才发展提供了施展才华的空间。美国从 2004 年起资助中学教师学习高标准 AP 课程（*Advanced Placement Course*）的相关知识和教学方法，希望到 2010 年有 10% 的高中生取得 AP 课程成绩（张民选，2007）。从 20 世纪 60 年代的"新三艺"课程运动到现在对 AP 课程的重视，美国科学课程并没有因为主流"科学为大众"的科学素养教育而荒废精英教育，实际上，二者因为弹性的课程设置而并行不悖，可以说，以"要素主义"哲学为指导的精英教育一直是美国科学教育的底色。

（三）对学生解决问题的影响

认知研究结果表明，人们需要有组织的图式去理解和运用信息，如果解题者有更为丰富、更为恰当的图式，那么他们在解决相应问题时也就更为有效和容易（J. G. Greeno，A. Collins，L. B. Resnick，1996）；问题解决的相关研究也表明，优等生与后进生的差异之一在于优等生有完善的学科知识结构而后进生的知识结构相对松散。学科知识体系的建构，需要有一定量的化学基本概念和原理知识以及对概念和理论关系的深刻理解，二者缺一不可。

前面的比较结果显示，两地课程深度的层次因素原因在于上海化学课程的"A"水平知识偏多，而"C"水平的知识偏少；从内容因素来看，差异来源于上海的课程理论化学内容要求比加州的低，也就是说，上海课程的理论水平和高层次课程要求较低。作为一门理科学科，学好化学更多需要的是"理解"和"掌握"，"掌握"层次的知识偏少，知识结构的理论含量偏低，无疑会对学生的学科理解和学科知识构建造成障碍。可以说，课程的视野广度和内容深度是影响学生解决问题的重要因素。

第五节　化学课程内容难度的比较

一、化学课程内容难度的表征

学界对课程难度没有明确定义，不同学者对此有不同的理解。黄甫全建立了以学生发展水平为参照的课程难度模型，李淑文（2006）认为课程难度与课程广度、课程深度和课程时间有关，鲍建生（2002）用数学习题综合难度来表示课程难度。

一般来说，课程难度有统计难度和内容难度之分。统计难度是指在测试中表现出的难度，主要是通过考试衡量学生是否达到课程要求，也叫相对难度。试题难度、被试者的水平、题目熟悉程度、阅卷人员素质、阅卷误差的大小等都影响课程统计的难度。项目反应理论中的难度一般通过对特定考生进行测试，后经参数估计而得（柳博，2007）。

课程内容难度是由课程目标确定、在课程标准和教材上表现出来的难度，也叫绝对难度，内容难度与被试者无关。内容难度大的课程其统计难度不一定大，反之亦然。内容难度用于理论研究，而统计难度用于实际应用。

那么，课程难度该如何表现？课程内容难度模型由于课程时间的模糊、课程广度和课程深度权重等问题，还需要精进和完善。此外，前面上海化学课程内容深度和广度的比较结果和国内对化学课程的看法并不一致。

化学课程内容的"繁、难、偏、旧"一直被认为是传统化学课程的弊病，因此也是化学课程改革的主要原因。由前面的课程比较可以发现，上海课程的确存在"烦"（烦琐的元素知识）、"偏"（模块内容的不平衡）、"旧"（与现代化学发展不同步）的现象，但真的"难"吗？与加州课程的课程广度和课程深度比较结果表明，上海课程既谈不上"深"，更不用说"广"，这样的课程内容应该不能称之为"难"，那为什么我们的课程一直被认为很"难"呢？又难在何处呢？是因为对"难"的理解存在差异，还是由于课程深度和广度的局限造成了解决问题的困难？

由此，本文提出了一个假设，传统课程中的"难"与本研究的课程内容难度所指对象不同：传统化学课程的"难"可能指的是化学习题或考题的"难度"，课程内容难度仅指内容本身的难度。为了验证这个想法，本文研究两地的习题难度，采用化学习题的难度来表示课程难度。

二、化学课程内容难度的模型建构

比较化学习题的难度，首先要构建基于化学学科的习题难度评价标准。而评价模型的建立需从三个方面入手：评价的维度、维度的权重和维度的水平。对化学习题难度模型而言，就是确定化学习题难度因素、因素权重和因素水平。

（一）难度因素

选取化学习题难度因素时，本文主要从三个视角出发：问题解决的影响因素、科学习题的难度和化学学科特点。

在问题解决的影响因素中，一般心理学的研究更多关注的是问题解决的主观因素方面，如问题解决者的认知负荷、元认知水平和表征能力等，对影响问题解决的客观因素关注并不多。在化学问题解决的相关研究中，对于客观因素的讨论，Y. J. Dori 的"复杂性"，本身就是一个细分维度，过于宽泛；闫亚瑞对于影响化学计算问题解决的"知识点的多少""问题的情境新颖""数学运算水平"三种维度划分的方法值得借鉴，但是由于她的研究仅仅针对化学计算题，所以有一定的局限性。

计算题在心理学的问题类别划分中属于结构良好的问题，即有固定的解题方法和确定结果的问题，而化学习题中除了有结构良好的问题，还有一些结构不良的问题，即一般所说的开放题。由于开放题的条件、结果和解题方法都不是唯一确定的，解答开放题需要的思维品质和学科知识素养更高。因此，本文将试题的开放程度作为影响化学习题难度的一个维度。

Nohara 在对三大国际课程比较项目的再比较中，分析出影响科学习题难度的四个因素为"扩展性问题""背景""数学技能""多步推理"。其中"扩展性问题"是基于 Nohara 对考试中三大题型因素对难度的影响，作为试卷分析难度因素是可取的，但在讨论课程难度中似乎缺乏一定的相关性。其他三个维度可以作为本文的借鉴。

从化学学科视角分析，化学是在原子、分子水平上研究物质的组成、结构、性质和变化的一门学科，是一门跨越宏观和微观两个视域的学科，其中连接宏观和微观的是化学符号。"宏、微、符"三者之间的转换思维是化学所特有的思维方式。研究表明，学生"宏、微、符"的转换水平影响了学生对化学问题的解决。因此本文认为，习题的"宏、微、符"转换是影响习题难度的重要因素。

因此，综合以上对科学习题难度因素和化学问题解决客观因素的分析，本文认为，主要有六个影响化学习题难度的因素："背景""知识量""推理""数学技能""开放度""宏、微、符"。

（二）因素权重

如何确定六个因素在化学习题难度中的贡献？本文采用常用的教师调查问卷方式来界定。选择 53 名在职中学化学教师为样本，教师年龄为 28~45 岁，样本构成有"中学高级"职称教师 16 人，"中学一级"职称教师 30 人，"中学二级"职称教师 7 人，其职称结构见图 6-10：

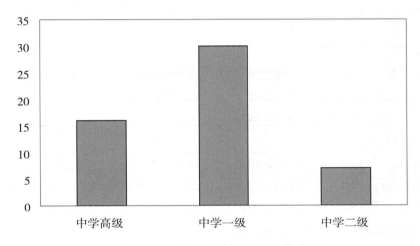

图 6-10　调查问卷的教师职称分布图

图 6-10 表明，中学高级教师和中学一级教师人数占中学教师调查问卷人数的 86.8%，因此答卷教师可以作为成熟化学教师的代表。将教师对习题难度因素权重的赋值平均，得到表征总体难度的各个因素权重，结果见表 6-26：

表6-26　影响化学习题难度的因素权重调查结果

因素	背景	知识量	数学技能	推理	开放度	宏、微、符
权重	0.1186	0.2974	0.1138	0.2737	0.1513	0.1314

教师认为，"知识量"和"推理"是影响化学习题难度的主要影响，"背景"和"数学技能"的影响较小，而"开放度"和"宏、微、符"的影响居中。由此得到六个因素对化学习题难度的权重为："知识量"（0.2974）＞"推理"（0.2737）＞"开放度"（0.1513）＞"宏、微、符"（0.1314）＞"背景"（0.1186）＞"数学技能"（0.1138）。

（三）因素水平

Nohara 的科学习题难度因素只有"有"和"无"两个水平，描述过于简单，难以对中国化学习题的复杂程度进行准确描述，基于此，本文对六个因素的四个水平分别予以界定：

（1）背景

背景指的是习题的问题情境，背景水平与情境的陌生度有关。一般来说，学生对越陌生的情境越难表达，背景难度也越大。PISA 对科学情境分为个人家庭（个人的）、社区（公共的）、世界生活（全球的）与说明科学知识是如何产生的及科学知识如何对与科学相关的社会起作用（历史相关性）等四个层次（王晞，2004），结合 PISA 对情境层次划分和本研究实际，本文将背景分为四个层次：

第一层次：无背景。

第二层次：与学生个人生活经历相关的背景，简称"个人生活"。

第三层次：属于职业或者公共常识的背景，简称"公共常识"。

第四层次：尖端科技或跨学科背景。

（2）数学技能

解答化学问题需要的数学技能很多，常用的技能如科学计数及其相关运算、单位换算、解代数方程、画图或利用比例、分数和百分数及其计算、对数与反对数等。鉴于符号计算比数值计算抽象，图像处理比数学运算综合性强，我们根据解题所需的数学技能的多少和高低分成四个层次：

第一层次：无数学技能。

第二层次：基本技能与简单数值运算（不包含任何字母符号）。基本技能包括科学计数、单位换算，简单的数值计算指的是比例、分数和数学运算。

第三层次：简单符号运算和复杂数值计算，如对数和反对数、解代数方程。

第四层次：复杂符号运算和图像处理，如画图、利用图像解释和解决问题。

（3）推理

推理指的是问题解决过程中所需要的逻辑联系，根据其推理步骤的多少，我们将其分成四个层次：

第一层次：无推理。

第二层次：简单推理，包含一个推理步骤。

第三层次：一般推理，包含两个推理步骤。

第四层次：复杂推理，包含三个以上的推理步骤。

（4）知识量

知识量指的是题目和解题过程的知识点总和。鉴于化学题中知识点一般都在四个以内，因此水平层次以知识点的多少来衡量：

第一层次：一个知识点。

第二层次：两个知识点。

第三层次：三个知识点。

第四层次：四个知识点。

（5）开放度

开放度指的是题目的条件和结论的不确定性，根据条件和结论的不确定组合，我们分成四个层次：

第一层次：无开放性，即封闭题。

第二层次：条件不确定，结论是唯一确定的。

第三层次：条件确定，结论不是唯一确定的。

第四层次：条件和答案都不是唯一确定的。

（6）"宏、微、符"转换

"宏、微、符"思维指的是宏观、微观和符号之间的转换，是化学学科特有的思维形式。有关"宏、微、符"的研究表明，学生的微观和符号表征难度大于宏观表征。张怡纳（2008）的研究表明，问题难度并不随着转换维度的增加而增加，即"单维度转换最容易，两种维度次之，三种维度转换最难"这样的说法是不成立的，学生三种转换中的答对率为48.9%、46.3%和31.1%。综合以上分析，本文将"宏、符""宏、微"和"微、符"转换分别界定为第二、第三、第四层次，"宏、符"之间转换最简单，而"微、符"之间转换最难。

第一层次：无转换。

第二层次：宏观与符号的转换。

第三层次：宏观与微观的转换。

第四层次：微观与符号的转换。

总结以上六个因素的四个水平划分，如表6-27。

将四个层次由低到高分别赋值1、2、3、4，有了以上对"背景""数学技能""推理""知识量""开放度""宏、微、符"和六个难度因素的水平刻画，我们可以较细致地比较上海课程与加州课程中化学题在各个难度因素上的差别。

表6-27　课程难度影响因素与水平划分

因素	第一层次	第二层次	第三层次	第四层次
背景	无背景	个人生活	公共常识	尖端科技或跨学科背景
数学技能	无运算	数值运算	符号运算	复杂数学处理

续表

因素	第一层次	第二层次	第三层次	第四层次
推理	无推理	一步推理	两步推理	三步或三步以上的推理
知识量	单个知识点	两个知识点	三个知识点	四个知识点
开放度	无开放性	条件不定 结论确定	条件确定 结论不定	条件、结论都不确定
宏微符	无转换	"宏、符"转换	"宏、微"转换	"微、符"转换

（四）难度量化工具

基于以上影响课程习题的难度因素分析、因素权重的确定以及因素水平的划分，本文建立如下公式对两地课程习题的平均因素难度和综合平均难度予以量化：

$$\bar{d} = \frac{\sum_{i=1}^{n} d_i}{n}$$

其中 d_i 是某个因素的第 i 题的水平难度，求其平均值，可以得到每一个因素的平均难度。

综合因素平均难度和每道习题的综合难度，可以得到化学习题的综合平均难度计算公式：

$$D = \frac{\sum_{i=1}^{n} \sum_{j=1}^{6} \alpha_{ij} d_{ij}}{n} (j = 1, 2, 3, 4, 5, 6)$$

其中，D（i = 1，2，3，4，5，6）依次分别表示"背景""数学技能""推理""知识量""开放度"和"宏、微、符"六个难度因素的取值；其中 α_{ij} 是第 i 题在第 j 难度因素上的权重，d_{ij} 是第 i 题在第 j 难度因素上的难度值。

三、化学课程内容难度的量化比较

课程广度和深度的比较表明，两地课程存在较大差异，为了避免内容本身的难度干扰，本文选择两地共有的、知识广度和深度基本接近的主题内容进行比较。从前面深度和广度的比较数据可得，两地"物质变化"模块中的"氧化还原反应"内容在广度（$\Delta G = 0$）与深度（$\Delta S = 0.04$）上差异较小，因此，本文选择"氧化还原反应"习题作为难度比较样本，见表6-28。

表6-28 上海课程与加州课程习题难度比较样本的选择结果

地区	教科书
上海	2008年上海科学技术出版社出版的高三拓展性课程第一册"氧化还原反应"习题
加州	2008年Mc-Graw Hill公司出版的*Chemistry：Matter and Change*中第19章"氧化还原反应"

但是两地习题数量差异较大，加州的"氧化还原反应"课后小节和总复习的习题共有124题，包括74道小节习题、22道复习题和18道标准化测试题，其中包括SAT水平的考题。上海的"氧化还原反应"除"电化学"的习题之外只有7题。为了平衡二者量的差异，本文放弃加州课程的测试题和小节习题，选择难度平均的复习题为代表进行比较。

（一）平均因素难度

按照前面建立的化学习题难度模型比较习题难度。统计两地的"氧化还原反应"习题的因素和水平，见表6-29和表6-30：

表6-29 加州课程的"氧化还原反应"习题难度水平统计

题号	背景	推理	知识量	数学技能	开放度	宏、微、符
1	1	2	2	2	1	1
2	1	2	2	1	1	1
3	1	2	2	2	1	1
4	1	3	3	1	1	1
5	1	2	3	2	1	1
6	1	2	2	2	1	2
7	1	3	3	2	1	1
8	2	3	4	2	2	2
9	1	3	3	2	1	1
10	1	4	3	2	1	1
11	1	3	4	1	1	1
12	1	3	3	2	1	3
13	1	2	2	2	1	1
14	2	2	3	2	1	2
15	1	2	3	2	1	1

续表

题号	背景	推理	知识量	数学技能	开放度	宏、微、符
16	2	2	3	2	1	2
17	2	4	4	2	2	2
18	3	4	4	2	2	2
19	3	4	4	2	2	2
20	4	4	4	1	3	2
21	3	4	4	2	2	2
22	3	4	4	1	1	2
平均	1.68	2.91	3.14	1.73	1.32	1.55

表6-30 上海课程的"氧化还原反应"习题难度水平统计

题号	背景	推理	知识量	数学技能	开放度	宏、微、符
1	1	2	2	1	1	1
2	1	2	1	1	1	1
3	2	4	4	2	1	2
4	1	4	4	4	1	4
5	1	4	3	2	1	1
6	1	4	4	1	1	2
7	1	4	3	2	1	1
平均	1.14	3.43	3	2	1	1.71

对比表 6-29 和表 6-30 两地课程中"氧化还原反应"习题难度各因素的平均取值,得到两地课程"氧化还原反应"平均因素难度对比情况。

表6-31 上海与加州两地课程"氧化还原反应"因素难度平均水平比较

	背景	推理	知识量	数学技能	开放度	宏、微、符
加州课程	1.68	2.91	3.14	1.73	1.32	1.55
上海课程	1.14	3.43	3	2	1	1.71

由表 6-31 数据可以得到两个结论:

(1)两地课程"氧化还原反应"的习题中,六个影响因素平均值大小各不相同。上海课程与加州课程的"氧化还原反应"习题在"数学技能"(2,1.73)、"开放度"

（1，1.32）、"知识量"（3，3.14）和"宏、微、符"（1.71，1.55）因素难度的平均水平差异不大，但两地的"推理"（3.43，2.91）、"背景"（1.14，1.68）因素难度差异较大，上海习题的"推理"和"宏、微、符"的因素难度大于加州的，尤其是"推理"因素难度差异最大，加州习题的"背景"因素难度平均水平大于上海的。

（2）在各因素对综合难度的贡献上，加州课程和上海课程的"知识量"和"推理"都是对习题综合难度贡献最大的两个因素。这与教师对习题难度因素权重的看法基本一致，在教师的因素权重问卷中，"知识量"和"推理"在习题难度中的权重最大。

（二）综合因素难度

本文采用因素权重调查结果和化学习题综合平均难度量化公式计算两地化学习题的综合平均难度，过程如下。

加州课程的习题综合平均难度为：

$$D_{(c)} = 0.1186 \times 1.68 + 2.91 \times 0.2737 + 3.14 \times 0.2974 + 1.73 \times 0.1138 + 1.32 \times 0.1513 + 0.1314 \times 1.55 = 2.5298$$

上海课程的习题综合平均难度为：

$$D_{(s)} = 0.1186 \times 1.14 + 3.43 \times 0.2737 + 3 \times 0.2974 + 2 \times 0.1138 + 1 \times 0.1513 + 0.1314 \times 1.71 = 2.5698$$

计算结果表明，上海"氧化还原反应"习题在综合平均难度上大于加州的（2.5698＞2.5298），结果验证了本文对两地课程难度的假设：上海的课程内容难度虽然比加州的课程内容难度小，但上海习题难度大于加州习题难度。由此，也就不难理解传统化学课程的"难"处所在了。

那么，两地课程习题的综合平均难度的差异原因何在？平均难度差异又揭示了哪些深层次的问题呢？

四、化学课程内容难度差异原因分析

由前面的比较可知，两地课程习题因素平均难度差异较大的有"背景""推理""宏、微、符"三个因素，本文重点讨论这三个难度因素。

（一）"背景"因素的影响

通过前面的习题难度的比较发现，加州习题"背景"因素大于上海的，说明加州化学课程重视"背景"对于学生化学问题以及化学课程学习的重要作用。

有研究表明，设置现实的问题背景可以增加学生对问题理解的深度和知识迁移能力。Adam（1989）的研究发现，抽象性知识（通过经历各种背景和问题情境而获得的原理）比抽象知识（脱离背景和应用的知识）更能促进问题的迁移；何穗（2005）在样例对化学问题解决的作用的研究中也发现，增加不同情境的样例可以促进迁移问题的解决；接受双背景教学的学生的知识图式和知识迁移能力比接受单背景教学的学生强（D. Klein，1998）。

上海课程习题大多为无情境习题，习题设置主要是训练学生的知识掌握和逻辑思维能力，长期练习缺少问题背景的习题，学生只知道根据已知条件去解题，遇到实际问题时常常束手无策。事实上科学思维的开始和终结都是超逻辑思维，过分重视逻辑思维而忽视其他思维能力的培养，势必造成学生能力结构的失衡和处理实际问题能力的弱化。重视"背景"对于学生的能力培养也是现在国际科学教育的一种趋势，如国际评价项目 PISA 在对科学素养的评价模型中，就将"背景"当作重要的命题因素，几乎每个考题都编制在不同水平的"背景"之中。

（二）"推理"因素的影响

前面的习题难度比较显示：上海习题的"推理"要显著大于加州的，在"知识量"上也略高于加州，可以说，这两者是造成上海化学习题总体难度大于加州的主要原因。习题涉及的知识量越多，推理越复杂，步骤越多，也就意味着其复杂程度和综合程度越高；复杂程度高和综合性强的习题，其难度自然就大。

我们来看加州和上海的两道有关氧化还原反应配平的习题：

（加州）配平下列氧化还原反应：

$Sb^{3+}+MnO_4^- \rightarrow SbO_4^{3-}+Mn^{2+}$（酸溶液）

（上海）在热的稀硫酸溶液中溶解了 11.4g $FeSO_4$，当加入 50mL 0.5mol/L KNO_3 溶液时，使其中的 Fe^{2+} 全部转化成了 Fe^{3+}，KNO_3 也反应完全。并有 N_xO_y 氮氧化物气体逸出。

____$FeSO_4$+____KNO_3+____H_2SO_4 → K_2SO_4+____$Fe_2（SO_4）_3$+____N_xO_y+____H_2O

（1）推算出：$x=$_____，$y=$_____。

（2）配平该化学方程式并标出电子转移的方向和总数。

同样是氧化还原反应的配平习题，加州习题的知识点含量较少，没有涉及氧化还原反应以外的知识点；上海习题的知识点涉及面广，不仅有氧化还原配平问题，还有物质的量浓度计算、生成物判断以及反应中电子转移的表示，其中生成物判断还需要用到电子守恒定律。相比之下，上海习题的知识含量较多，推理步骤多，习题综合性更强。

即使是美国 SAT 化学考试，其考题的综合难度也明显比上海的小。SAT 化学考试由 80 道多项选择题组成，题目预设难度有 5 个等级，从 1 到 5 依次增大，我们来看一道预设难度为 4 的样题：

（SAT 样题）常温下，在下列水溶液中，

A. 0.1 mol/L HCl   B. 0.1 mol/L NaCl

C. 0.1mol/L CH$_3$COOH   D. 0.1mol/L CH$_3$OH   E. 0.1 mol/L KOH

（1）具有弱酸性的是＿＿＿＿＿＿＿＿＿＿＿

（2）pH 最大的是＿＿＿＿＿＿＿＿＿＿＿。

（3）与等体积的 0.05 mol/L Ba（OH）$_2$ 溶液完全反应，得到 pH 为 7 的溶液的是＿＿＿＿＿＿＿。

（SAT Subject Prepare，2007—2008）

第（1）小题考查强酸、弱酸的判断，第（2）小题考查 pH 的计算，第（3）小题考查考生对化学反应后的溶液 pH 的判断。3 个考题的预设难度分别为 2、3、4，其中难度为 4 的考题，与国内化学高考题相比要简单很多。

（上海高考化学题）近年来，由于石油价格不断上涨，以煤为原料制备一些化工产品的前景又被看好。下图是以煤为原料生产聚氯乙烯（PVC）和人造羊毛的合成路线：

请回答下列问题：

（1）写出反应类型：反应①＿＿＿＿＿＿＿＿＿，反应②＿＿＿＿＿＿＿＿＿。

（2）写出结构简式：PVC＿＿＿＿＿＿，C＿＿＿＿＿。

（3）写出 A 到 D 的化学反应方程式＿＿＿＿＿＿＿＿＿＿＿＿。

（4）与 D 互为同分异构体且可发生碱性水解的物质有＿＿＿种（不包括环状化合物），写出其中一种的结构简式＿＿＿＿＿＿＿＿＿。

整道习题解答涉及 8 个推理步骤，互相关联知识点 13 个，每一个填空都需要从前后推理中解答，有的需要 1、2 步推理，有的需要 4、5 步才能找到答案。

以上两地习题的"推理"因素分析可知，上海的习题综合性比加州的习题大，究其原因，可能在于：

一是两地的考查重点不同。美国 SAT 化学考查重点在于对知识内容本身的掌握，而非以试题综合性作为考试重点，对于中学化学教学和课程的直接导向，就是重视

课程内容本身的理解和掌握，而不是通过题海战术去训练各种复杂难题；国内化学课程对推理能力较重视，上海市 2009 年的高考考试手册明确指出，思维能力中的归纳、演绎、类比和推理能力是化学学科的能力目标之一。

二是与两地的课程深、广度有关。通过对课程广度和深度的比较发现，加州的化学课程内容比上海课程的广度大，要求高。高考的选拔功能要求试题要有一定区分度和难度，在课程内容相对简单的情况下，只有通过增加习题的综合性来增加习题难度，而高考题综合难度加大对中学化学教学的直接导向是：教师将重点放在如何解决综合性高的复杂问题的训练上。但随着学生综合问题解决水平的提升，水涨船高，命题者势必要提高试题复杂度以达到选拔目的，如此循环，导致了习题难度不断增大。因此出现了上海化学课程内容的广度和深度都比加州简单但课程难度却比加州大的现象。

（三）"宏、微、符"因素的影响

化学作为研究物质的组成、结构、性质及其变化规律的一门学科，不仅研究物质宏观性质及变化，也研究物质微观组成、结构，而且符号是宏观与微观的桥梁，因此，"宏观－微观－符号"三者之间的转换是化学学科的特有思维方式，同时也是影响化学问题解决的因素之一。

实证研究表明，学生对物质微观本质的理解存在困难，即使是大学生也不例外。在问题解决过程中，学生不能熟练地从一种水平切换到另一种水平。研究考查了学生宏观与符号的切换、微观与符号的切换、过程与符号的切换能力与化学问题解决之间的关系。研究启用了 MAS 多维分析系统对化学问题进行难度分类，学生在上述三种切换中的成绩表现即反映了其在不同水平之间转换的能力差异，并直接影响其问题解决能力的好坏。研究发现，学生宏观与符号的切换能力最强，微观与符号的切换次之，过程与符号的切换最差。

前面的比较结果显示，上海化学习题的"宏、微、符"难度因素大于加州，这也是造成上海习题难度大于加州的原因之一。分析两地的习题特点，发现其主要原因在于上海习题大多是涉及"宏、微、符"之间的多维、多次的切换，而加州的习题大多是三者之间的单维切换。虽然说有研究表明，三者之间切换维度的增多对问题解决的影响不大，但是三者之间切换次数的增多对学生的问题解决还是会造成一定障碍，这一点与上海习题涉及步骤和知识点多造成的综合性强不无关联。

本节首先界定课程难度定义，采用化学习题难度来表征化学课程难度，定义影响习题难度的六个因素——"背景""推理""知识量""数学技能""开放度""宏、微、符"，以及各个因素的四个水平。根据教师调查问卷得出各因素权重，建立了化学题难度量化模型。

接着以两地内容差异不大的"氧化还原反应"习题为样本比较上海与加州的习题难度,结果发现:上海与加州的"氧化还原反应"习题在"数学技能""开放度""知识量""宏、微、符"上几乎相当;两地的"推理""背景"因素差异较大,上海习题的"推理""数学技能""宏、微、符"大于加州的,以"推理"为甚,加州习题的"背景"大于上海。

比较发现,上海课程的习题难度大于加州,其原因在于"推理"的维度较加州的大,造成习题综合性远大于加州习题;加州课程习题的难度在于"背景"维度大于上海习题。

第七章   ChemCom 课程与教材研究

　　20 世纪八九十年代,随着科学教育界划时代的"2061 计划"轰轰烈烈地开展,美国历史上第一部国家科学教育标准《美国国家科学教育标准》诞生了。此时,科学教育的目的已不再局限于为国家、为社会培养科技精英,"科学为大众"培养公民的科学素养等理念深入人心。

　　在这样的时代背景下,美国化学会（American Chemical Society, 简称 ACS）在美国科学基金会（NSFF）的资助下,开发了一门全新的高中化学课程——《社会中的化学》（*Chemistry in the Community*, 以下简称 ChemCom）。ChemCom 以社会为背景建构教学体系,内容涵盖了传统化学课程中的术语、思维技巧、问题解决和实验室技能。它通过以各种学生中心的活动为基础的事件导向的教学内容来鼓励个人独立或合作解决问题,帮助学习者整合自己所学的知识,明白如何使用这些知识处理真实世界的情况。ChemCom 突破了传统化学课程的边界,以其新颖的设计思路和独特的教材体系在世界化学课程中占据了一席之地。

　　ChemCom 是 20 世纪 80 年代末在美国诞生的一门具有跨时代意义的化学课程。它的发展和教材的出版见证了国际科学教育理念的转型和化学教育改革的变迁,其特殊意义在于对化学课程内容体系建构和活动方式的创新。自 1988 年 ChemCom 首版教材正式发行以来,经过 1993 年、1998 年、2002 年和 2005 年四次修订,2005 年秋,ChemCom 第 5 版教材正式发行并投入使用。

美国的课程改革对整个世界的教育改革有着不同程度的影响，在当前我国高中课程全面改革的背景下，借鉴发达国家尤其是美国的课程是十分必要的。ChemCom 作为 20 世纪末美国科学教育的经典课程，挖掘其课程设计的理念，研究其内容的建构思路，比较其教材不同的发展阶段，借鉴其对我国化学课程改革和教材编写的启示，对我国化学课程改革有着独特而重要的意义。

因此，本章集中介绍以下内容：

①结合国际科学教育改革运动的成果，分析 ChemCom 诞生的时代轨迹，阐释 ChemCom 产生和发展的社会基础。

②结合从"2061 计划"到《美国国家科学教育标准》[1]所倡导的科学素养目标，具体分析科学素养是如何联系、影响和指导 ChemCom 课程设计的，从而提炼课程的设计理念。

③探索 ChemCom 第 4 版教材建构的主线（社会和人文）和辅线（技术和环境），更清晰、更微观地描述教材的结构，阐述教材的组织脉络。

④探索 ChemCom 第 5 版教材课程内容的新视角，以"技术事件"为载体，从"技术思想"的角度去研究该课程的编制。

⑤通过对 ChemCom 课程价值的评析和经验总结，探析 ChemCom 对我国高中化学课程改革的积极意义。

[1]（美国）国家研究理事会.美国国家科学教育标准［M］.戢守志，等译，北京：科学技术文献出版社，1999.

第一节　ChemCom课程研制的背景

ChemCom 研制的历史背景包括 ChemCom 课程诞生的年代背景、发展轨迹以及实施情况。

一、ChemCom课程诞生的时代轨迹

在过去的几十年中，西方的科学课程经历了三次改革浪潮。在 20 世纪 50 年代和 20 世纪 60 年代的学校，科学被理解成一种"学科知识"（science as discipline knowledge），科学课程改革的目标以培养精英为主，开发了以科学基础知识为结构的科学课程，短短几年后，课程改革最终走向失败。

进入 20 世纪 70 年代和 20 世纪 80 年代，受国际上 STS 潮流的影响，学校的科学被理解成"相关的知识"（science as relevant knowledge），其含义在于科学不是独立存在的，它与社会、经济、政治等紧密相关。在这一阶段，科学教育者提出了科学素养的问题，该阶段的科学课程改革目标是把科学教育作为一个改善个人和社会的工具。在理科教育中，综合课程（general science）大量问世，迅速改变了科学教育的面貌。

在 20 世纪 80 年代末和 20 世纪 90 年代，人们开始认为科学是"不完美的知识"（science as imperfect knowledge），科学课程改革的中心是让科学教育者认识到在科学知识形成过程中个人、社会和文化的影响，必须多元地去认识科学知识。

ChemCom 课程是 20 世纪 80 年代末美国科学课程改革的产物。ChemCom 课程携着第一次科学课程改革浪潮的经验和教训，带着第二次科学课程改革的烙印，随着第三次科学课程改革的步伐脱颖而出。

（一）20世纪70年代——科学课程社会化的开端

在 20 世纪 60 年代的第一次科学课程改革运动中，人们过多地强调了科学课程的学术意义，忽视了科学课程的其他教育意义。这场运动的失败也使人们开始思考一个根本性的问题，即科学课程的社会化效果问题。

在 20 世纪 70 年代和 20 世纪 80 年代初期，美国对第一次改革做了大量的研究，有人称那个时期为"报告的十年"。这一时期，美国的理科教育改革的疲乏越来越明显，学生对科学的热情急剧下降。美国科学教育家 Yager 写道："三年级学生对

科学的兴趣和对科学教师的态度好于八年级学生。学生学科学的年限越长，他们就越不喜欢它。"1977 年，美国科学基金会递交了历时八年之久的题为《科学教育质量亟待改善的充实证据》(*Substantial Evidence That Serious Attention Needs to Be Paid Improving the Quality*)的研究报告，指出美国的科学教育不容乐观。

Welch 的言论则批判性地指出了第一次科学课程改革的弊端，他在 1979 年的《20 年美国科学课程发展回顾》中说："尽管改革耗费巨资，涉及一些最著名的科学理念，但是今天的理科课程与二十年前相比并没有多大改善。尽管在书架上出现了许多新书，在橱柜里也出现了许多先进的教具，但是每天的课堂操作仍旧同前，教师仍在用相同的理念和教学方法告诉他的学生什么是重要的，该去学什么，该去做什么。"[1]

（二）20世纪80年代——科学素养成为国家目标

事实上，科学不能脱离社会、经济、政治而独立存在。1983 年 4 月，美国国家英才教育委员会（The National Commission on Excellence in Education）公布的《国家处于危险之中：教育改革迫在眉睫》和 1985—1986 年美国科学和数学教育考察的报告都急切地告诉世人，科学素养的惊人缺乏以及现在科学课程对培养学生科学素养的无能为力。1985 年，美国启动了一项具有划时代意义的国家工程——"2061 计划"。所有的这些，标志着美国科学教育改革新的契机的到来。ChemCom 课程无疑是在当时大力倡导科学素养的科学教育百花园中繁殖、生长起来的一株令人瞩目的花朵。

（三）20世纪90年代——以学习者为中心的教育

此时，科学素养被提到前所未有的高度，人们越来越清醒地意识到科学技术的局限性。20 世纪 90 年代初期，科学教育已经转向另一个方向，下列内容变得越来越重要了。

● 叙述"真实生活的情景"；

● 将科学与广泛的社会和技术专题相关联；

● 在主动的、负责任的公民的背景中发展科学素养；

● 促使科学作为一种文化现象；

● 起点构建于儿童现存的知识和经历之上；

● 用问题解决能力去开发创造性，促进决策能力和培养其他社会技能；

[1] AIKENHEAD G S. STS Science in Canada: From Policy to Student Evaluation [M]//KUMAR D D, CHUBIN D E. Science，Technology, and Society: A Sourcebook on Research and Practice. New York:Kluwer Academic / Plenum Publishers, 2000：49–89.

●增强每一个学生的自我图像和自身价值。

这些变化可以归纳为两点：一是使科学教育更结合社会发展的现实；二是"科学为大众"，使科学教育变成以学习者为中心的教育。1996 年，美国历史上第一部科学教育标准《美国国家科学教育标准》（NSES）问世，标志着科学教育改革的新高峰。所有这些都对 ChemCom 的形成和以后的发展起到了至关重要的影响。

二、ChemCom课程的开发与修订

ChemCom 课程的规划和开发始于 1980 年，ChemCom 系列课程是在美国国家科学基金会（National Science Foundation）、美国化学会公司联合会和石油研究基金的支持下，由美国化学学会（ACS）开发的。ChemCom 的发展包括以下阶段：

（一）开发和试点

课程的开发由美国化学学会主席 Anna. J. Harrison 领导的指导委员会负责，成员包括调研员 W. T. Lippincott、主编 Henry Heikkinen、项目经理 Sylvia Ware、主评估师 Frank Sutman 和写作班子。每个写作班子由一位课堂教学材料写作经验丰富的单元主任和三名以上高中化学教师组成，负责开发一个课程模块。

起初，在国家科学基金会和美国化学学会的资助下，ChemCom 试用版首先在个别学区试点。其间，评估和地区试验（field test）广泛地开展起来。每个单元由内容和教学专家审核，然后引入当地社区课程，进行小规模试验。1983 年，社会学家重审了课程并提供了反馈意见，指出了与化学课程相关的占核心地位的一系列社会事件。

为了整合课程，将各个模块组成序列，1984 年夏，课程组召开了"合成大会"，与会者包括指导委员会成员、单元组长、参与制作模块的高中教师和员工。小组成员从 1987 年开始编制 ChemCom 课程，经过高中化学教师、编辑顾问委员会和课文顾问组成的修订小组修订后，Kendall Hunt 出版社在 1988 年正式发行了 ChemCom 首版教材和教师指导手册。图 7-1 展示了 ChemCom 的开发策略，该课程的内容由工业界和学术界的化学家们确认通过[1]。

[1] American Chemical Society. Chemistry in the community [M]. lst ed. Dubuque：Kendall Hunt Publishing Company, 1988.

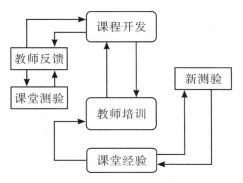

图 7-1 ChemCom 课程开发方案图

如图 7-1 所示，ChemCom[1] 的课程研制借助了三种途径：

● 教师反馈，即调查教师对 ChemCom 试用版教材的看法，并通过课堂测验，反馈学生的适应情况；

● 教师培训，即组织教师培训，对教材进行试点教学，并收集教师培训和教学的信息作为调整的依据；

● 新测验，即实施地区试验调查学生的反应，并及时反馈结果，指导开发小组。

（二）修订和改版

在"2061 计划"轰轰烈烈的推进过程中，1988 年 ChemCom 首版教材作为课程的开端，是美国科学教材的大胆尝试，也是世界化学课程史上的重大突破。该书的出版和发行在引起学术界轰动的同时，也引起了教育界的广泛争议。

受到人们对 ChemCom 首版教材褒贬不一的评价，以及第一个五年教育实践的经验和挫折的影响，1993 年 ChemCom 第 2 版教材在内容选择和表述风格上有所改变，结构较首版紧凑，文字也更严谨，折射出对传统教学方式的某些让步。第 2 版融合了 10 位一线教师的意见，以及学生做实验过程中产生的问题汇总。修订组成员包括大学教授、工业界人士、高中教师，他们决定在第 2 版中采纳哪些意见进行修订。

1996 年，《美国国家科学教育标准》诞生。此后，ChemCom 教材按照新标准的精神和使用意见又经过了 1998 年、2002 年和 2005 年总共四次修订。尤其是 2002 年的第 4 版，从单元的设计到内容的建构都发生了重大变化，可以说是 ChemCom 教材修订过程中的一个转折。如今，ChemCom 教材已由 W. H. Freeman and Company Publishers 出版社正式出版发行并投入使用。此外，配套的教学辅助工具更加完善，

[1] BENNETTA W J. An engaging textbook [J]. The Textbook Letter, 1993（9/10）.

包括教师资源包、升级版教师手册、升级版教师资源光盘和定性及定量评估系统[1]。ChemCom 课程的发展轨迹如图 7-2。

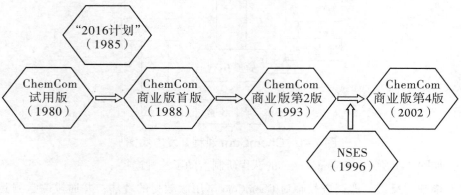

图 7-2　ChemCom 课程的发展轨迹

三、ChemCom课程的实施情况

自从 1988 年问世以来，ChemCom 首版教材三年内就发行了 137000 册。至 2002 年第 4 版发行之初，ChemCom 课程已经有 1000000 名学生。ChemCom 首版教材在亚拉巴马州、阿肯色州、佛罗里达州等 12 个州使用，被堪萨斯州威奇托、纽约市等学区采纳，在阿拉斯加、伊利诺伊、密歇根、密苏里和俄亥俄等地作为课本或补充课本。

就像美国化学学会 1982 年认为的那样，使用 ChemCom 教材的主要对象是准备上大学非技术专业的学生。然而，许多化学教育者认为 ChemCom 对科学课程是一个有益的补充。作为十一年级的课程，ChemCom 还可以在其他层次学习，如在社区大学开展或作为教师的进修课程。ChemCom 现已被美国科学基金会（NSF）列为大学入学认可课程，并被国际经济合作与发展组织（OECD）列为科学、数学和技术课程改革的案例研究课程[2]。

ChemCom 带动了美国国内其他化学课程的发展，成为其他课程开发的平台，如：

●《基础和挑战，鼓励技术化的科学》（*Foundations and Challenge to Encourage Technology Based Science*，简称*FCETBS*），一个七、八年级学生使用的综合科学课程；

［1］BENNETTA W J. This book is still good but still flawed［J］. The Textbook Letter, 1997（7/8）.

［2］LEMAY H E, BEALL H, ROBBLEE K M, et al. Chemistry: Connections to our changing world［M］. New York: Prentice Hall, 2002.

● 《技术合作》（*Partnership in Technology*），一个九年级课程；

● 《情境化学》（*Chemistry in Context*），一个大学化学课程，1991—1992 年间在 19 个大学院校中试行，教材现已发行第 5 版。

除美国本土外，ChemCom 教材的出版迅速引起了国际化学教育界的强烈反响，ChemCom 教材被翻译成俄文、日文和立陶宛文等多种版本。1993 年俄罗斯订购了 100000 本并在中学使用。16 名美国教师在莫斯科开设了培训班，由美国化学会主持，140 名俄国教师参加了培训。俄罗斯和立陶宛将 ChemCom 作为标准教材，而日本则作为教材的课外素材。

经历了近二十年的教学实践和完善，时至今日，ChemCom 课程已经步入了新世纪。然而，在多如繁星的化学课程中，它仍占有不可动摇的地位。ChemCom 以其全新的课程理念和组织手法，为 20 世纪 80 年代末的化学教育界带来了震撼，为国际化学课程注入了新鲜的血液。

第二节　ChemCom课程的设计理念

ChemCom 课程的诞生离不开美国当时的政治、经济、科技、教育和文化环境背景。这些因素综合决定了 ChemCom 从一种社会理念转化为有效的教育资源。而主导该课程设计的基本准则或称设计理念，与美国 20 世纪 80 年代推出的 "2061计划" 和《美国国家科学教育标准》有着密切的关系。

ChemCom 课程的设计者一再强调要遵循《美国国家科学教育标准》中的原则和指示，将科学素养放在极其显著的地位。当我们追溯 ChemCom 产生和发展的历史时，不难发现该课程提高公民科学素养的核心思想源于 "2061 计划"，而 1996年问世的《美国国家科学教育标准》则大力推进了 ChemCom 的发展与成熟，更好地融合了化学教育与科学素养的关系。因此，本节重点分析在 "2061 计划" 和《美国国家科学教育标准》的背景下 ChemCom 课程设计的基本理念。

一、融入科学素养的要素

（一）科学教育必须弘扬科学素养

在本章第一节中提到，ChemCom 首版教材诞生之时，正值 "2061 计划" 问世不久。ChemCom 是美国化学学会（ACS）开发的最具影响力的课程之一，ACS 则直接参与了美国 20 世纪 80 年代标志性的 "2061 计划" 和 20 世纪 90 年代里程碑式的《美国国家科学教育标准》的设计和制定。多年来，该学会在普及化学教育方面做出了可贵的努力。它提出的 "化学为大众" 观点甚至比 "2061 计划" 的 "科学为大众" 还要早。而 "科学素养" 这一概念也是当时一系列改革浪潮中涌现出来的，被认为是大众教育与科学教育结合的核心概念。

"2061 计划" 是美国科学促进会（American Association for the Advancement of Science，简称 AAAS）制定的一个能够代表现代社会科学教育改革的跨越七十六年的实验。AAAS 认为，一个具有科学素养的人应该熟悉自然及其整体性，了解数学、技术学和各门自然科学相互依赖的一些重要方式，理解一些重要的科学概念和原理，发展科学思考的能力，了解数学和技术学的人文性，认识科学的长处和局限性，能够把科学知识和科学思维应用于个人和社会需要的各个方面。

1985 年 6 月，AAAS 宣布 "2061 计划" 开始，国家的第一目的是改进幼儿园至十二年级的科学、数学和技术教育。该计划的第一阶段报告名为《面向全体美国人的科学》，出版于 1989 年 2 月，内容主要包括 12 项关于科学素养教育的建议，概括了所有高中毕业生在科学、数学和技术方面所应该知道的知识和能够做的实践活动，并且确定了有效学习和教学的原则。1993 年 10 月，《科学素养衡量基准》仔细解读了《面向全体美国人的科学》的有关科学素养的文本，扩展了《面向全体美国人的科学》的科学素养目标。

1995 年 12 月 6 日，美国国家科学基金会会长尼尔·莱恩宣布美国历史上的第一部科学教育标准——《美国国家科学教育标准》（NSES）正式出台。这部经过大批理论家、课程专家、教育家、自然科学家和政府官员通过五年时间研究而制定的标准，不仅对科学素养做出了具体的构想，而且也为美国的教育系统规划出把这种构想变成现实所应采取的具体行动路线。

NSES 提出了与"2061 计划"相似的关于科学素养的见解，内容包括以下几个方面的标准，即作为探究的科学、物理科学、生命科学、地球和空间科学、科学和技术、个人与社会眼中的科学、科学的历史和本质。此外，再加上"科学中统一的概念和内容"标准，这些标准成为修订 ChemCom 课程和评价教材的重要依据。

我们认为，在 20 世纪 80 年代，尽管当时的人们对科学素养的认识远没有今天那么深入，但 ChemCom 课程的设计者高瞻远瞩，在化学课程领域尝试勾画了一幅未来公民科学素养的宏伟蓝图，首次成功地通过教科书这一"媒介"将科学素养目标具体化，从而在国际范围内为化学课程融合科学素养从理念到操作树立了一个很好的典范。

（二）着力解析化学、技术与社会的关系

NSES 定义的科学素养有三个方面：a. 关于科学知识的认识；b. 关于科学方法和科学本质的理解；c. 关于科学、技术、社会间的相互关系的认识。Chiapetta 等人对 ChemCom 与科学素养的主题相符程度做过检验，ChemCom 内容涉及上述 3 个主题的百分比分别是 26%、44%、30%[1]。

ChemCom 的设计者认为，要使学生成为具有科学素养的公民，就必须理解和传统科学概念相呼应的化学技术和科学层面[2]。要成为这样的公民，需要理解科学组织的性质以及科学、技术和社会之间的相互作用。在 ACS 推出的 ChemCom 教师指导书（1988）中明确阐述了下列原则[3]。

［1］黄显华，霍秉坤. 寻找课程论和教科书设计的理论基础［M］. 北京：人民教育出版社，2002.

［2］瞿葆奎. 美国教育改革［M］. 北京：人民教育出版社，1990.

［3］李其龙. 从德国教科书看当代教学论思想［J］. 全球教育展望，2001（3）：19-23.

专家们对与社会或技术问题相关的科学技术事实的一致认定并不意味着专家们会就一个特定情境达成一致。社会、政治、经济和伦理价值都会影响专家们的观点和意见。

●所有技术带来的好处都有着一定程度的风险、成本或压力。

●个人行为看似无关紧要，但许多个体的行为能产生重大的社会和生态影响。

●目前我们关于任何特定社会、技术问题的知识似乎都不精确、不准确、模棱两可。社会运行必须基于所得到的最佳信息和理解，额外的信息可能要求对问题和以前的解决方案的重新评价。

ChemCom 课程遵循上述原则，从开始出版即在教材中凸显化学课程的"社会化"，尝试以化学推进社会文明的重大研究领域为主线，借助化学的核心概念，选取了环境、能源、资源、技术、健康等方面的诸多"事件"，恰到好处地解决了多年来课程编制中的难题——学科知识与社会生活的融合。

（三）根据科学素养的基准评价教科书

"2061 计划"认为，教科书的评价标准必须以《科学素养衡量基准》和《美国国家科学教育标准》为基础。教科书中所描述的学习目标必须与《科学素养衡量基准》和《美国国家科学教育标准》以及州的课程标准相一致。面对大量出版的科学教科书，"2061 计划"在 1995 年开始对课程材料进行分析，其目的是评价教科书是否达到科学素养的基准。这些标准如下：

●教科书是否提供了可理解的教学目标，包括单元目标、课时目标和合理的教学活动顺序；

●教科书是否从学生的认知角度去组织内容，包括是否注意到学生的前概念和技能，是否提醒教师注意学生的前概念，是否帮助教师确认学生的前概念，是否陈述科普常识和学术概念的区别；

●教科书安排的内容是否能使学生积极参与教学内容，包括是否提供大量的事实材料，是否提供生动的实验；

●教科书所出现的概念是否有一个渐进的理解过程，是否将这些科学概念运用到具体事例中，包括科学术语的引入是否在一定的背景下，是否正确和有效地表达概念，是否能够表明所学概念的有用性，是否提供给学生应用所学概念去解释现象的机会；

●教科书是否能激励学生去观察相关现象并用学过的知识去思考，包括是否能鼓励学生表述自己的想法，是否能指导学生解释和说明理由，是否能鼓励学生思考他们已经学过的内容。

●教科书是否有评价内容，包括教学内容的评价和目标是否一致，测试是否是建立在理解的基础上，是否将评价结果应用在教学指导中。

这些标准渗透在 ChemCom 课程的设计中，指导着 ChemCom 教材的编写和实施。

二、培养科学探究的能力

NSES 大力倡导科学探究，认为它不仅是学生必备的能力，也是一种学习方式。探究学习是 ChemCom 教材的重要组成部分，从首版到后续的修订版不难发现，探究活动始终是教材设计者感兴趣的一大领域。

（一）学生科学探究的基本能力

NSES 的进步意义体现在它对科学探究的反思上。NSES 把"探究"作为科学的一部分，以"探究"为基础的教材旨在发展学生多方面的能力。"探究"没有一系列特定程序可循，关键在于"问题的回答""设想的考查""根据的逻辑性"，科学教育不应是"接受的智慧"。NSES 认为探究的模式应该从学生自己的问题开始，并将学生的思考与更多的实践活动相联系，而不仅仅是科学探究这一种方式。当然，科学探究是科学家所使用的方法，它离学生的日常生活有一定距离，只能适当地加以使用。

NSES 认为，学习科学是学生自己的事。科学教育是一个主动的学习过程，学生应建构自己的知识，并将其运用到新问题之中，学生还必须学习如何清晰地向他人陈述自己的观点，构建批判性思维和逻辑思维能力。

（二）ChemCom科学探究的重要内容

科学探究是 ChemCom 课程的重要组成部分，ChemCom 第 4 版教材中，教材设计者对科学探究的价值做了如下阐释：

科学家通过观察和操纵周围环境来加深他们的知识和对自然界的理解；科学家解决问题和追求知识所使用的探究手段使他们对自然规律的了解激增；人们努力将科学家用来创造和检验知识的步骤变为公式和列表；或许你已经学习这些科学方法的步骤，比如观察、定义问题等，但只学习步骤和单词的定义是无法理解科学探究的。

虽然你可能不想成为一名科学研究者，但对于所有学生来说获得科学探究的能力是很重要的。每个人每天都会遇到不计其数的事件和观点，哪些是真的？哪些不可取？掌握完善的评价检测方法对辨别真伪信息至关重要。[1]

对于 ChemCom 教材中科学探究活动涉及的具体能力要素，编者进一步指出：

[1] 林长春.美国科学史教育的演进及其启示［J］.外国教育研究，2004（6）：32-35.

科学探究需要哪些能力呢？根据《美国国家科学教育标准》，它包括：

● 辨别指导科学调查的问题和概念；

● 设计和执行科学调查；

● 使用技术和数学改进调查和交流；

● 使用逻辑和证据形成并修订科学解释、模型；

● 辨认和分析其他解释和模型；

● 就一个科学论点进行交流和辩论。

这些技巧对研究、学习科学都很重要。它们同样是评价日常生活中数据的重要技巧。你只能通过实践来掌握这些技巧——通过做课本习题和实验。

研究科学是一项复杂的工作。ChemCom教材参照NSES，对有志于从事科学研究事业的学生提出了未来从事科学实践的要求：

● 科学家探究物理的、生命的或人工设计的系统如何作用；

● 科学家探究的理由多种多样；

● 科学家依赖技术，更好地收集和处理数据；

● 数学对科学探究至关重要；

● 科学标准必须遵循以下标准：提出的解释必须符合逻辑，必须坚持证据，必须接受质疑和可能的修改，必须基于历史或当前的科学知识；

● 不同类型的研究和科学家的公开交流得到了科学探究的结果——新知识和新方法。

最后要说的是，得到新科学知识的途径很多。因此，研究科学过程非常重要，学会如何研究、理解科学探究的能力是本课程最重要和有用的内容。

根据上述指导思想，ChemCom课程另辟蹊径，在教科书中精心设计了大量的科学探究活动，具体内容请见本章第三、第四节的案例分析。

三、建构跨学科的内容体系

"2061计划"和NSES对科学素养和科学探究能力的要求需要建立在学科综合的基础上。因此，打破传统的学科界限，构筑跨学科的内容体系是ChemCom的另一个设计思想。

（一）建立统一的、综合的科学观念

一些化学教师认为，在九至十二年级的NSES中很少涉及化学的内容，因此他们不知道教什么内容，学生不知道学到什么水平。这种看法显然是错误的。产生这

样的困惑原因在于 NSES 中没有以"化学"为名的特定部分。标准中的科学基本概念及原理主要选择那些体现现代科学的应用和知识及文化传统，这为帮助学生超越某一具体学科而建立统一的、综合的科学观念奠定了基础。

NSES 中的化学内容取决于我们对于现代化学知识领域的定义。事实上，NSES 中包含的与化学有关的概念及原理存在于以下各个内容标准：A. 物理科学；B. 生命科学；C. 地球与太空科学；D. 科学与技术；E. 个人与社会眼中的科学；F. 科学的历史与本质。化学教师可以以 NSES 为向导，引入有机化学、生物化学、工业与环境化学、地球化学、物理科学的实例来拓宽初级课程的内容，这将使化学基础知识更好地反映现代科学发展的广度。这就进一步要求课程的设计打破传统的学科限制，在一个相对上位的框架下建构课程内容体系，而"跨学科"形态的 ChemCom 冲破了 20 世纪 80 年代学科分界泾渭分明的传统思维模式，脱颖而出。这不仅需要很大的勇气，而且必须掌握跨学科编制课程内容的技巧。

（二）ChemCom课程内容涵盖多个学科

ChemCom 课程几经修订，与 NSES 中所要求的趋于一致，化学概念和原理可以在各种分支的内容标准中找到。

ChemCom 是以社会为中心的课程，其目的主要是通过介绍化学应用，帮助学生认识和理解化学在个人生活中的意义，使他们能应用化学知识做出广泛的决策。所以，ChemCom 教材选编了大量的联系社会、生产、生活等跨学科的知识。学科间的知识主要也是在正文中以陈述的方式进行呈现。

从上述三大方面内容的具体分析可知，ChemCom 课程很好地秉承了"2061 计划"中培养公民科学素养的教育理念，坚守《美国国家科学教育标准》提出的具体要求，将科学探究的指导思想落实在具体单元内容的学习中；在统一的、综合的科学教育框架下描绘了化学跨学科发展和应用的特征，内容涵盖了诸多当前的社会热点问题。课程内容的特点表现在：课程设计的新颖性，单元主题的召唤力，情景事件的感染力，探究活动的曲折性。尽管作为一门中学科学课程，ChemCom 存在过于"散""浅""杂"等各种争议，但与它的设计思想相比，这些都微不足道，它是 20 世纪化学课程研究的一笔巨大的财富，将影响人们对 21 世纪化学课程的探索之路。

第三节　ChemCom教材内容的建构

　　ChemCom 教材建构主题鲜明、结构紧凑，每单元（unit）围绕一个特定的故事情境展开。单元下设章节（section），根据学习本主题所需的知识和技能目标展开教学。通过学习，学生不仅能对本主题相关的知识有一个全面的了解，形成相应的能力和态度，还能为后续的专题学习进行必要的铺垫。

　　本节以 2002 出版的 ChemCom 第 4 版教材为重点研究的对象。ChemCom 第 4 版教材由 7 个单元共 27 个章节组成。单元设置如表 7-1 所示。

表7-1　ChemCom教材的单元设置

单元	章
一、水：探索溶液	1. 水的来源与利用
	2. 水与水污染
	3. 探究鱼死亡的原因
	4. 水的净化与处理
二、材料：结构与应用	1. 为何我们要利用资源，我们该做什么？
	2. 地球的矿物资源
	3. 资源保存
	4. 材料：为了性能而设计
三、石油：断键与成键	1. 石油——什么是石油？
	2. 石油作为能源
	3. 石油作为生产原料
	4. 石油的替代能源
四、空气：化学与大气	1. 大气中的气体
	2. 辐射与气候
	3. 大气中的酸
	4. 空气污染——源头、影响与溶液

续表

单元	章
五、工业：应用化学反应	1. 氮气的化学性质
	2. 氮气与工业
	3. 金属处理与电化学
六、原子：核反应	1. 原子的性质
	2. 核辐射
	3. 应用放射性
	4. 核能——收益还是负担
七、食物：生命所需的物质与能量	1. 食物作为能量
	2. 食物的储存和使用
	3. 蛋白质、酶与化学
	4. 食物中的其他物质

ChemCom 有别于传统的学科中心的教材结构，它庞大的课程体系如同一幅巨作，上面布满五彩斑斓的图案，又内含坚韧严谨的脉络。深入剖析 ChemCom 课程内容体系，可以提炼出以下重要的建构线索：以社会为主线、以技术为辅线、以环境为辅线、以人文为暗线（对应社会这条明线）。其中，社会和人文线索为主干，其他两条线索为分支，学科知识则是枝叶，它们共同构成了 ChemCom 枝繁叶茂的盛景。

一、以社会为主线建构内容

ChemCom 的社会主线有两层含义：（1）一层贯穿全书，即把社会（或社区）作为 ChemCom 化学之旅的大背景。这些背景可以是学校、小镇、地区、国家甚至是我们生存的地球。所有的化学知识都镶嵌在对应的主题中，学生从始至终沉浸在 ChemCom 营造的情节里，有很明显的参与感。（2）第二层深入每个单元，让学生带着不同的问题或任务，在各种虚拟的情节中体验学习的乐趣。每个单元秉承"需要才了解"（need to know）的原则，将与本主题相关的化学知识巧妙地组织起来，其中的各个小节既有联系又围绕不同的子课题展开，以此构筑了 ChemCom 的第二层社会线索。

（一）全书的社会线索——源于"Riverwood小镇"的故事

ChemCom 创设的社会背景虽然不同，但有 Riverwood 小镇贯穿始终，主人公为小镇上的高中生。在课程中，学习者扮演小镇上的其他角色，参与小镇一系列和社会、经济、科学、环境、文化、技术相关的议题。Riverwood 是 ChemCom 课程原创的故事情境，镇上有一条 Snake 河，小镇以旅游业和钓鱼节著称。课文伊始，主人公便遇到各种有争议的时事或突发事件，接受来自各方的观点和信息，加入到各个层面和角色的讨论和决策中。在整个学习过程中，学习者被小镇科学、民主的气氛包围着。

Riverwood 小镇在第一、第二、第五、第六单元中先后出现，使得教材结构更为紧凑。第 4 版教材在每个单元的开篇用图的形式说明了本单元的教学线索，紧接着用一篇新闻、社论或提案说明遇到的问题或任务，要求学生通过学习本单元来解决这些问题，这种处理方式有利于教师和学生对该单元专题内容和教学思路进行把握。每个单元的故事背景和首页上的学科主题见表 7-2。Riverwood 奠定了 ChemCom 情境教学的基础，使"社会中的化学"（直译成"社区中的化学"）更名副其实。

表7-2　ChemCom各单元的主要学科主题和故事背景一览

单元	故事背景	扉页上的学科主题
一、水：探索溶液	鱼死亡事件致使Riverwood小镇产生水危机，主人公通过了解水的性质回答了鱼死亡的原因、水是否有害等问题	水的净化 水的物理性质、化学性质 溶解度 水处理
二、材料：结构与应用	议会议员邀请你和你的同学设计一枚新的半美元硬币参加12区高中的设计硬币大赛，了解性质，按需选材	解释性质 矿物的位置和加工 化学方程式 物质的改进
三、石油：断链与成链	新款ARL-600电动汽车电视广告脚本，评价无石油汽车广告，学习能效、燃料、制造材料（高分子）后设计一个新广告	性质 能量 化学反应的单位 替代品
四、空气：化学与大气	竞选"月球居住基准样例项目的空气质量管理计划"，包括交通、废弃物、能源、温度和辐射、压强、降水和温度、光化学烟雾方面的问题。选中议题，将邀请作者向月球居住协会做15分钟的陈述	大气的组成 太阳辐射 酸雨 空气污染

续表

单元	故事背景	扉页上的学科主题
五、工业：应用化学反应	两家大型的化工厂将为Riverwood小镇提供新的就业机会，但是否能建设这两家化工厂呢？居民对开设化工厂提出正反意见的评论	化学工业如何将废弃的单质、化合物变为有用的物质？
六、原子：核反应	小镇反核技术组织（CANT）介绍，小镇高中生将参加禁止使用核技术研讨会，必须收集观点，应用实例及科学依据，在会上发言	核能 放射性的利用和风险
七、食物：生命所需的物质与能量	调查三个食谱，列出食品清单，写正式的汇总报告	能量 碳水化合物和脂肪 蛋白质 食品分析

（二）单元的社会线索——由具体问题或任务驱动

ChemCom 各个单元的故事都是由问题或任务引发的。第一单元的线索是人们津津乐道的悬疑故事——"死鱼事件"。故事用了两则新闻引入：

● "死鱼导致 Riverwood 水危机"：报道叙述了市民在 Snake 河水中发现了大量死鱼，政府立即出动卫生署和环保署调查原因。为了安全起见，市长要求关闭水泵和水处理厂 3 天，全镇的用水依靠外借，各行各业采取节水和紧急供给方案，此外市长决定取消 Riverwood 小镇一年一度的钓鱼节。为此，镇议会表达了不同的观点。而对于学校停课的孩子们，这件事情有什么影响呢？

● "居民对死鱼事件和水危机方案的反应"：专栏报道了小镇居民们的观点和态度，包括儿童、冷饮店主、钓鱼爱好者、汽车旅馆主人、学生和农场主等，还刊登了河流中死鱼的照片。

"水：探索溶液"单元作为全书的第一单元，以水危机作为社会主线，将许多重要的基本化学概念、原理、事实和方法交织在一起，呈现给读者，显得既合逻辑又合情理。在整个故事的铺垫下，学习者经历了一场合作式的探究。从图 7-3 可以看出，"水:探索溶液"单元是如何用社会线索来组织化学学科知识、技能和方法的，这些学科知识又是如何为社会服务的。

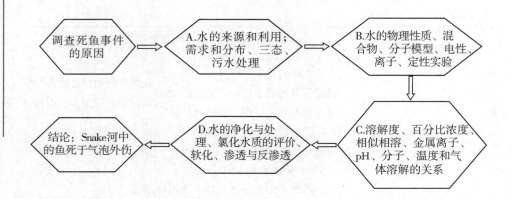

图 7-3 "水：探索溶液"单元的社会线索

第一章"A. 水的来源与利用"首先介绍了水的供给和需求、水的三态、水的分布以及污水处理实验等基本知识和技能后，发了一则通讯（课本第 22 页），告诉居民和镇议会已经排除了微生物、病毒感染污染小镇河水的可能性，其他可能的原因正在调查中。第二章"B. 水与水污染"提供了大量了解水的性质所必需的概念和技能，如物理性质、混合物、原子、元素、化合物、分子、化学键、电性、离子、溶解，最后还进行了常见离子的定性鉴别实验。第三章"C. 探究鱼死亡的原因"在基本掌握了第一、第二章的基本知识和技能后，引导学生真正开始探究。该节依次介绍了溶解度、百分比浓度、极性和相似相溶原理，讨论了河水里的金属离子浓度、pH、物质的浓度、溶剂、溶解氧、温度和气体溶解度的关系等，最后分析Snake 河历年的河水数据：水温、溶解氧、降水、水流、溶解分子、重金属、pH、NO_3^-、PO_4^{3-} 和有机质等。第四章"D. 水的净化与处理"学习之后，谜底终于揭晓。在当晚的小镇会议上，确认了鱼死亡的原因：鱼接触了从发电厂水库中流出的空气过饱和的水，导致"气泡外伤"。但问题是谁该为此负责？此时，学生导演了一场Riverwood 镇议会的会议，根据 ChemCom 提供的信息，学生分别扮演镇议员、电厂官员、农业合作代表、矿业公司代表、科学家、咨询工程师、商会代表、镇卫生局成员、纳税人协会成员，代表各个社会利益层面阐述自己的立场观点。

可见，"水：探索溶液"单元的构建思路是通过死鱼事件的社会线索，激励学生了解水的性质和相关原理，逐渐掌握调查死鱼事件的思维方法，建构了"任务驱动"的整个进程。

本单元最后的"回顾和展望"栏目真诚地告诉读者：请珍惜水资源，小镇虽然是虚构的，但是化学原理、事实、过程却有着实际的应用。Riverwood 小镇平凡却不平静，就和现实世界里所有的社区一样，Riverwood 总有各种问题需要解决，各种争议有待具有科学素养的公民去决策。Riverwood 的故事才刚开始。

二、以人文为暗线建构内容

随着科学技术的迅速发展，现代社会中科学知识的教育取得了主导地位，以价值观教育为主的人文思想教育受到冷落。然而，科学技术迅猛发展，使人与人、人与自然、人与社会的关系发生了新的变化，出现了许多新问题，而这些问题的解决离不开人文思想的教育。与任何科学课程一样，化学课程中蕴涵着大量的人文课程要素，需要我们去揭示。

以人为本的人文教育，体现了对人类社会的情感和价值观的关怀，并从政治、经济、科学、技术、文化等视角对人的发展、社会的发展进行反思。因此，加强人文课程内涵的学习，同样是科学教育的重要目标。ChemCom 课程尝试将人文教育作为贯穿整个课程始终的又一条主线（暗线），较好地揭示了化学课程的人文内涵。

（一）对科学技术的反思——收益和风险并存

ChemCom 的许多主题都体现了对科学和技术的深刻反思。以第六单元"原子：核反应"为例，章节开篇"禁止使用核技术公民组织"（CANT）出具了一张列表，提出了 14 个有关放射性和核技术的问题，测试学生对核能的了解程度。

你知道以下陈述的真伪吗？如果你无法确定，那么你也许会遭受核辐射的危险。

● 家用烟雾警报器含放射性物质。

● 放射性物质和辐射是非天然的，它们由科学家制造。

● 所有的辐射都会致癌。

● 人类的感官可以察觉放射性。

● 不同程度地暴露在辐射中受到的影响大不相同。

● 核武器中，少量的物质可以产生巨大的能量。

······

核能并不是全新的。和所有的恒星一样，太阳依靠核能发光发热。而我们所认识的核能全新的方面，是指人类对核能的利用。了解原子核的性质，科学家、核工程师便能驾驭我们所知宇宙中最强大的力量。核科学对工业、生物研究、能量制造，特别是对医学做出了巨大的贡献。然而，同其他一切应用技术一样，在核能的生产和应用中，压力、风险和潜在的收益共存。

本单元将帮助你评价这些风险和收益，决定核技术在现代社会中的角色。

在 ChemCom 教材中，类似核能这样涉及公众健康和社会安全的事例很多，学生在学习科学知识的过程中必须了解一个事实：我们在享受科学技术带来便利的同时，也要对其局限性进行反思，辩证地看待风险和收益，尽可能用科学的方法减少或避免这些风险。

（二）科学的批判精神——价值的分歧和冲撞

当人类的价值产生分歧和冲撞时，ChemCom 勇于面对并积极鼓励，这也是 ChemCom 人文要素方面最真实、最生动的一种体现。Riverwood 小镇在面对是否使用核技术这一问题时出现了意见分歧。以 CANT 这个地方组织为代表的"反核派"反对核能利用，包括核废料的处理、食品的核照射，甚至医疗核化学等。CANT 在 Riverwood 小镇上空广而告之，邀请小镇居民参加在 Riverwood 地区禁止使用核能的信息研讨会。而另外一些居民则担心全盘否定核能会阻碍医疗诊断和治疗的应用。小镇高中老师 Lynn Paulson 的奶奶建议 Lynn Paulson 组织学生参加研讨会，并准备素材向 CANT 代表提问。

学生在为提问收集信息和证据的过程中，不断受到各种价值观的冲撞。下面以"C.6：放射性的观点"一章内容为例加以阐述。

提到核技术，许多老人会联想到二战的原子弹以及 20 世纪 50 年代后的冷战时期的紧张局面。当你们向研讨会高级成员陈述的时候，这些老人有可能会出现在观众席里。这些社区成员可能会提出以下观点。想一想你们要如何用你们在本节和其他单元学习的知识来应对这些观点。

- 我反对 Riverwood 使用和存放任何有放射性的同位素，它们太危险了。
- 我拒绝住在任何放射源附近。
- 我不知道科学家为什么要不停地制造新元素，它们全都是有放射性的。
- 我不知道放射性为什么能确定埃及木乃伊的年代，没人能活那么久。
- 我不懂他们为什么用放射性元素治疗癌症，我认为放射性元素会致癌。

这样的分歧在整个单元里多处出现。单元的最后"核能——收益还是负担"介绍了核电厂的技术和应用，接着用一个生动形象的例子告诉读者，尽管飞机是所有交通工具中安全系数最高的，但是人们还是最怕坐飞机。世界没有"零危险"的旅行，核化学这一单元的真谛在于——我们应当通过交流，用科学技术知识回应不同的观点和顾虑。

三、以技术为辅线建构内容

技术线索作为对社会线索的补充，在 ChemCom 课程中得到了很好的体现。技术教育（特别是技术素养的教育）在 ChemCom 课程中占有很大的比重，在每个单元里或多或少都可以看到这方面的内容。

（一）单元和章节共同构筑技术线索

与社会线索相似，ChemCom 课程的技术线索也分为两个层次：

①技术问题构成了一些单元的主干，例如第五单元"工业：应用化学反应"与第六单元"原子：核反应"。在这些单元里，技术问题是整个单元的核心问题。由化学技术引发的争议构成了单元的故事情境。

②介绍技术的知识以章节为单位出现在单元的适当位置，如第一单元第四章"水的净化与处理"、第三单元第三章"石油作为生产原料"等。两个层次线索的关系如图 7-4：

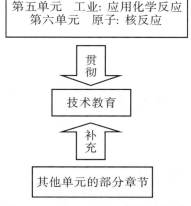

图 7-4　ChemCom 的技术线索

整个单元围绕技术问题展开编写，体现了技术线索的贯彻，而将技术问题作为章或节穿插在单元内，则是对技术线索的一种补充。两者相辅相成，共同构成了 ChemCom 技术这条辅线。

（二）技术教育的核心是价值观和决策

科学的目的是探知自然界未知的规律，而技术的目的则是对这个世界加以改造，使之适应人类的需要。以设计为特点的技术在《美国国家科学教育标准》中是同以探究为特点的科学相互并存的。事实上，科学正是通过技术被大众所了解，并服务于我们的社会。因此，要让学生在获得科学思辨的同时，得到情感、态度与价值观的改造，必须借助与学习者生活的世界直接联系的技术。

第五单元"工业：应用化学反应"的故事开始于小镇上的争议。两家大型的化工厂希望入驻 Riverwood 小镇，小镇上的居民对此表示了不同的看法。EKS 是一家氨化学品厂，而 WYE 是一家冶金厂。两位居民代表在当地的媒体上发表了评论，出现了正反两种观点的对峙。

正方："不管是 EKS 还是 WYE 都可以为 Riverwood 提供就业岗位。"正方支持在小镇上开化工厂，并表示开厂可以缓解小镇居民失业的压力。工厂看中受过良好教育的劳动力资源和充足的水资源、电力，此外可利用已倒闭的 Riverwood 公司旧址，因此两家化工企业争相希望在本地开厂。

反方："不管是 EKS 还是 WYE，就业的代价可能过高。"反方的意见认为开设化工厂不一定能解决所谓的人口就业问题。开办化工厂会影响小工厂的发展，同样会使经济再次倒退。此外，氨厂的高压、高温环境可能会发生爆炸，氨厂的废水会污染水体；全美的炼铝厂平均每年有 40 个工人受到伤害，炼铝厂排放的 CO 处理不当会造成事故。

单元接着分别介绍了氨化学、工业固氮、电化学和工业电化学。每学完一系列知识之后，ChemCom 都会邀请学习者扮演市民参与到相关问题的讨论和决策中，这个过程如表 7-3 所示。

表7-3　第五单元的技术线索

节	技术线索
A.1	氮化学 你生活中的化学 找出5种纯天然物品，注明它们的包装，并比较天然物品比人造物品好在哪里（从价格、来源、质量等方面考虑）
B	氮气和工业 哈伯工艺的原料
B.5	从原料到产品 化工4要素：工程、利润、浪费、安全 化工的考虑因素：工艺、反应热、催化剂、EPA环保署 实质问题：工程、安全、利润、浪费
B.7	Riverwood需要什么？ 制定EKS、WYS的开厂标准
C	金属加工和电化学 轮到WYS了

表7-3 中 B.5 行内嵌表格：

化工的考虑因素	工艺	反应热	催化剂	EPA环保署
实质问题	工程	安全	利润	浪费

续表

节	技术线索
C.5	作为社会一员的工业 重申EPA的条例 原料、溶剂的替代品、绿色化学产品 质量管理体系、ISO标准9000、ISO标准14000 呼吁所有使用化学品的人都负起责任
综合	Riverwood小镇需要化工厂吗？最终的选择 权衡利弊：经济带动与环境压力，哪个筹码更重？ 请全体居民开议会表决 镇议会新闻，有关规则，与会者资料 角色扮演：镇议会议员、EKS公司成员、WYE公司成员、Riverwood工业发展委员会成员、环境署成员、纳税人联合会成员

从表7-3中可以看出，ChemCom教材十分关注公民对科学技术利弊的分析，编者深信，技术素养和科学素养一样，是公民必备的能力。公民只有对技术有足够的了解，才能形成科学合理的技术观念，并以此来对现代社会的政治和经济生活做出明确的决策。事实上，整个ChemCom课程都致力于帮助学习者理解科学对社会发展的潜在力量，与此同时，通过环境、资源、能源、健康等问题来认识科学技术的局限性。

贯彻技术线索，可以让学生了解作为社会的一个子系统的科学技术与社会其他子系统的关系，包括科学技术与经济的产业结构、工业部门结构、企业结构、产品结构和贸易结构的关系；科学技术与政治的关系；科学技术与军事、文化和教育等的互动关系。从而使他们更全面地看待科学对技术的贡献以及技术对科学的反作用，有意识地去认知参与科学技术决策的重要性以及伦理道德对科技行为的意义，用发展的眼光去看待科学和技术，建立环境保护的意识和可持续发展的意识，把技术应用的经济效益与社会效益、生态效益结合起来。

四、以环境为辅线建构内容

工业化进程使不可再生的自然资源被加速开发，人类的环境正在面临着有史以来最大的危机。人们曾经认为，土地、水、空气、能源、森林等是取之不尽的资源，然而它们的实际存量将会对未来世界经济的演变构成很大的问题，许多人仍浑然不知。因此，在科学教育中以任何方式强调环境教育都不过分。

在深入研究教材的过程中我们发现，环境教育的理念深深地植根于 ChemCom 课程之中。从第一单元"水：探索溶液"至最后一个单元"食物：生命所需的物质与能量"，ChemCom 总是巧妙地选择适当的现实情境凸显环境保护的主题，唤起学习者的环境意识。整个 ChemCom 课程的环境线索可以用图 7-5 来解析：

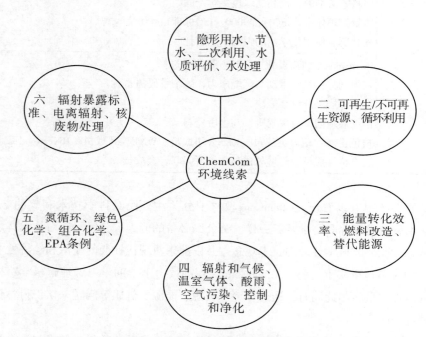

图 7-5　ChemCom 的环境线索

（一）从一起事件揭开环境问题的序幕

第一单元围绕一起生态危机事件展开探究活动：清澈的 Snake 河曾经是钓鱼爱好者的天堂，一夜之间河里的鱼全部死亡。主人公震惊的同时，会思考：

●这起事件究竟是天灾还是人祸？

●如果是工业文明造成的，那我们作为一个化学学习者能在其中起到什么作用？

●如何利用我们的化学知识来查清整个事件的缘由？

●查清事实后如何用化学方法进行善后处理？

●如何利用化学素养防止今后类似事件的发生？

●如何拿起化学武器来捍卫我们赖以生存的家园？

我们知道，ChemCom 课程的基调是强调化学对社会的贡献，适当回避了化学工业给自然生态带来的负面影响。因此，这个故事设计的另一个巧妙之处在于，故事的结局设计成水坝造成了鱼儿气泡外伤，而非某些化学污染导致鱼儿死亡。这样一来，学习者对化学的消极印象就不会加深，且通过这个单元的学习和探究，学习者在掌握化学概念、原理、事实和方法的同时，可能会萌发用化学保护环境的意识。

（二）用全面的观点审视环境问题

ChemCom 教材很好地阐述了资源、环境与社会、经济、技术之间的关系。处理好这些因素之间的繁杂关系，公民必须借助完备的科学知识和理智的大脑分析，权衡利弊，才能做出对自然、社会、人类有利的选择。

第二单元围绕一枚硬币的选材和加工展开，选材要评估材料的性能、来源和成本。其中第三章"守恒"介绍了物质守恒定律、可再生和不可再生资源，最后提出了材料的循环利用的概念。也就是说，当我们在高科技的现代化的社会中，面对不计其数的材料进行选择和利用的时候，应该想到，尽管我们使用后的材料并没有消失，但是由于成本等原因，可利用的原料越来越少了。如何用更明智的眼光看待物质守恒定律，做出合理的选择，对我们有限的资源进行可持续的开发和利用，是一个具有科学素养的公民必须思考的问题。

第三单元是西方化学课程比较热衷讨论的一个能源主题——"石油：断链和成链"。这一单元论述了一个亟待解决的问题，即将枯竭的石油是用作能源还是用作生产原料？单元的开头是一个新款 ARL-600 电动汽车电视广告脚本，教材希望学习者在学习本单元后科学地评价"无石油汽车"广告，并设计一个新的广告。第一章"石油——什么是石油？"介绍了有机化学的基本知识以及石油的用途。第二章"石油作为能源"提到了能量的转换效率、燃料的改善，并要求学生从能源方面思考如何修改电动汽车的广告。第三章"石油作为生产原料"要求学生在学习后列出汽车里用石油制造的部件，并写出可以替代的材料，比较它们的优缺点。最后一章"石油的替代能源"论述了能源的过去、现在和将来，用图的方式解释了各能源的比重变化；然后分别介绍了其他能源和节能方法的优缺点，以及压缩天然气（CNG）、电动汽车、燃料电池、混合汽油电动汽车的优势和限制。在全面了解了替代能源和替代能源汽车的优点和缺点后，单元最后的"综合"栏目要求学生选择电动、汽油、混合、氢动汽车中的一种，自行分小组设计广告。时间不超过 1 分钟，内容要科学，从舒适、安全、设计特点的角度考虑，还要兼顾文字表达。

这两个案例都说明了科学地看待环境问题离不开整个社会、政治、经济的大背景，环境问题产生的原因错综复杂，必须加以全面分析。这也从一个侧面反映了环境辅线和社会主线的关系。

（三）用环境问题解决模型学习化学

ChemCom 教材十分重视环境教育，但不以此削弱化学学科知识，相反通过各种方式将两者融为一体，形成了"环境问题事件—化学基础知识—基本实验技能—环境检测和保护知识—环境问题的解决过程—形成环境意识"的学习模型，使化学课程中的环境教育得以进一步深化。

在教材的第四单元，环境教育成为其中的主旋律。编者突发奇想，创作了一个月球居住协会。该协会准备在月球上建造一个自给自足、自我维持的居住工程。工程外表是一个封闭的球体，如何控制球体内的生态，尤其是大气，就需要综合的环境科学和大气化学的知识。在这个"月球居住基准样例项目的空气质量管理计划"（LHMP）中，要求控制大气中的烃、CO_2、CH_4、挥发性有机物、微粒、O_3、硫和氮的氧化物排放。提议要包括交通、废弃物、能源、温度和辐射、压强、降水和湿度、光化学烟雾方面的问题，这是对学习者综合运用环境知识和化学原理的考验。学习者各自设计提议，选中后将邀请学生向月球居住协会做 15 分钟的陈述。

第一章"探究气体的性质"介绍了气体的基本性质和气体定律，第二章和第三章就辐射、温室气体和酸雨进行了系统的论述。中间不时穿插相应的学科概念和原理，如比热、不完全燃烧、CO_2 的含量、酸和碱、中和反应、酸性、碱性、物质的量浓度、动态平衡、缓冲溶液等。

最后一章"空气污染——来源、影响和解决方法"介绍了自然和人为的污染源，污染的分类，一次空气污染物，二次空气污染物，微粒，合成物质，光化学烟雾的机理、主要成分，污染控制和预防，催化转化器，催化转化的机理，活化能，臭氧和 CFCS 等知识，并重点培训了学生的以下技能：

●解读空气污染的来源；

●了解空气质量指数 AQI；

●分析污染物的浓度图；

●评测污染控制措施的 3 个未知数：成本、收益、风险；

●找出刷洗法中的限制试剂；

●掌握静电沉降和湿法刷洗演示实验；

●理解为何控制汽车的排放污染比控制发电厂和工厂的难；

●了解蒙特利尔破坏臭氧层物质的协议书。

通过知识和技能的掌握，最终课程要求学习者为 LHMP 选择材料和燃料，用小组讨论的方式，汇总后进行报告交流。

ChemCom 教材在最后的三个选修单元"工业：应用化学反应""原子：核反应"

和"食物：生命所需的物质与能量"中，同样利用上述学习模型来培养学习者综合运用知识来解决环境问题的能力。

综上所述，ChemCom 教材利用一明一暗两条主线进行建构，并辅以"技术"和"环境"两条辅线，结构严谨，脉络清晰，将 ChemCom 的教学理念和内容特色表现得淋漓尽致，为人们展现了一本与传统化学知识体系截然不同、充满现代气息和科学技术活力、不说教却蕴含人生哲理的化学教科书。书中的几条线索将各种不同的事件、知识和观念和谐地联系在一起，奏响一曲化学与社会的美妙乐章。

当迈入 21 世纪时，人们发现原来以"隐秘"方式分散在教材或专家头脑中的各种层次的知识，在以网络为主流的各种媒体上可通过各种方式迅速"曝光"，并按不同学习者的需要而"结构化"。"知识掉价"是不争的事实，但影响人一生的思想方法和价值观却仍然是"难以言传"的。我们认为，ChemCom 教材建构思路之所以精彩，是因为广大的读者能从中深切地感受到这样一个事实：科学教育能够使那些"难以言传"的永恒真谛真真切切地展现在全体学生面前，并让学生经历学习过程之后潜移默化地铭刻于心。

第四节　基于"技术事件"的ChemCom教材内容分析

　　ChemCom 第 5 版教材在前 4 版的基础上，增添了许多新的元素，在课程的设置理念、具体的活动设计、栏目的选择等方面较以往均有新的突破，尤其是教材中关于"技术事件"的编排更胜一筹。因此，本节以第 5 版作为研究蓝本，以"技术事件"为载体，从"技术思想"的角度去研究该课程的编制，希望能够借助对这样一种具有国际影响力的化学课程的深入研究，给我国化学课程的改革和教材的编写予以启示。

　　ChemCom 教材中的"技术事件"呈现的方式独特，都是围绕社会热点问题展开，在这些"技术事件"中融入相应的化学知识、学习方法以及科学态度的学习要求。而所选取的"技术事件"体现了环境检测及保护、能源与资源的利用、化学反应工艺化和材料性能及应用等，这几个方面构成教材的不同线索。这些线索贯穿于教材始终，且相互交叉。例如，环境检测与保护中涉及能源与资源的利用情况，同时也对化学反应工艺提出了更高的要求，而化学反应工艺化的提高也为环境的保护提供了可能，对能源和资源的利用的进一步改善和优化提供了可能。所以这几方面虽然自成一体，彼此之间却又相互交错。

一、选择体现"技术思想"的"技术事件"

　　与传统的以学科为中心的化学教材不同，ChemCom 教材在内容的组织上摒弃了以核心知识为中心的传统做法，在学生认知特点的基础上，充分发掘化学学科的特征，突显了 STS（Science，Technology and Society）教育的理念，将化学、技术及社会三者的关系进行了充分地融合。在"技术事件"中包括环境监测及保护、能源与资源的利用、化学反应工艺化、材料性能及应用以及技术应用的利弊。遵循该线索，在知识选取方面，ChemCom 教材中五个内容的"技术事件"整合了物质的物理性质和化学性质、氧化还原反应、化学键等学科知识；在方法的选取方面，整合了观察、实验、探究、数据处理、调查、撰写报告等；在情感态度培养的要求方面，遵循绿色化学、安全化学的理念。如果把全书比作一棵大树，那么贯穿于书中的"技术事件"则是构成这棵大树的主要枝干，而构成这些"技术事件"的线索则是主干的分支，并且在分支的基础上，分化出知识、方法和态度的学习要求。

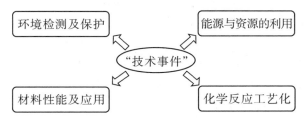

图 7-6 教材中"技术事件"选择主题

（一）环境检测及保护

对 ChemCom 教材中"技术事件"的梳理发现，"技术事件"在很大程度上关注日益成为当今社会人类生存的讨论热点问题——环境。诚然，环境问题已经不仅仅是一个国家或民族必须面对的问题，而且是全人类都必须直面的首要问题。随着人类的文明化程度越来越高，全球的环境问题也越来越趋于严重。化学学科是自然学科，化学的生产与发展给人类的生存环境带来了极大的挑战。可以说化学的发展与环境密切相关。教材中有关环境的"技术事件"线索贯穿于每个章节之中。如图 7-7 所示。

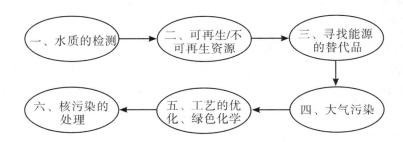

图 7-7 基于环境问题的化学"技术事件"选取情况

与人类生活最为密切的环境问题当属人类赖以存活的基础——水和空气，离开这两者中的任何一个，人类都不能存活。而随着工业化的不断进步，人类的生命之源——水和空气开始遭到不同程度的污染，而这种现象的产生与化学的发展有着不可分割的联系。

【技术事件 7-1】

探究 Riverwood 小镇上 Snake 河中鱼死亡的原因

以探究 Riverwood 小镇上 Snake 河中出现的大量死鱼为情景，为了查出该问题的原因而设计一系列"技术事件"，如检测水溶液中的 pH、水的净化、水中重金属离子的浓度检测、测定水中的溶解氧水平等，以此让学生来学习"技术事件"中所含的基础知识，即"技术事件"的基础性内容，并且通过其中显性内容的学习，达到训练方法和形成态度的目的。

教材活动内容如下：

作为一名环境污染专家，Wayne和阿拉斯加地区的美国陆军工程兵部队调查了曾经作为军事基地和燃料站的地区。Wayne和他的队友检查和估计了污染对野生动物生活的关键地区所造成的破坏（如果破坏存在）。以他们的发现为基础，随后制订了计划来解决这些问题。

作为调查计划的一部分，整个团队回顾了相关信息并预测在指定地点他们会发现什么。例如，这个地区的历史档案指出队员们是否应该寻找石油废渣或其他污染物。航拍照片和之前的调查记录有助于确定有潜在污染的特定区域。

在这里，团队在指定位置收集了土壤、泥沙和水样。这是最初受污染的位置，团队还在污染传播过的地区收集了样品。此后，队员马上返回，因为一些样品在收集后会降解或改变性质。

在这一年剩下的时间里，Wayne都在安克雷奇市的办公室工作，负责分析和解释来自实地调查的数据和实验结果。他和他的同事计算了有害物质的浓度，包括有机氯、多氯化联苯（PCBS）、杀虫剂、石油废渣和微量金属，随后他们确定了其中一种物质是否会对人类或周围的生态系统造成危险。

在上述活动中，从事研究环境污染的专家利用技术对被污染的土壤、泥沙和水样进行检测，使学生了解专家在进行"技术事件"具体操作时所做的工作以及注意事项。让学生对技术的应用有一定的认识，并通过这样的活动激发学生对科学和技术的兴趣，以达到培养技术素养的目的。

第四章"空气：化学与大气"开始于又一个与环境污染有关的"技术事件"。

【技术事件 7-2】

评价一个列入提案的校车空放方案

Riverwood高中的校长宣布了一项新的校车空放政策："为了让学生能够更好地生活和对世界环境质量的改善做出贡献，下个月我们将命令所有校车司机在等学生乘车时，不管是在学校停车场停很久还是只停几分钟都要关闭引擎。"要求每个学生以学校校报记者的身份，去调查不同的人群对这一项新的政策的态度和想法。

该单元并没有直接进入空气污染问题，而是先介绍大气的组成、气体的相关知识、大气所形成的气候和目前人类最为关心的气候问题——"温室效应"，接着讲到另外一个影响空气质量的主要因素——酸雨。最后一节列举了对大气应采取不同的保护措施。整个过程参见表7-4。

表7-4 第四单元中的"技术事件"线索

节	"技术事件"线索
A.1	大气中的气体
B	放射线和气候
B.7	碳循环:人类活动影响了自然的生态系统,化石燃料的燃烧使得自然界中的碳发生了移动——全球碳循环紊乱
B.8	思考全球的碳循环;计算Riverwood高中所有的校车全年燃烧需要的燃料以及排放的二氧化碳的量,实施这个方案对全球的二氧化碳的量的排放有影响吗?
B.9	二氧化碳的来源主要有三部分:第一部分为普通空气中的二氧化碳,第二部分为烃燃烧所放出的二氧化碳,第三部分为动植物呼出的二氧化碳
B.11	温室气体和全球气温的改变:温度升高了;能做些什么?
B.12	大气中的二氧化碳的变化趋势
C.1	二氧化碳、二氧化硫和二氧化氮都能产生酸雨
C.2	自己动手制作酸雨;工作中的化学:利用化学把罪犯送进监狱
D	空气污染:来源、影响和解决方法;一级空气污染、二级空气污染;识别主要的空气污染物;固定来源的空气污染的控制预防;空气净化

从表7-4可以看出,ChemCom教材十分关注环境对人类生活的影响,通过大家所公认的环境问题来认识当今科学技术所面临的巨大挑战。同时也说明了人类在改造自然的过程中,给环境也带来了不可忽视的危害。通过贯彻这一线索,让学生了解技术与社会和人类生活的重要关系。在此基础上,建立环境保护的意识,使学生能充分认识技术的作用,合理地利用技术。

第六章涉及核技术对人类的贡献与危害,让学生通过资料的收集和整理,科学地认识核技术,并且提出合理的使用规划。

【技术事件7-3】

核技术的使用规范

计算你的年度电离辐射量:你的年度辐射量;正常辐射源。

1.你的住所

a.你的辐射取决于你所在地的海拔,以下是年辐射量。

b.地面辐射(来源地表):如果你住在靠近大西洋海湾的一个洲;如果你住在亚利桑那(AZ)、科罗拉多(CO)、新墨西哥(NM)或犹他(UT);如果你住在美国大陆的其他地方。

c. 房屋建筑：如果你住在一所石头、土块、砖块或者混凝土所建的房屋里。

d. 植物辐射：如果你住在距一个核电站约 80 千米（50 英里）之内；如果你住在距离一个煤矿发电站约 80 千米（50 英里）之内。

2. 食物、水、空气

内在辐射（平均范围）

a. 来源：食物（^{14}C、^{40}K）和水（水中溶解的氡）。

b. 来源：空气（氡）。

3. 生活方式

武器辐射微粒；直升机旅行；如果你有瓷制王冠或者假牙；如果你穿越空中安全系统；如果你在戴一个发光的手表；如果你看电视；如果你用电脑看 VCD；如果你有一个烟尘检测器；如果你用一盏旧的煤灯；如果你用钚起搏器。

4. 医学使用（每个疗程的辐射量）

决定电离辐射影响的两种因素是辐射密度（一个给定范围内离子化数目）和辐射量（接受辐射的量）。可以穿透人体的 Y 射线和 X 射线是电磁辐射离子化的两种形式。致电离辐射通过破坏细胞连接对人体造成伤害。当致电离辐射的含量很低时，只有很少量的细胞受到伤害，体内系统可以修复被损坏部分。随着剂量的增加，你的受损细胞数目也会随之增加。通常来说，对蛋白质和核酸的损害会造成很大影响，这是由于其在生命组织结构和功能中扮演的角色很重要。蛋白质组成人体内大部分软体组织和控制体内分子水平化学反应速度的酶。如果小区域内的蛋白质被大量损坏，在短时间内生命体就不能进行正常的生命功能。另外 DNA 中的核酸可以被致电离辐射损害，少量的损害会导致突变，而 DNA 中的这些变化会引起形成的蛋白质发生变化。突变也会杀死细胞。如果这个突变发生在精子或者卵子中，可能会影响新生儿。有些细胞甚至会突变导致癌症，当很多细胞中的 DNA 被严重损害，细胞不能合成新的蛋白质去代替被损坏部分，这时，生命组织或者人体就会死亡。

通过让学生对生活中所遇到的与核有关的辐射量进行统计，查阅资料了解核技术在人类生活和生产中的作用和危害，让学生对核化学有一个正确的认识：既然核技术对人类的生存有着如此重要的意义，那么开发新的、更科学的核技术就显得尤为重要，而且对已经产生的废料的处理也是目前核技术利用所面临的巨大挑战。上述这些问题的提出，为学生进一步学习与核相关的化学知识和掌握先进的核技术奠定了基础。

（二）能源与资源的利用

当今世界能源的发展、能源技术的发明与应用以及能源和环境的问题是全人类共同关心的问题,也是一个热点问题。自人类诞生之日起,人类就开始通过各种各样的途径开采各种可用的能源加以利用。在人类尽情地享受能源带来的经济飞速发展和科技迅猛进步的现代文明成果的同时,能源安全、能源短缺、世界范围内的资源争夺和能源过度使用以及不当使用造成的环境问题已经威胁到了人类的生存与发展。能源的种类繁多,根据不同的划分标准,可以将能源划分为不同的方式,而且随着科学技术的不断发展,越来越多的新能源已经能够满足人类日益增长的需要。图 7-8 是对能源的分类概况,从图 7-8 中我们可以看出当今世界主要为人类所利用的能源主要有哪些形式。

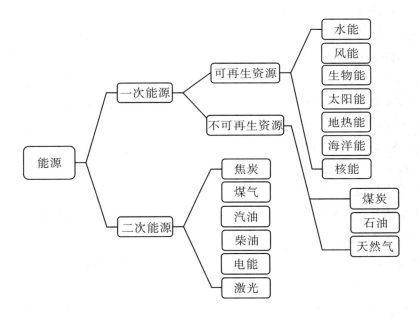

图 7-8　能量的分类情况

纵观教材的内容,以能源为话题的"技术事件"是该教材内容的又一组织线索。在每个章节中,都以一种能源作为话题,围绕该能源展开相关化学知识的学习。

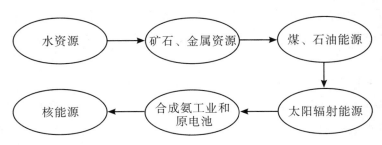

图 7-9　基于能源的"技术事件"组织线索

【技术事件 7-4】

能量的过去与现在

太阳能和储存在生物分子中的能量是地球上生物的主要能量来源。自从发现了火，人类开始利用储存在木材、煤和石油中的能量。这对人类的文明发展起到了很大的作用。事实上，能源的形式、可利用性以及成本在很大程度上影响了人类的生活。

在过去，有大量廉价的能源可以利用，直到 1850 年，木柴、水、风和动物能源都可以满足美国缓慢的能量需求，木柴是主要的能量来源，被用于取暖、做饭和照明，人类利用水、风和动物中的能量来运输，或者带动机器和工业运行。随着工业化和人口的增长，能源的需求越来越大。

从上述技术事件可知，随着工业化进程的不断加快，人类对能源的需求也越来越大，不再是仅仅为了满足简单的生存需要，而是为了获得更多的物质享受和精神享受。另外，人类对能源的利用层次的要求也越来越高，越来越多的新的能源被开发并且投入使用，而且为了改善由传统的不合理的能源利用造成的环境污染问题，人类开发了许多洁净的能源，例如地热能、风能、核能、生物能等。在 ChemCom 教材中对能源问题的关注一直是个热点，并且将学生的视角引入环境友好的角度中，即利用技术来改变能源的不合理利用。

（三）化学反应工艺

化学反应工艺也称为化工技术或化学生产技术，主要是指将原材料经过化学反应转变为产品的方法和过程，包括实现这一转变的全部措施和方法。化学生产过程一般可概括为三个主要步骤：①原料处理。为了使原料符合进行化学反应所要求的状态和规格，根据具体情况，不同的原料需要经过净化、提纯、粉碎（主要指固体）等多种不同的预处理。②化学反应。这是化工生产的关键步骤。经过预处理的原料，在一定的温度、压力等条件下进行反应，以达到所要求的反应转化率和回收率。反应类型是多样的，可以是氧化、还原、复分解、磺化、异构化、聚合、焙烧等多种反应类型。通过特定的化学反应，获得目的产物或其混合物。③产品精制。将由化学反应得到的混合物进行分离，除去副产物或杂质，以获得符合组成规格的产品。以上每一步都需在特定的设备中，在一定的操作条件下完成所要求的化学的和物理的转变。

从目前世界范围内化工生产技术的发展趋势来看，化工生产技术主要向着基础化学工业生产的大型化、原料和副产物的充分利用、新的合成途径和新催化剂的采用、能源消耗的降低、环境污染的治理、生产最优化等方向发展。图 7-10 表示的是 ChemCom 教材的内容编写的另一条技术线索。

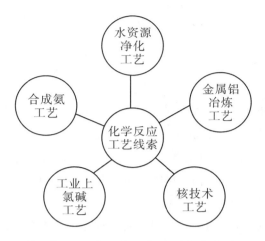

图 7-10　教材基于化学反应工艺的"技术事件"组织线索

化学工艺已经成为当今工业生产中一个重要的影响因素，通过对这些核心工艺的组织可以让学生深刻体会到化学对人类社会的生产和生活的重要作用。ChemCom教材精选了当今世界化学工艺的热点问题和难点问题，在不同的"技术事件"中以不同的形式出现，构成了另外一条暗藏于教材中的内容组织线索。

【技术事件 7-5】

工业合成氨气工艺

大规模生产氨气比仅使氮气和氢气在催化剂条件下发生反应复杂得多。首先，反应室必须有持续的原料供应。氮气，大气中含量约为 78% 的气体，可从空气中通过一系列的步骤液化，包括降温和加压。氢气可以从天然气（主要是甲烷 CH_4）中得到，在 Riverwood 开一家氨气工厂意味着建造一条从天然气源头（或者分配中心）到工厂的管道。

为了生产氢气，化学工程师首先消除天然气中硫的化合物，然后让甲烷与水蒸气反应：

$$CH_4（g）+H_2O（g）=\!=\!= 3H_2（g）+CO（g）$$

在现代氨气厂中，该反应在 200 ～ 600℃、200 ～ 900atm 条件下进行。技术员需要小心控制甲烷和水蒸气的比例以防止产生能够降低氢气产量的碳的化合物。

$$CO（g）+H_2O（g）=\!=\!= H_2（g）+CO_2（g）$$

用于生产的氢气将从二氧化碳和未反应的甲烷中分离出来。

在 Haber-Bosch 的反应中，反应物（氢气和氮气）首先被加压到很高的压强（150 ～ 300atm），高温下（大约为 500℃）反应物通过催化剂铁。氨气在低温下液化并转移出反应室，这样降低了氨气的分解速率。未反应的氮气和氢气被回收，重新进入反应室。

【技术事件 7-6】

氯碱工艺

有一种经济的电解液被广泛地使用在氯碱工业中。在这个过程中，氯化钠在水中溶解，在阳极产生氯气，在阴极产生氢气，钠离子和氢氧根离子留在溶液里。氢氧根离子代替以氯气形式损失的氯离子，维持了电荷平衡，反应式为：$2Na^+$（aq）$+2Cl^-+2H_2O$（l）$=\!=\!= 2Na^+$（aq）$+2OH^-$（aq）$+H_2$（g）$+Cl_2$（g）。反应产生了三种广泛应用的工业物质：氢气、氯气和氢氧化钠。

因为没有其他的气体产生，我们就不用提纯这个反应所产生的氢气和氯气。但还是需要提纯氢氧化钠，因为它溶解在水里和未反应的氯化钠混合。这是工业生产上遇到的第一个问题。另外一个问题是最初大规模的工业氯碱电池是以水银作为阴极，在人们知道水银对环境的影响之前，它们被倒入河水里，造成严重的环境污染。如今水银已不再被用于氯碱电池中了。化学家和化学工程师调整了氯碱电池的制作过程，替换了原有的电极，用新的可渗透的聚合膜分开两个电极，使得氯碱工艺得到了很大的改进。

氯碱工业也是工业上的另外一个对技术要求特别高的难题，在氯碱工业投入工业化大生产之前，人类遇到了案例中所提到的两个难题，同样是在不断的摸索与探究中，寻找到了合适的途径，将氯碱工业规模化，并且还最大限度地降低了电极的污染程度。

【技术事件 7-7】

铝——从稀有到广泛应用

工业生产面临的挑战是如何降低铝的造价。没有一种金属会容易地失去电子来还原铝。例如碳——一种常用来还原铁和铜的氧化物的物质，却不能用来还原铝的化合物。

一个叫 Charies Martin Hall 的化学家解决了这个问题。1886 年，他从欧柏林大学（Oberiin College）毕业，一年后他发现了可以用电解的方式生产铝。他的突破主要在于氧化铝 2000℃时熔化，在 950℃时溶解于 Na_3AlF_6。这个较低的温度意味着能用一个相对简单的方式把铝的化合物变成溶液，以便电解。Hall 的研究是工业生产铝的基础。他在美国开了一家铝制造工厂，这使他在 1914 年去世的时候成了百万富翁。在 Hall 的化学过程中，氧化铝溶解在一个连接碳极的大型钢罐里。碳极被外接电路通入负电荷。用这个碳阴极转移电子。

在 Hall 发明了新工艺的两个月后，一个年轻的法国科学家 Paul Louls Heroult 也发现了同样的过程，他们因这一发现联系在一起，更凑巧的是他们的生卒年份竟然也相同（1863—1914 年）。

铝离子被电流还原为液态金属铝。液态铝流入周期性倾倒的罐底。

阳极也是由碳构成，在反应中被氧化。反应消耗阳极的碳棒，碳棒会逐渐向液体里深入。

$$4Al^{3+}（melt）+12e^- \rule[0.5ex]{1em}{0.4pt}\rule[0.5ex]{1em}{0.4pt} 4Al（l）$$

$$3C（s）+6O^{2-}（melt）\rule[0.5ex]{1em}{0.4pt}\rule[0.5ex]{1em}{0.4pt} 3CO_2（g）+12e^-$$

在该工艺发明之前，每年全世界只能生产 1000kg 的铝。在 1884 年，一磅铝售价是 12 美元——在那个时代是一个不小的数目。经过三年的研究，Hall 和 Heroult 分别开了一家生产铝的公司，在 20 世纪初的时候使铝的生产量达到了每年 100 万吨。五年之后，每磅铝的售价降为 70 美分。这样，这个工艺使工业可以大量地应用铝：从饮料罐到梯子，从铝箔包装到飞行器的部件。

从化学史中我们可以了解到，金属铝的发现和使用相对于其他的常见金属来说要晚得多，这并不是因为世界范围内铝资源的稀缺，而是人类对铝的冶炼技术直到很晚才有突破。因为铝和氧化铝的沸点非常高，需要投入很多的能量才能获得铝，但是在加入冰晶石的情况下，可以使铝的冶炼变得容易，此后铝在世界范围内才开始普及。

上面的三个课题呈现的都是化学反应的工艺化进程，教材别具特色地选取了具有典型性的化学工艺技术作为贯穿教材的线索，这些都是组成教材"技术事件"的组织线索的必要条件。这些体现化学工艺化的"技术事件"的呈现，引导了学生对技术应用的关注，同时也加强了学生对和技术有关的化学原理的认识。

（四）材料性能及应用

材料指的是人类用于制造物品、器件、构件、机器或其他产品的特定物质。但物质并不一定都可以成为材料，如燃料和化学原料、工业化品、食物和药品等，一般都不能算作是材料。自然界中的材料是多种多样的，从不同的角度可以对其进行分类，其中根据物理和化学属性可以将材料分为金属材料、无机非金属材料、有机高分子材料和不同类型材料组成的复合材料。传统材料是发展新型材料和高技术材料的基础，同时新型材料又能够推动传统材料的开发和更新。

不同的材料具有不同的结构，不同的结构又决定了其特定的性质。反之，我们通过物质的性质在一定程度上也能推测出该材料所具有的物质结构特点。因此对于生产不同的物品，一定要根据物品的性质需要，选择合适的原材料。

教材中这条线索并不是特别的明晰，但仔细考察，还是可以看出该教材对材料性能及应用也投入了相当的笔墨。这条线索主要是通过讨论不同类型的材料来呈现的。

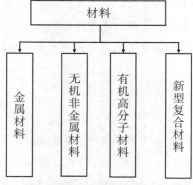

图 7-11　教材中材料设计的领域

【技术事件 7-8】

碳的同素异形体及其应用

表7-5　碳的同素异形体及其应用

名称	性质	用途
石墨	质软、黑色	它是铅笔芯的主要组成部分，根据它的导电性，它还被用于制造电池的电极
金刚石	沸点高，硬度大，光学性质好	钻石可分为天然钻石和人造钻石。钻石的价格主要看它的质量和光学性质。经过精心挑选和切割后，天然钻石有很高的装饰价值。人造钻石可用作钻头和切割玻璃
C_{60}足球烯（富勒烯）	球形结构或者管状结构	这个特殊的富勒烯又被称作碳素多面体原子簇，由60个C原子组成的空心球体，看起来就像是个足球，还有其他的富勒烯分子，比如C_{70}、C_{240}和C_{540}。由卷起来的一层碳原子形成的空心管状结构叫作纳米管

合金的组成直接决定了其性质和用途（技术事件7–9）。

【技术事件7–9】

表7–6　合金的性质与用途

合金和组成	组成百分含量	备注
黄铜（铜和锌）	红色的黄铜：90%Cu、10%Zn 黄色的黄铜：67%Cu、33%Zn 海军铜：60%Cu、39%Zn、1%Sn	黄铜的性质根据铜和锌以及其他添加的元素的量而变化 黄铜可用于制造管道、照明设备、铆钉、螺钉和轮船
青铜 （铜、锡、锌和其他元素）	造币青铜：95%Cu、4%Sn、1%Zn 铝青铜：90%Cu、10%Al 硬件青铜：89%Cu、9%Zn、2%Pb	青铜比黄铜硬，它的性质取决于组成物质的比例 青铜可用于制造轴承、机器零件、电报线路、炮筒、硬币、奖牌、艺术品和铃铛
钢铁 （铁、碳和少量其他元素）	钢铁：99%Fe、1%C 镍钢：96.5%Fe、3.5%Ni 不锈钢：90%~92%Fe、0.4%Mn、0.12%C、Cr	钢铁的性质主要取决于C的含量，C含量高的钢铁硬而脆 钢铁可用于制造汽车和飞机零件、厨房用具、管道设备和建筑装饰
其他合金	白蜡：85%Sn、6.8%Cu、6%Bi、1.7%Sb	可用于制雕像和其他装饰品
	液态汞合金：50%Hg、20%Ag、16%Sn、12%Cu、2%Zn	可用于制牙齿填充物
	14K黄金：58%Au、12%~28%Cu、4%~28%Ag	14K金是很普通的首饰材料
	白金：90%Au、10%Pd	白金也主要用于制作首饰

　　碳的同素异形体和合金的性质与用途的课题告诉我们，材料性能及其应用在当今社会中也是非常重要的一个方面，教材的编者也注意到了这一点，在选择材料作为教材的组织线索的同时，体现了"结构决定性质，性质决定用途"的思想。

　　ChemCom 的设计者认为，要想让学生成为具有技术素养的公民，就必须深刻地理解与传统的科学概念相对应的技术和科学，科学与技术不可分割，而这两者又同时为社会服务，因此，科学、技术与社会是密不可分的三个方面。ACS 推出的 ChemCom 教师指导用书（1988）中明确规定了这三者之间的联系。

技术是一把双刃剑，所有的技术都具有两面性，在给人类带来利益的同时，也会产生一定的风险，并且所有的技术都有成本，在利益和风险之间存在着一种挑战，需要人们不断地对技术进行深入认识和革新，最终使利益最大化、风险最小化。个人的行为在这一过程中看似无关紧要，其实不然，许多个体的行为能产生重大的社会和生态影响。随着技术的不断进步，人类的生活水平越来越高，人类的平均寿命较以往有很大的延长。近些年，全球人口迅猛增加，对资源和能源的需求不断地增大，从而造成了全球范围内的能源危机、资源枯竭、森林被大量砍伐、污染日趋严重、环境愈加恶劣等问题，正是由于许多个体的行为叠加产生了如此重大的效应。因此，加强每个公民对技术以及技术和社会、环境之间的关系的认识显得尤为重要。目前，我们对社会、对技术问题的认识还不够充分、不够准确，人类所期望的社会总是应该向着最完善的方向运行，这需要在情感与价值观的层面上对学生形成"技术思想"的培养，运用更多额外的信息对问题进行重新分析和评价。

ChemCom 课程遵循这样的理念进行内容的组织，借助核心的化学概念，选取了能源、资源、环境、技术、健康等多方面的"技术事件"，将学科知识和技术知识进行了很好的融合，在一定程度上解决了多年来学术界一直无法解决的难题——化学知识与社会的融合。ChemCom 教材的编制者将"化学"和"技术"成功兼容，收获了丰厚的成果：自 ChemCom 课程问世以来，不仅在美国引起了巨大的反响，在国际理科教育舞台上也展示了其独特的魅力，获得众多学者的好评。

二、基于"技术事件"的教材内容体系

ChemCom 教材内容体系的构建也是基于众多的"技术事件"完成的，遵循以概念为基础，而这些概念又是源自"技术事件"，在拥有了概念的基础上，选取研究这些"技术事件"所需的化学方法，最后审视这些通过精心选取的"技术事件"和 STS 思想之间的关系，这三者共同组成了该教材的内容体系。

（一）源自"技术事件"的化学概念

"技术事件"的选择是该教材的一大创新，也是亮点所在。在众多的化学教材中，ChemCom 教材是唯一能够做到在整本教程中穿插众多"技术事件"的教材，并且围绕着这些"技术事件"展开化学核心概念、知识的学习。这些概念，按照不同的认知要求分为：一般了解、熟悉并掌握、灵活运用。

表7-7 教材各单元选取的"技术事件"和核心概念统计

单元名称		作为情景创设的事件范例	核心概念
1	水：探索溶液	确定鱼死亡的原因	物理性质和化学性质、密度、单质、混合物、纯净物、胶体、悬浊液、乳浊液、溶质、溶剂、化学符号、化学式和化学方程式、离子、离子化合物、溶解度、饱和溶液、过饱和溶液、溶解度曲线、极性、溶液浓度、重金属离子、pH、酸性、碱性、中性、分子物质、电负性、相似相溶、溶解氧水平、水的自净、水体循环、地球水净化系统、人造水净化系统、絮凝、硬水、软水、离子交换
2	材料：结构与应用	设计一枚新的硬币	金属和非金属、准金属、元素周期表、原子结构、元素的周期性、大气层、水层、地壳、矿物、金属活泼性、金属冶炼、电冶金法、火冶金法、湿法冶金、氧化还原反应、氧化剂、还原剂、金属的腐蚀、物质守恒定律、晶胞、摩尔、摩尔质量、质量百分数、资源枯竭、节约资源、避免浪费、反思、循环利用、寻找替代物、回收利用、物质的生命周期、同素异形体、纳米管、工程陶瓷、塑料、合金、半导体、掺杂、半反应方程式、阴极、阳极、薄膜、电镀
3	石油：断链与成链	为一种使用替代能源的汽车设计一则广告	蒸馏、馏分、化学键、电子层、惰性元素、共价键、单键、路易斯结构式、球棍模型、化石燃料、势能、化学能、吸热、放热、能量的传递、能量守恒定律、比热容、燃烧热、摩尔燃烧热、裂解、催化剂、辛烷含量、氧化燃料、聚合物、单体、石油化学、双键、加成反应、支链聚合物、饱和碳氢化合物、烯烃、不饱和碳氢化合物、取代烯烃、烷烃、环烷烃、芳香族化合物、有机酸、酯、醇、官能团、缩聚反应、生物分子、生物柴油、燃料电池、能源的利用率、术语、有机化学

续表

	单元名称	作为情景创设的事件范例	核心概念
4	空气：化学与大气	评价一个列入提案"学校公车空放"的方案	大气、压强、国际单位系统、基本单位、衍生单位、重力、米、帕斯卡、分子运动理论、波义耳定律、开尔文温度范围、绝对零度、查理定律、理想气体、阿伏伽德罗定律、摩尔体积、理想气体定律、电磁辐射、电磁波谱、质子、频率、波长、红外辐射、紫外辐射、温室、温室气体、碳循环、限量反应物、酸雨、酸和碱、中和反应、离子化、强酸、强碱、弱酸、弱碱、可逆反应、动力平衡、缓冲溶液、主要的空气污染物、二级空气污染物、粉尘污染物、合成物质、雾、光化学烟雾、静电沉淀、机械过滤、净化、碰撞理论、活化能、催化转化、臭氧层、自由基、臭氧层空洞
5	工业：应用化学反应	为社区选择一家工厂：铝加工厂还是氮肥工厂？	氮循环、比色法、负价态、正价态、0价态、反应速率、动力学、勒夏特列原理、动力学、平衡、电化学、电解、电极、电势、伏特电池、半电池、电流、盐桥
6	原子：核反应	为公众收集核技术的风险和利益的信息	放射、荧光、阴极射线、X射线、致电离辐射、非致电离辐射、放射性衰变、α粒子、β粒子、γ射线、亚原子微粒、放射性同位素、环境辐射、（希）沃特（Sv）、拉德（Rad）、雷姆（Rem）、突变、β衰变、胶片式射线计量器、固态检测器、半衰期、正电子发射X射线断层摄影术扫描（PET）、人工合成元素变体、核磁共振、核辐射、核裂变、临界物质、核电厂、燃料棒、控制棒、缓和剂、发生器、高放射性核废料、低放射性核废料、链式反应
7	食物：生活所需的物质与能量	重新为学校提供一个自动贩卖机策划	光合作用、单糖、多糖、脂肪酸、饱和脂肪酸、不饱和脂肪酸、单不饱和脂肪酸、多不饱和脂肪酸、顺式异构体、化合反应计量数、蛋白质、氨基酸、肽键、多肽、必需氨基酸、完整蛋白质、补充蛋白质、反应底物、活性端、维生素、辅酶、滴定反应、滴定终点、主要矿物质、微量矿物质、食物添加剂、纸层析、诱变剂

从表7-7可以看出,ChemCom将众多的化学概念置于"技术事件"的学习情境中,通过呈现某一或某些"技术事件",来凸显对化学核心概念的学习,而且这些概念几乎涵盖了高中阶段所有的化学核心概念。内容还涉及生物化学、高分子化学及核化学等新兴化学领域分支的化学概念,体现了一定的时代性。教材注重学科之间的交叉融合,化学不是一门独立存在的学科,其所包含的知识与生物学、物理学等自然学科都有所交叉,突破了传统教材单纯地以学科为中心的模式,更加符合当代科学教育的理念。

（二）研究"技术事件"的化学方法

在从事科学研究的活动中人们所采用的各种途径、方法和手段,我们称之为科学方法。在探究某一自然规律时,总是运用一定的科学方法。化学是一门特殊学科,它的认知过程包括传授知识和运用知识,涉及学生的情感、感知、意志和行为的发展变化,其核心是形成独特的化学思维。科学方法包含认知规律,因此,将科学方法应用于化学学习过程是非常有必要的。ChemCom 教材非常注重对学生进行化学方法的教育,在"技术事件"提出具体问题的前提下,让学生运用不同的化学方法将这些问题解决,在此过程中培养能力。

在教材中,涉及很多化学方法,从提出问题到收集资料、数据、实验以及对实验现象进行分析处理,在此基础上再进行创造性的类比、模型、推理和假说。其中收集资料、数据、实验以及对实验现象进行分析处理是基础,类比、模型、推理和假说则是该基础之上的升华。

教材一共 7 个单元,每个单元由一个主要的"技术事件"作为情景创设,在此基础上提出本单元的主要问题,然后分别在 A、B、C、D 四个板块中围绕这一主要问题,运用不同的化学方法解决由主要的"技术事件"分解出的各个问题。在教材中的体现主要是:化学困境、做出决策、探究物质、发展技能、构建模型、工业中的化学等。以第一单元探究水溶液为例,详细分析教材中各种化学方法解析"技术事件"的模式。

表7-8　第一单元中研究"技术事件"的化学方法

	各章节分布情况	化学方法	备注
化学困境	A.1危机中的城镇水随处可见的水	问题情景法	生产一瓶1.3升的果汁需要120升的水,一个煎鸡蛋需要450毫升水,在这些过程中,水是如何被利用的?

续表

各章节分布情况	化学方法	备注
做出决策 A.2水的利用	数据统计	统计一个家庭中每个家庭成员3天的用水量；根据收集的数据分析自己家和同学家中的用水情况；在水污染期间给你约151.4升（40加仑）的水，你要如何合理利用？分析收集到的有关鱼死亡的信息；分析这些年Snake河水的数据，并绘制成图；比较水的自然净化和自来水厂净化水的不同之处；比较瓶装水和自来水的优缺点
A.7饮用水的分析	数据分析	
A.8 Riverwood河水的使用情况	问题解决	
B.13 Riverwood水的谜团	资料分析	
C.14确定鱼死亡的原因	数据分析	
D.3水的净化	问题解决	
D.6瓶装水和自来水	问题解决	
探究物质 A.3污水	实验	用三种不同的方法进行水的净化（油水分离法、砂滤法、活性炭的吸附与过滤）；检测水中可能存在的离子；绘制琥珀酸的溶解度曲线；探究不同物质在水中的溶解度以及乙醇在煤油中的溶解度；用不同的实验来使硬水软化
B.11水的检测	实验	
C.3绘制溶解度曲线图	实验	
C.11溶剂	实验方案的设计	
D.7水的软化	实验	
发展技能 A.5美国各州水的使用情况	数据分析	分析美国各州的用水情况；探究不同物质的密度；通过对氯化钠的学习，掌握其他常见离子化合物；通过计算来进一步掌握溶解度概念；用质量百分数来表示溶液的浓度并进行计算
B.2密度	观察、比较	
B.10离子化合物	类比	
C.2溶解度和溶解度曲线	计算	
C.7溶液浓度的表示方法	计算	
构建模型 B.5构想的示意图	把微观宏观化	用宏观的模型表示不同类型的物质构成的混合物形态；用分子模型来表示氯化钾溶解的过程
C.5溶解的过程	把微观宏观化	
工业中的化学 B.14可能性是什么？净化环境	案例展示	用案例阐释科学家解决科学问题的过程

（三）审视"技术事件"的STS思想

前面提到 STS 的英文全称是"Science（科学）、Technology（技术）、Society（社会）"，第二次世界大战后，人们对科学、技术和社会的关系的认识发生了改变。传统的教育观认为学科教育应该以学科知识为主，科学仅仅是"认知"过程，科学技术是"一种独立自主的不可抗拒的力量，是可以为任何偶然的利益和需要服务的纯粹中立的工具"。但是，经过一段时间的实行之后发现，公民的科学素质极度缺乏，有些人甚至无法看懂技术说明书，于是，人们开始意识到科学已经不能再仅仅被认为是反映事实和规律的普遍客观真理的知识体系，而应该是一项全民参与的国家事业，应该是影响社会发展的一个重要的决定因素。STS 教育理念认为科学、技术与社会之间是一个完整的、不可剥离的整体。随着科学技术的不断发展和社会化进程的不断加快，科学、技术与社会之间形成了一种互相依赖的关系。

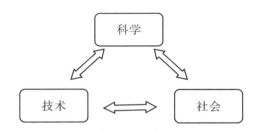

图 7-12　科学、技术与社会三者之间的关系

化学是一门融合了科学与技术的自然学科，化学与社会、人类的生活之间的联系非常密切。在教材中，涉及能源及能源利用、材料及制造技术、环境保护和治理技术、工艺优化技术等技术领域，而这些都是组成社会生活的重要领域，化学在这些领域中占有重要的地位。因为不管是在能源的开采与利用，寻找替代能源，还是环境保护以及优化等许多工艺技术中，化学都有着其他学科无法取代的作用，因此化学促进技术的不断更新与发展，而技术也同样对化学提出更高的要求，这两者又同时在为社会服务，所以，化学、技术与社会这三者之间的关系是非常紧密的。技术在其中起到了非常重要的作用，这一点在教材体系的建构上有充分的证据来论证。随着科学技术的不断发展，人们也越来越意识到技术发展对人类生存环境带来的负面效应的严重性。对新技术的应用，人们也开始进行不断的反思，在应用一项新技术前，人们开始对其进行利弊分析、评价，以期达到最佳的效果。ChemCom 教材在编写上以"技术事件"作为载体，透过"技术事件"让学生认识技术、学会技术，并且用辩证的眼光去看待技术，学会对技术的利弊进行分析。以下三个案例生动地说明了技术的利弊以及正确使用技术的重要性。

【案例 7-1】

炸药的功与过

氨气和硝酸盐的广泛应用改变了战争和农业。氨气是生产炸弹的原料，多数炸弹都是含氮的化合物，Haber-Bosch 实验的发展为氨气用于制造化肥和军需品提供了方便。汽车上的安全气囊是一种现代应用。安全气囊在碰撞中像枕头一样迅速展开，减少了司机和乘客的伤害。未膨胀的气囊含有固体的叠氮化钠（NaN_3），在碰撞中，叠氮化钠迅速分解成大量的氮气：$3NaN_3（s）\Longrightarrow Na_3N（s）+4N_2（g）$。氮气炸弹释放出的能量也被用于修建高速公路时炸开岩石。为了炸开山体的石头，公路建设工人先钻眼，放入炸药，然后引爆炸弹。

炸药的原理是在短时间内由液体或固体的反应物生成大量的气体生成物。引爆一个叠氮化钾炸弹或硝化甘油炸弹可以产生比原有固体或液体多 1000 倍体积的气体。

许多用在炸弹中的化合物都是由显正化合价的氮原子和显负化合价的碳原子构成的。反应时释放出大量的能量，这种爆炸反应中释放的能量是由于产生了高稳定性的氮气。

硝化甘油是 1846 年发明的，但是它不稳定，所以不能被广泛使用。因为没人知道它什么时候会爆炸。诺贝尔家族在斯德哥尔摩开设了一间实验室来研究控制这种不稳定炸药的方法。尽管父亲和四个儿子对炸药都很感兴趣，但只有一个儿子——Alfred 坚持了研究。

疏忽导致的爆炸事故夺走了 Alfred 的哥哥 Emil 的性命。斯德哥尔摩市最终决定让 Alfred 转移到其他地方进行实验。考虑到研究硝化甘油很危险，Alfred 决定到湖的中间去进行实验。

Alfred 最终发现把硝化甘油和硅藻土混合可以使硝化甘油稳定而得以安全运输和保存。但是，当使用雷管引爆时，它还是会爆炸。这种特性使硝化甘油有了一个新的名字——"黄色炸药"。

炸药的新纪元开始了。最初炸药被应用于开矿和隧道挖掘上。在 19 世纪后半期，炸药在战争中起到了破坏效果。

【案例 7-2】

放射性的利与弊

对放射性同位素轨迹的研究是一种普遍的诊断学应用。通过检测人体特定部位的某种放射性同位素，了解该种同位素在人体特殊位置的含量。物理学家可以通过用一种合适的同位素作为跟踪剂，研究体内的特定部位。在跟踪研究中，医生把短周期元素的放射性同位素注入人体内。这个过程可以分辨出细胞的反常之处并帮助医生选择合适的治疗方法。

跟踪剂有某种特性使它们合适跟踪研究。首先，放射性同位素和相同的非放射性同位素的化学性质相同。研究者们让病人食用或者注射一种可以为人体提供同位素跟踪剂的溶剂，或者一种包含放射性跟踪剂的具有生物活性的化合物。例如，I-123 被用在甲状腺诊断上。病人饮用含 I-123 追踪剂的 NaI 溶剂，医生用放射性检测体系检测跟踪剂被吸收的比例。健康的甲状腺会吸收特定的碘量，活性低或者高的甲状腺相对的就会吸收较多或者较少的碘。医生比较相同年龄、性别和体重的病人吸收 I-123 的比例和正常吸收的比例，然后得出合适的治疗方法。

【案例 7-3】

含铅汽油的功与过

甲基四丁基醚（MTBE），产生于 20 世纪 70 年代晚期。作为汽油的添加剂，MTBE 是使用得最普遍的一种氧化燃料。在其使用的顶峰时期，MTBE 的年产量已经超过了约 151.4 亿升（40 亿加仑），平均每人约 61 升（16 加仑），成为人均消费最多的化学物质。到 20 世纪 90 年代末，由于使用 MTBE 导致大量的地下水和饮用水遭受污染，事实表明是由于汽油本身所存在的缺点而导致 MTBE 渗透到地下。一旦 MTBE 溶解到水中，就很难通过水净化的过程而除去。MTBE 溶解到水中使得水的气味变得令人厌恶，即使其浓度在标准以下，还是引发了消费者的抱怨。EPA 于 1990 年把 MTBE 归属为以汽油为燃料的汽车所释放出的空气污染物。鉴于目前对这一问题的关注，关于制定减少或是禁止使用 MTBE 的相关法律政策正在火热地讨论之中。

技术应用的利弊一直是 ChemCom 教材极力体现的一个方面，教材中涉及大量的技术应用。在应用技术的过程中，既造福了人类，同时又给人类带来了极大的危害，因此对技术利弊的考虑是对学生进行"技术思想"教育的一个重要方面。上面的三个案例都是教材中提及的关于技术利弊的课题，几乎是每一个单元都会出现这样的课题讨论，通过这样的讨论，可以让学生认识到当今所应用的技术的利和弊，进而对技术形成正确的评价和看法。

三、基于"技术事件"的学生活动设计

如果说以"技术事件"作为组织教材的线索是 ChemCom 课程编写的一大特色，那么基于众多对"技术事件"的设计与评价上的学生活动是该教材的又一特色。静止的、抽象的、以概念形态出现的知识是不可能引起广大学生的学习兴趣的。美国著名的心理学家、教育学家布鲁诺说："对学生的最好刺激乃是对所学材料的兴趣。"

如果化学教学背离了学生的学习兴趣，那么对学生进行思想教育、思维训练、情感陶冶，都是不切实际的。从心理学理论上讲，任何抽象概念都是建立在具体概念的基础之上，并且一个抽象的概念应该而且能够概括或涉及大量的更具体的概念，甚至最具体的通过我们的感官就可以直接获得的概念。这样，大脑在处理这些抽象概念时就可以有具体概念的支撑，进而顺利地掌握抽象概念。

在 ChemCom 的"技术事件"中涉及大量抽象的化学知识，如果一味运用传统的编写模式将难以体现 STS 的教育理念以及"科学为大众"、培养公民科学素养的要求。为了能够培养学生的科学素养，使他们更多地了解科学、技术和社会的关系，运用自己所学的知识解决所遇到的问题，该教材在编写时做了大胆的创新，对学生的活动给予了高度的关注，分别体现在技术决策、分析咨询、实验探究、数据处理等多个方面。对于不同的技术，在应用之前需要对其进行分析判断，对利弊进行比较，这是培养学生决策能力的关键，而将分析咨询、实验探究、数据处理作为学生活动的主要形式，更有利于培养学生的实践能力，并且通过对"技术事件"的模拟处理能逐渐强化学生的"技术思想"。

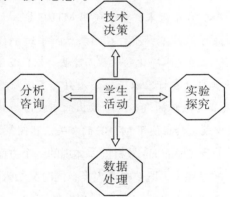

图 7-13 "技术事件"的活动组织形式

（一）技术决策

技术对于人类社会的性质和历史进程有着重大的影响，而且这种影响是深远的。关于技术作用的决策是复杂的，绝大部分技术发明的推广或消失都是基于自由市场的作用力，即基于人和公司对于这种发明做出的反应。与技术有关的问题，很少是简单的、线性的。个人和集体能否做出良好的技术决策取决于得到的信息以及信息的质量。任何拟议中的与新技术有关的重要问题都应包括如下内容：

● 怎样才能安全处理新技术产生的废料？当新技术装备已经过时或者损坏时，怎样更换它？

●与这种技术相关的风险是什么？不用这种新技术存在什么风险？这种新技术给其他生命体和环境带来什么样的危险？在最坏的情况下，会产生什么样的问题？如何清除和控制这些问题？

●采用新技术的生产成本和操作成本是多少？与替代成本进行比较，结果如何？这些成本随时间怎样变化？新技术的社会成本是什么？

●采用新技术谁的利益将受到损害？利益能持续多久？这些技术是否还有其他用途？又能给谁带来好处？

●在修建、生产及操作过程中，需要哪种能源？在保养、更新改造和修理新技术装备时，需要哪些资源？[1]

以上这些问题都具有一定的开放性，绝大部分的技术决策是基于不完善的信息而做出的。这对科学家、数学家和工程师在估计利益、副作用和风险时具有特别重要的作用，让学生了解科学家进行技术决策所采用的方法是非常有必要的，而且这对于培养学生形成"技术思想"也是非常有效的。

表7-9 关于不同工厂的技术决策

因素	具体体现	氨加工工厂	铝加工工厂
积极因素	提供更多的就业机会，增加当地的经济收入	能够改善当地的经济；每个工厂大概能雇用200个当地居民；每年可以为当地的经济增加800万美元；每个工厂还能提供隐性就业机会。当地的21000名劳动力中，有15%现在正面临失业	
	降低原材料的费用	农业成本将会下降。每年当地农民要播撒700吨化肥，这些化肥来自200公里外的一个化肥厂。运输费用使得每吨氨基化肥多消耗农民化肥成本15美元，而在当地设厂，当地农民可以在交通运输费用上每年节省1万美元	为当地其他工业提供了家用建筑用的铝窗体结构和墙壁的原材料。减少了重要的原材料运输费用，这样的一家铝工厂可以通过低价销售产品来获得市场优势
	带动其他工厂的发展	氨可以作为商用制冷剂生产大量的冰，拟建成的氨供应通道能够支持在当地建立一个商用冰制造工厂。这样的一个工厂大概要雇用25~35个人，每年能为当地经济收入增加50万美元	建铝工厂可能还要另外雇用30~45名店员和司机，每年可为当地经济收入增加70万美元

[1] 吕达，周满生. 当代外国教育改革著名文献：美国卷·第2册［M］.北京：人民教育出版社，2004：45-46.

第四节 基于「技术事件」的 ChemCom 教材内容分析

续表

因素	具体体现	氨加工工厂	铝加工工厂
积极因素	改善居民的生活质量和环境质量	当地的空气质量能得到改善。当地居民可以用天然气替换家中燃烧燃料油的炉子。如果所有的11000个当地家庭和公司使用天然气而不是燃料油，二氧化硫的排放和颗粒物将会极大地降低	
	增加地区的税收收入	计税基础将得到改善。铝和氨工厂将会持续地为城镇税收基础做出贡献，这将给地区税收带来较大的增长	
消极因素	存在安全风险	与工厂相关的伤害和事故率会上升。氨是在高温高压下生产的。在常温常压下，高浓缩的氨气是剧毒的气体。在路上或工厂中发生的事故导致大量氨气体泄漏，可能会伤害或者杀死工人和邻近的居民。每年都会有与氨基化肥工厂相关的伤害或者职业病甚至死亡事例被报道	铝本身是无毒的，但是它的生产过程也有一定的危险。溶解的铝从电解池中被提取出来，当碳正极在冰晶石溶液中蒸发时，有毒的一氧化碳气体将作为副产物产生。铝矿石的开采和运输也会有危险。与铝生产相关的疾病和伤害率大约为20%
	污染Riverwood的河水	水的质量将会受到影响。如果氨、与氨相关的废水或者铝生产过程中的废弃物泄漏到河中，产生的水污染物会威胁到水中的生命	
	前景存在挑战和风险	化肥工业是氨的主要消费者之一。现在的化肥主导型的农业方式已经引起了争议。即使增加合成化肥的使用量，有些时候谷物产量还是会下降。一些农民已经选择减少合成化肥的使用，因此在接下来的几年里氨的需求量会下降。	铝的需求量可能会下降。铝在商业上是非常宝贵的，因为它的价格不高、抗腐蚀性好，并且密度小。铝的市场主要由建筑业（包括绝缘材料、窗户外框、加固带和通风设备）、运输业（包括卡车拖车护墙板、露营者和活动房屋）和包装业的需求所决定。如果铝的替代品（新合金、塑料或者陶瓷材料）出现在这些主要领域中的任何一个，铝的需求将会下降

从表 7-9 我们可以看出，判断一个工厂是否建立需要从涉及技术利弊的各个角度进行充分的考虑，教材要求学生自己制作这样的表格，列出氨加工工厂和铝加工工厂如果进驻 Riverwood 小镇，会给小镇的居民以及小镇的环境、经济、工业、税收等各个方面带来怎样的影响，分析每个工厂在建成投产以后会给小镇带来的利弊，并且权衡利弊各自所占的权重，从全面、辩证、科学的角度去对待技术决策问题，让学生真正地作为一个社会人的身份参与到社会重大问题的调查和讨论中。同时在此过程中，深刻地感受化学学科在人类的生存与发展过程中所起到的重大作用，从而进一步升华学生的情感态度。

（二）分析咨询

分析是把一件复杂的事情、一个抽象难懂的概念、一种现象等分成较简单的组成部分，找出这些部分的本质属性和彼此的关系。分析方法作为一种科学方法是由笛卡尔引入的，源自希腊词"分散"。分析的意义在于细致地寻找能够解决问题的主线，并以此来解决问题。咨询是通过某些人头脑中所储备的知识经验和通过对各种信息资料的综合加工而进行的综合性研究开发，有询问、谋划、商量等意思。

分析咨询是学生活动中一个最为常见的学习方式，在"技术事件"的调查过程中，涉及实验数据、表格、资料等多种文本，为了弄清事实的真相，需要对这些资料进行分析，在分析的过程中，培养学生思辨、全面考察问题的能力。放手让学生自己去分析，比起传统的由老师全权讲授代替学生自己思考的效果要好很多。如，第一单元 D 板块第 6 节比较瓶装水和自来水的优缺点，教材通过让学生自己分析、查阅资料对这一问题进行分析，最终形成自己的判断。

用氯气消毒过的水会有一种难闻的味道。通常当人们不喜欢自来水的味道，或者他们认为饮用水不安全，又或者他们没有其他淡水资源时，为了方便，他们会买瓶装水。这些瓶装水可能直接来自大自然，例如山泉水，或者可能是在瓶装厂被处理的自来水。

那些通过市政水处理厂处理过的，或者直接来自地下或地表的瓶装水比自来水好吗？瓶装水和自来水哪个更好？为什么？

这些水是否有害？什么因素决定了水质？如何估算水源中饮用水的风险和益处？

通常回答这些问题需要收集相关的数据和信息，衡量二者的利弊，从而做出明智的决定。

与你的搭档一起，回答下面的问题。

1. 在你看来，在选择饮用自来水还是瓶装水时，你应该考虑哪些因素？

2. 在问题 1 中你列出的各个因素中，需要依据哪些实际的信息来进行选择？

（三）实验探究

化学是一门以实验为基础，研究物质的组成、结构、性质、用途的自然学科，实验是探究化学世界的有效手段。新课程标准开创了全新的课程观、教育观和学生观，提出了学生自主学习、合作学习的新思路。提倡学生通过实验探究发现问题、提出问题、解决问题。实验探究起源于科学研究过程，其一般的方法为：

提出问题 → 实验事实 → 科学抽象 → 结论 → 应用

图 7-14 实验探究的一般方法

教材中涉及大量的实验探究，实验探究是在教师的指导之下，学生围绕某个问题独自或者以小组合作的形式进行实验，观察现象，分析结果，从中发现化学原理和规律，并且加以总结和描述。表 7-10 是对 ChemCom 教材中实验探究的统计。

表7-10 教材中的实验探究课题统计

单元		实验探究课题	统计
第1单元	水：探究溶液	污水净化；离子检验；溶解度曲线的绘制；硬水的软化	4
第2单元	材料：结构与应用	不同材料的导电性测试；铜的性质实验；金属活动性的判断；铜的回收；给硬币镀锌；给硬币镀铜	6
第3单元	石油：断链与成链	不同沸点物质的蒸馏；烷烃分子模型的构建；烷烃分子异构体模型的构建；燃烧热的测定；酯的制取；生物柴油的制取	6
第4单元	空气：化学与大气	探究气体的特性；探讨气体温度与体积的关系；用水的比热测定蜡烛的燃烧热；不同来源的 CO_2 的性质实验；酸雨的制取；缓冲溶液受酸碱度影响的探究；空气污染控制方法探究——静电沉淀和湿净化	7
第5单元	工业：应用化学反应	检测化肥中的六种离子（离子检测、$BaCl_2$检测、黄赤色环检测、NaOH和石蕊实验、焰色反应实验、KSCN实验）；利用比色法测定磷酸盐溶液的浓度；Co离子变色实验；伏特原电池实验	9
第6单元	原子：核反应	α、β、γ射线不同放射源能力的测定；强度受距离影响实验；屏蔽作用实验；云室实验；半衰期实验	5

续表

单元		实验探究课题	统计
第7单元	食物：生活所需的物质与能量	测定某个零食所含的能量；测定不同材料的催化能力；温度和pH值对淀粉酶催化能力的影响实验探究；维生素C浓度的测定；层析法分析食物中彩色添加剂实验	5
合计			42

从表 7-10 可以看出，教材的编者十分关注对学生实验动手操作能力的培养。整本教材中共有 42 个学生实验，充分给予了学生动手操作的机会，也体现了化学学科的特征。化学是以实验为基础的学科，需要在实验的基础上掌握化学知识，习得化学技能，因此，实验探究是最好的方法。从表中列出的实验可以发现，这些实验素材的选择体现了化学学科特点，与社会、科学联系得非常紧密，技术的要求较高，适合学生探究。

（四）数据处理

数据处理是科学探究过程中不可或缺的一个步骤，在进行了实验探究之后，收集到大量的数据，需要对数据进行有效的处理，这包括保留合理的数据，剔除异常的数据，并且在此基础上将所得的数据转换成实际所需要的形式，例如表格、曲线图等。在实验探究中，我们对该教材涉及的实验进行了统计，发现几乎每个实验之后都有一个专门的板块——数据分析，可见教材的编制者认为在学生活动这一环节中数据的处理对培养学生的能力有着非常重要的作用，这不仅培养学生的数学能力，同时也锻炼了学生对数据的筛选和分析的能力。总的来说，教材中对培养学生数据分析的能力采用了一个比较统一的模式。

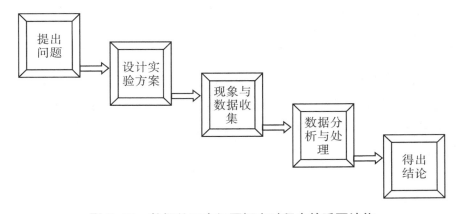

图 7-15　数据处理在问题探究过程中的重要地位

表7-11 案例：测定某一零食所含的能量

实验探究过程	具体内容
提出问题	通常一些零食包装袋上会标出每包食物所含的能量，例如某一食物标记大卡数150即表示每份零食包含的能量是150大卡。那么食品的能量值是如何确定的？150大卡究竟代表了多少能量？
设计实验	在第3单元中，我们利用热量计的装置测定蜡烛的燃烧热，因此我们可以借鉴蜡烛燃烧热的测定方法来测定食品中的能量
现象和数据收集	制作一个数据表来记录两次物理实验，进而测定食品中的能量
数据分析与处理	1.测定被加热的水的质量（用克表示） 2.计算水的温度变化 3.计算加热水所需的总能量（用焦耳表示） 4.标注在食物标签上的食物的大卡，或kcal，是一个比焦耳大得多的单位。1大卡等于4186焦耳，可以简单地取整数表示为：1大卡=4200焦耳 a.计算加热水所需的总大卡数 b.燃烧某种食物时所释放的总大卡数 5.a.每次实验后计算食物释放的能量，用燃烧每克零食所释放的大卡数（大卡/克）来表示 b.计算几次实验中每克零食释放的平均大卡数 c.用零食包装袋标签上标注的数据去计算每克该种零食所含热量的大卡值 d.计算食品标签上所示的热量值与你实验得出的平均数据之间的百分比差异 百分比差异=（实验平均值–标签显示值）/标签显示值×100%
得出结论	

在上面的案例中，我们可以看出教材的设计者对培养学生的数据处理能力相当重视。实验中涉及大量的数据计算，并且在学生计算得出结果的基础之上对每个实验都提出新的问题，基于这些问题，学生可以在计算的基础之上做进一步的思考与分析。

第五节　ChemCom课程对我国化学课程的启示

可以说，ChemCom 整整影响了一代科学教育工作者。它是美国科学课程最成功的典范之一，也是国际化学课程改革的里程碑。根据前面的分析，我们认为，ChemCom 课程对我国化学课程至少有以下几个方面的启示。

一、根据学生的认知规律设计化学课程

在传统的行为主义化学教学过程中，教师们常常把学习化学的第一步工作放在学习化学术语方面，认为孩子一旦掌握了一定数量的词汇、规则等科学语言图式便能够加快化学教学中的交流过程，提高学习化学的效率。然而，事实却是这种教学步骤的实施往往导致学生去机械地记忆化学的符号和事实，却无法真正地理解化学。在 ChemCom 课程看来，把学习化学术语放在学习的第一步，就意味着学习者要自己独立地建构化学的意义，包括化学的词汇、规则和相应的情景。这样的复杂任务被放在教学活动的不当位置上，完全可能降低学生学习的兴趣，减少了学生成功学习化学的可能性。

借鉴 ChemCom 的教育理念，本文认为，不应该根据化学知识来设计课程，而应该根据学生的认知规律来设计课程。虽然通过何种方式来设计课程仍然是科学教育界争论不休的问题，但是人们已经开始清醒地认识到学生自身的探究经历在理解科学过程中的重要作用。证据、选择、判断等正在科学课程中扮演越来越重要的角色。如果仍然以化学知识为核心进行课程组织，那么学生不可能摆脱对教师和教材的依赖，也不可能学会独立地评估知识的真理性和解释的合理性。ChemCom 课程相信，学习是一种社会过程——对自己已有知识水平不满的学习者参与到与其他人共享、比较和重新形成观念的过程中，或通过合作的过程，重新建构了新的理解。

二、基于社会实际编写化学教材

基于社会实际设计化学教材，是教材研制的基本原则，也是 ChemCom 教材有别于其他教材的一大"亮点"，更是问世之后争议不断的原因之一。是进还是退，编者在后续版本的修订中坚持前者，并为化学课程的改革提供了许多经验。

ChemCom 以实际情境组织单元，对化学知识建构方式重新进行了定义。课程

坚守的信念是：要想知识是有用的，就必须在相关的或真实的背景中学习。只注重化学课程的认识内容或教育内容，而不考虑化学课程的社会意义，虽使化学课程在化学上获得了"合法"的地位，却无法获得在教学和社会中的"合理"解释。以抽象的、无背景的方式去教授教学内容，必然导致"惰性"知识的形成。ChemCom的单元设置有利于学生整合自己所学的知识，明白如何利用这些知识处理真实世界的情况，我们称之为"活性"的知识。

以上观点说明，在化学课程的编写过程中，首先要考虑的就是学生的特点和社会的需求，否则化学课程就成了无源之水、无本之木，这非常值得我国在高中化学课程改革中借鉴。

三、在教学中鼓励不同观点的碰撞和交流

ChemCom 课程编写者关注人类"向他人学习"这一最重要、最独特的能力，鼓励学生和学生之间、教师和学生之间不同观点的交流和碰撞。ChemCom 广泛采用了小组讨论、合作和辩论的学习形式，使学生在"协调信息"的过程中每一方都积极地、同情地和具有批判性地倾听对方在说什么，其意图不在于证实一种立场的正确性，而是要发现将不同观点联系起来的方式。通过积极地参与和对各方观点的联系来扩展自己的视野。ChemCom 课程教师努力使建立"无人拥有真理而每个人都有权被理解"这一境界成为可能，这种情境提供了对话的基础，在关切而富有批判性的社区对话之中，促使方法、程序和价值在生活经验中养成。这样的讨论会使得学生善于交流，善于辩论，善于用批判性的眼光去看待世界。

未来的教育不应仅仅限于授予学习者丰富的知识和培养他们对继续学习的兴趣，还应该培养人的行为和能力并深入精神生活之中，包括明智、责任感、宽容、敏锐、自立精神在内的行为，与包括洞察实质、确切概括、区分目的的手段和确定原因与结果等能力同样重要。面对新世纪的化学课程改革，我们需要认识到人类的学习大多来自不同观点和多元价值观的相互作用，通过矛盾创造来激发成长。在鼓励学生交流和辩论的教学实践上，ChemCom 是一个极佳的课程典范。

四、完善课程培训体系，整合社会课程资源

正如 Kendall Hunt 出版社所称，ChemCom 是为那些不准备在大学学习化学的高中生（高一）设计的。作为对传统高中化学教材的补充和挑战，ChemCom 教材的发行量并不大，但是课程实施的保障工作却做得十分到位。

ChemCom 课程推出之初，Kendall Hun 出版社负责和每个州的教科书采购委员会谈判，八年里用于 ChemCom 课程开发和教师在职培训的花费就达 150 万美元。教师培训班（teacher training workshops）从 1988 年夏开始，由美国化学会、美国科学基金会等单位资助。前三年，培训班的主要目的是培训出一批有经验的 ChemCom 教师作为"倍增代理人"（multiplier agent）。至 1991 年，已有 237 名教师成功受训，其中 51% 参加培训班后在当地领导在职培训活动。

ChemCom 的课程资源非常丰富，这离不开课程开发小组和出版社的大力支持。除此以外，社会力量也在 ChemCom 的发展和成熟过程中扮演着重要的角色。ChemCom 从诞生以来，一直受到广泛的关注。这也是 ChemCom 得以推广和实施的重要保障，既保障了教师教学的便利和改进，又保障了学生学习的效果和质量。

最后值得一提的是，我国高中化学课程改革在借鉴 ChemCom 课程的经验时应注意：尽管我们知道科学是人类共同的知识财富，它是唯一的，但是我们也应该看到，文化的差异会导致人们在理解科学所体现的意义方面的偏差。化学教育中的文化传播是两种科学教育目标的动态结合，一是将科学亚文化进行传播，二是将自己国家的主流文化进行传播。通常，传统的科学教育既可以使学生适应或者接受科学亚文化，也可以使学生在不理解科学意义的情况下学习，所以学生需要在科学亚文化与自己本土文化之间的边界上不断适应和协调。当科学作为一种文化形式进入原本与西方文化有很大差异的文化形势中，它必须与本土的文化相结合才能够形成一种水乳交融的新型文化形式。这是我们在展望新世纪化学教育所必须了解的主题。渗透在科学教育中的文化概念应该是指一种共享的、具有价值意义和历史情景的生活方式。根据这样的文化概念，科学教育应该在表达特定的社会背景中有关的知识、情感、信仰、价值等方面得以合法化，特别是它们与本土语言的关系。然而，文化的活力就在于不同文化之间的差异。我国的教育者要在科学教育中增加不同文化或文化的不同部分之间的对话和相互作用，促使我们更清晰地认识科学和技术，更好地使用和利用科学技术来为我们自己文化的发展服务。

参考文献

［1］（美国）国家研究理事会．美国国家科学教育标准［M］．戢守志，等译．北京：科技学术文献出版社，1999.

［2］AIKENHEAD G S. STS science in Canada: From policy to student evaluation［M］//KUMAR D D, CHUBIN D E.Science，technology, and society: A sourcebook on research and practice. New York:Kluwer Academic / Plenum Publishers, 2000：49-89.

［3］American Chemical Society. Chemistry in the community［M］. 1st ed. Dubuque：Kendall Hunt Publishing Company, 1988.

［4］BENNETTA W J. An engaging textbook［J］. The Textbook Letter, 1993（9/10）.

［5］BENNETTA W J.This book is still good but still flawed［J］. The Textbook Letter, 1997（7/8）.

［6］LEMAY H E, BEALL H, ROBBLEE K M ,et al. Chemistry connections to our changing world［M］. New York: Prentice Hall, 2002.

［7］黄显华，霍秉坤．寻找课程论和教科书设计的理论基础［M］.北京：人民教育出版社，2002.

［8］瞿葆奎．美国教育改革［M］.北京：人民教育出版社,1990.

［9］李其龙．从德国教科书看当代教学论思想［J］.全球教育展望，2001（3）19-23.

［10］林长春．美国科学史教育的演进及其启示［J］.外国教育研究，2004（6）32-35.

［11］吕达，周满生．当代外国教育改革著名文献：美国卷·第2册［M］.北京：人民教育出版社，2004：45-46.

后 记

    在任何时期，教育改革都不曾停止，课程改革更是教育改革的重中之重。所谓"见贤思齐"，比较并学习教育发达国家和地区的先进教育理念和课程设置，于我国的教育改革和课程标准制定必大有助益。本书分别详细介绍了美国科学课程的发展、俄罗斯普通教育化学课程的改革、日本理科教育的发展及改革、新西兰科学课程标准、中国香港地区的科学课程改革，深入梳理各国家和地区的教育改革发展历程，希望能从这些国家和地区的教育改革的历史进程中汲取经验教训，帮助我们深入认识制约科学课程改革的内外部因素，进而为我国教育改革的探索提供一定的参考意见。本书还对我国与美国的化学课程内容的广度、深度、难度进行了量化比较、质性分析及差异原因分析，揭露我国化学课程内容与美国的具体差异，同时具体介绍了美国一门具有跨时代意义的ChemCom化学课程，深入挖掘其课程设计理念和教材内容建构思路，为我国制定课程标准、修订教材提供了具体的理论和资料支持，具有重要的学术意义。

    本书在编写和出版的过程中，王祖浩主持了课题的研究，设计了整体研究方案，确定了具体的研究思路；占小红负责本书的框架设计和内容撰写，对课题内容进行了分析梳理，对书稿进行了统稿。此外，叶小婷、朱慧仪、郑跃、高倩倩、罗玛、陈碧华参与了本书资料搜集与整理工作，程晨、朱建育、何穗、张春燕、尹静参与了本书资料的翻译工作，何懿雯、陈书参与了本书的校对工作，丁伟对本书的内容编排、结论分析等提供了很多有益的建议与帮助。在此，对在本书创作和编写过程中提供意见和帮助的同事、编辑表示衷心的感谢。限于作者的视域、研究思路和研究材料等的局限，文中的观点和结论可能存在不当之处，恳请读者不吝赐教，予以批评、指正。

作 者

图书在版编目（CIP）数据

国际科学教育视野中的化学课程／王祖浩主编. —南宁：广西教育出版社，2015.12

　（中国化学教育研究丛书）

　ISBN 978-7-5435-7967-5

　Ⅰ．①国…　Ⅱ．①王…　Ⅲ．①中学化学课—教学研究　Ⅳ．①G633.82

中国版本图书馆 CIP 数据核字（2015）第 307205 号

出　版　人：张华斌

出版发行：广西教育出版社

地　　　址：广西南宁市鲤湾路 8 号　　　邮政编码：530022

电　　　话：0771-5865797

本社网址：http://www.gxeph.com

电子信箱：gxeph@vip.163.com

印　　　刷：广西壮族自治区地质印刷厂

开　　　本：787mm×1092mm　　1/16

印　　　张：19.75

字　　　数：356 千字

版　　　次：2015 年 12 月第 1 版

印　　　次：2015 年 12 月第 1 次印刷

书　　　号：ISBN 978-7-5435-7967-5

定　　　价：38.00 元

如发现印装质量问题，影响阅读，请与出版社联系调换。